Die Pilze

in

ökonomischer, chemischer und toxikologischer Hinsicht.

Eine von der kaiserlichen Academie der Medicin zu Paris

mit dem

Orfila'schen Preise gekrönte Schrift

von

Emile Boudier,

Apotheker 1er Classe zu Montmorency (Seine-et-Oise), Mitglied mehrerer gelehrter Gesellschaften.

Mit Bewilligung des Verfassers aus dem Französischen übertragen und mit Anmerkungen versehen

von

Dr. med. Th. Husemann,

Privatdocent der Pharmakologie und Toxikologie an der Universität Göttingen

Mit zwei lithographirten Tafeln.

Berlin.

Druck und Verlag von Georg Reimer.

1867.

Vorwort.

Der berühmte französische Toxikologe Orfila stiftete in seinem Testament einen von der Academie de médecine zu vergebenden Preis für Aufgaben aus dem Gebiete der Giftlehre. Als erste Preisaufgabe stellte er selbst ein Thema von besonderem Interesse und besonderer Schwierigkeit: die Erforschung der chemischen und toxikologischen Eigenschaften der Pilze. Da nach den Bestimmungen des Testamentes die Preisfrage so lange wiederholt werden musste, bis der Preis einem einzigen Bewerber zuerkannt werden konnte, so ist sie dreimal hintereinander gestellt. In Folge des dritten Ausschreibens gelangten nicht weniger als vier Arbeiten zur Beurtheilung der Academie. Unter diesen, welche in dem allgemeinen Berichte über die Preise (öffentliche Jahressitzung vom 13. December 1864) insgesammt als vorzüglich bezeichnet werden, wurde die Arbeit von Emile-Jean-Louis Boudier, Apotheker erster Classe zu Montmorency (Seine-et-Oise), als die beste erkannt und mit dem Preise gekrönt.

Wenn ich es unternommen habe, diese Schrift auf deutschen Boden zu verpflanzen, so war für mich auser dem werthvollen Inhalte und der Wichtigkeit des Gegenstandes besonders der Umstand massgebend, dass bis auf den heutigen Tag kein medicinisches oder pharmaceutisches Journal Deutschlands der in Frage stehenden Arbeit Erwähnung gethan hat. Es ist dies zweifelsohne die Folge der äusseren Verhältnisse des letztverflossenen Jahres, dann aber auch der Einrichtungen des französischen Buchhandels, die der Verbreitung der französischen

Bücher bei uns noch immer hindernd in den Weg treten. Manche monographische Arbeit Frankreichs gelangt in Folge dieser Einrichtungen kaum in andere Hände als in diejenigen der Vorstände grösserer Bibliotheken, und dass eine solche selbst dann übersehen werden kann, wenn von einer Gesellschaft wie die Pariser Academie der Medicin ausdrücklich auf den Werth derselben hingewiesen wird, lehrt der vorliegende Fall.

Es mag dabei allerdings wohl in Betracht kommen, dass das Gebiet der Pilze, über welche Boudier's Preisschrift handelt, von Wenigen genau gekannt ist und von Vielen geradezu als unnahbar betrachtet wird. Es ist in dieser Beziehung bei uns nicht anders als in Frankreich, wie aus Boudier's Angaben hervorgeht. Dass, wenn man vom Eindringen in die subtilsten Specialitäten Abstand nimmt, die Schwierigkeiten, welche sich der Erwerbung eines Ueberblickes über das gesammte Gebiet und der Kenntniss der hauptsächlichsten essbaren und giftigen Arten entgegenstellen, viel weniger bedeutend sind, als man für gewöhnlich annimmt, habe ich an verschiedenen Orten zu zeigen gesucht, so besonders in einem in der Zeitschrift für praktische Heilkunde und Medicinalwesen (Jahrgang 1865. H. 2, p. 221) veröffentlichten Aufsatze über die medicinische Bedeutung der Pilze mit besonderer Rücksichtnahme auf ihre toxischen und diätetischen Eigenschaften, und glaube auch, dass die vorliegende Schrift den Beweis liefert. Ich habe ebenso wiederholt darauf hingewiesen, dass durch Erwerbung dieser Kenntnisse ein ungemein reiches Nahrungsmaterial zur Verwerthung gelangen kann, welches in verschiedenen Gegenden unseres deutschen Vaterlandes fast ganz oder geradezu vollständig unbenutzt gelassen wird, und dass es möglich ist, mit gewissen Vorsichtsmassregeln dies Material zu einem ungefährlichen zu machen, indem man der Verwechslung der essbaren Pilze mit giftigen vorbeugt. Da ganz ähnliche Ansichten, wie ich sie früher aussprach und wie sie die Gutheissung verschiedener competenter Beurtheiler, z. B. des Herrn Geh. Med.-Rath Prof. Goeppert in Breslau fanden, auch in der Boudier'schen Preisschrift ausgesprochen sind, fühlte ich mich um so mehr veranlasst, dieselbe bei uns heimisch zu machen, um auch hier ihrerseits für eine als gut anerkannte Sache zu plaidiren, und möchte dabei besonders Aerzten und Apothekern empfehlen, die von Boudier gegebenen Winke nicht von der Hand zu weisen und die Verbreitung des Pilzgenusses unter angemessenen Cautelen nach Kräften zu fördern.

Man findet übrigens in der Boudier'schen Preisschrift ferner eine Reihe neuer Thatsachen in chemischer und botanischer Hinsicht. Auch in diesem Theile bestehen manche Beziehungspunkte zu den von mir früher ausgesprochenen Ansichten, so dass ich mich berufen fühlen musste, die Arbeit bei uns einzubürgern. So liefert Boudier den Nachweis zu der von mir nach der Symptomatologie der Vergiftungen mit Amanita phalloides und Amanita muscaria aufgestellten Behauptung, dass nicht ein und derselbe Stoff das giftige Princip beider bilden können, indem er in dem erstgenannten Pilze als neues Alkaloid das sog. Bulbosin auffand, das vom Amanitin verschieden ist. Schon in meinem Handbuche der Toxikologie machte ich auf den Nutzen des Mikroskopes zur Erkennung der Pilzvergiftung aufmerksam, freilich nur insofern man aus der etwaigen Anwesenheit von Sporen und Filzgewebe auf den Genuss von Pilzen überhaupt schliessen darf; Boudier ist weiter gegangen und diagnosticirt aus der Form des Gewebes und der Sporen die Anwesenheit einer giftigen Species. Das Bulbosin und der mikroskopische Nachweis der Pilzvergiftung in der von Boudier angegebenen Weise constatiren den bedeutendsten Fortschritt in unsern Kenntnissen über diese Intoxication, neben welchen wir die ebenfalls ganz neuen und den bisherigen Standpunkt verrückenden Untersuchungen über den Milchsaft hervorheben müssen.

Ich lege die Preisschrift Boudier's in derselben Form vor, wie er sie der Academie eingereicht und später durch den Druck veröffentlicht hat. Wenn ich auch in einzelnen Punkten nicht mit ihm harmonirte und wenn ich auch, da von dem Autor die deutsche und englische Literatur nicht in gleicher Weise benutzt wurde, wie die französische, mancherlei Zusätze im Interesse der Leser wünschenswerth hielt: so glaubte ich doch nicht durch willkührliche Auslassungen, Aenderungen und Einschaltungen den Text verändern zu dürfen. Um aber dem Publicum nicht etwas Wissenswürdiges vorzuenthalten, habe ich eine Reihe von Anmerkungen, die entweder Zusätze oder Erläuterungen enthalten, gegeben. Indem ich die wenigen im Originale sich findenden Noten sämmtlich in den Text aufnahm, war eine besondere Scheidung von Noten des Verfassers und Herausgebers nicht nothwendig, da eben alle unter den Text gedruckten Anmerkungen von mir hinzugefügt sind. Ich glaubte mit diesen nicht sparen zu dürfen, da ich einerseits darin Resultate eigener langjähriger Studien über Pilze niederlegen, andererseits dadurch das Ganze nützlicher und den Interessen meiner Landsleute angemessener machen konnte. Während sich Boudier an die ihm durch die Orfila'sche Preisfrage gesteckten Grenzen hielt und mancherlei Kenntnisse in Bezug auf seinen Gegenstand voraussetzt, die wohl kaum als allgemein verbreitet angenommen werden können, habe ich durch diese Zusätze einerseits die Verständlichkeit erhöhen, andererseits die von Boudier erörterten Gegenstände an manchen Orten gründlicher abhandeln und das Buch dadurch auch zu einer vollständigen Monographie der Pilzvergiftung nach dem gegenwärtigen Standpunkte unsrer Kenntniss umgestalten zu müssen geglaubt.

Möge dies Buch dem Zwecke förderlich sein, der Orfila vor Allem zur Aufstellung seiner Preisfrage führte, deren gekrönte Lösung in Boudier's Arbeit vorliegt: den Consum eines als Nahrungsmaterial nicht gering zu achtenden Materials zu erweitern, indem es die aus Irrthümern resultirenden Gefahren verringert.

Göttingen, den 31. Juli 1867.

Dr. Th. Husemann.

Inhaltsverzeichniss.

Einleitung.

> Les grands avantages qu'on en retire, et les nombreux accidents qu'ils peuvent occasionner, recommandent donc les champignons d'une maniere particulière aux méditations des savants.
>
> (Léveillé, Dict. universel d'hist. nat. de d'Orbigny, art. Mycologie.)

Zu allen Zeiten haben die zahlreichen Unglücksfälle, welche durch den Gebrauch wildwachsender Schwämme hervorgerufen wurden, die Aufmerksamkeit der Gelehrten gefesselt. Leider sind ihre Arbeiten bis jetzt nicht zu einem befriedigenden Abschlusse gelangt. Es rührt dies hauptsächlich daher, dass die Lehre von den Schwämmen in ihrer Entwicklung nicht gleichen Schritt mit andern Zweigen der Botanik hielt. Die alten Naturforscher beschäftigten sich bekanntlich vorzugsweise mit blühenden Gewächsen und vernachlässigten die Pilze in hohem Grade, und erst seit dem Ende des letzten Jahrhunderts und besonders in neuester Zeit kam es zu bedeutenden Fortschritten auf dem Gebiete der Mycologie, ohne dass diese jedoch zu einer so hohen Stufe der Vollkommenheit gelangte wie die Wissenschaft von den phanerogamischen Pflanzen und die übrigen Abtheilungen der Cryptogamie. Die Schwierigkeiten des Studiums und vor Allem der Aufbewahrung der Pilze trugen wesentlich zu dieser Vernachlässigung bei. Auch heute noch, wo der in Frage stehende Theil der Naturwissenschaft das gewöhnliche Niveau zu erreichen scheint, ist die Zahl der Gelehrten, welche dieser Pflanzenclasse ihr Interesse zuwenden, unverhältnissmässig klein, und noch viel weniger finden sich leider! darunter, denen zur chemischen Analyse dieser Gebilde Musse und die nöthigen Kenntnisse zu Gebotte stehen. Zweifelsohne hätten aber gründliche chemisch-botasche Studien zur Aufklärung sehr wesentlich beigetragen.

Der Mangel an diesen macht sich jeden Augenblick fühlbar. Da die giftigen Principien der Pilze noch nicht bekannt sind, vermag man sie nicht zu neutralisiren, und ganze Familien, welche theils Liebhaberei oder die Sucht nach einem neuen Gerichte, theils die Noth zum Genusse der Schwämme trieb, bezahlen noch alljährlich die Lücken unserer Kenntniss auf diesem Gebiete mit ihrem Leben. Freilich sind seit dem Beginne dieses Jahrhunderts zahlreiche Versuche angestellt, um Licht in diese Finsterniss zu bringen. Aber es ist nicht allein nichts Abgeschlossenes erschienen, man wird sogar von der Winzigkeit der bisherigen Leistungen betroffen. Die Quelle des Uebels ist die, dass das Studium der Schwämme zu wenig verbreitet ist; seit Bouillon-Lagrange, Braconnot (analytische Untersuchungen über die Natur der Pilze in Bulletin de pharmacie, 1812 p. 304; Ann. de Chimie Paris, 1812, t. LXXX, p. 272) und Vauquelin, denen man die ersten chemischen Studien über diese Gewächse verdankt, hat Niemand bisher die reinen toxischen Principien mit Sicherheit nachweisen können. Braconnot ist vielleicht derjenige, welcher der Wahrheit am nächsten kam, wenn man die Zeit berücksichtigt, wo er seine Analysen veröffentlichte; denn neben den Substanzen, die er als neu angab und welche die neueren Arbeiten von Knop, Schnedermann, Liebig, Payen u. s. w. als Cellulose, Mannit u. s. w. erkennen lassen, wies er auf gallertartige Stoffe hin, die die genannten Gelehrten, welche sich mit dieser Frage beschäftigten, mehr oder weniger mit Stillschweigen übergingen. Diese Materien sind indess so augenscheinlich vorhanden, dass sie sogar den grössten Theil der löslichen Principien der Pilze bilden. Obgleich es andere wie diejenigen, welche er angab, zu sein scheinen, existiren sie doch in Wirklichkeit und spielen bei dem Wachsthum dieser Gebilde und hinsichtlich ihres relativen Nahrungswerthes eine wichtige Rolle.

Schon lange mit der Cryptogamie beschäftigt, habe ich im Laufe der letzten Jahre die chemische Zusammensetzung der Pilze zum Gegenstande meiner besonderen Studien gemacht.

Diese Schrift ist das Resultat meiner Analysen, in welcher ich die verschiedenen Untersuchungen, welche ich vom toxicologischen Gesichtspunkte aus anstellte, vereinigte und die ich die Ehre habe der Akademie zu überreichen.

Gewiss ist die vorliegende Abhandlung nicht das erste Wort, welches über diesen Punkt gesprochen wird und hoffentlich auch nicht das letzte, welches ich selbst darüber sage, aber wenn man die Schwierigkeit und die Ausdehnung des Gegenstandes betrachtet, das fast vollständige Fehlen der Pilze während des Sommers 1863 und ferner die kurze Dauer der Vegetationszeit derselben überhaupt, wird man die Unmöglichkeit, meine Analysen und Beobachtungen weiter auszudehnen, begreifen, besonders wenn man weiss, dass ich es mir zur Regel machte, nur eine Species auf einmal der Analyse zu unterwerfen und nur Pilze im guten Zustande und keine wurmstichigen und verdorbenen zu nehmen, um nicht falsche Resultate zu erhalten und um nicht als stickstoffhaltige Verbindungen solche darzustellen, die ihren Stickstoff den Larven verdanken würden, an welchen die nützlichen und schädlichen Pilze bekanntlich oft so überaus reich sind.

Man wird aus der Prüfung meiner Analysen sehen, dass diese Gebilde, so verwandt sie ihrer Zusammensetzung nach einander auch sein mögen, nichts destoweniger merklich von einander verschieden sind. Ich habe denselben Weg bei ihrem Studium eingeschlagen und bin dabei nicht nur zu quantitativen, sondern auch zu qualitativen Unterschieden gelangt. Bei allen diesen Untersuchungen ging ich mit grösstmöglicher Aufmerksamkeit zu Werke, um nicht chemische Reagentien anzuwenden, die eine Veränderung der reinen Stoffe zu bewirken im Stande sind, und wenn ich mich bisweilen deren bediente, so geschah dies nur in Fällen, wo sie sich nicht gut vermeiden liessen, z. B. bei Trennung der Säuren.

Indem ich so verfuhr, konnte ich einige Stoffe mit solcher Sicherheit abscheiden, dass ich sie als neu bezeichnen kann, während bei anderen ihre Reinigung immer erhebliche Verluste an Material nach sich zog oder ihre theilweise Zersetzung zur Folge hatte; in Anbetracht der grossen Zahl der anzustellenden Versuche und des geringen Materials, habe ich mich nur auf chemische Kennzeichen beschränken können und musste mir das genauere Studium derselben auf spätere Zeit vorbehalten.

In diesem gewiss wichtigsten Theile meiner Arbeit habe ich mich absichtlich mehr über die Handgriffe, deren ich mich bediente, verbreitet, da es für diejenigen, welche meine Experimente wiederholen wollen, nur nützlich sein konnte, meine Darstellungsmethode aus dem Grunde zu kennen, denn die Ursache, dass man nicht zu denselben Resultaten gelangt, liegt am häufigsten darin, dass man nicht dieselben Wege einschlägt.

Beim Aufsuchen der giftigen Stoffe bin ich erst sehr spät zu etwas Abgeschlossenem gelangt, zur Entdeckung eines Alkaloids in Amanita bulbosa, das sich von Amanitin durch characteristische Kennzeichen unterscheidet. Ich bedauere sehr, dass die geringe Menge, welche mir zu Gebote stand, mir eine genauere Analyse nicht gestattete. Bei Amanita muscaria bin ich weniger glücklich gewesen, obschon meine Analysen mir die stärksten Gründe zur Annahme, es sei darin ein anderes Alkaloid vorhanden, liefern. Ich kann jedoch die Charaktere davon nicht angeben, weil mir bis jetzt die Isolirung nicht gelang. Indess ungeachtet meines nur theilweisen Erfolges war es mir in den meisten Fällen möglich, die Art oder wenigstens die Gattung, zu welcher der Pilz gehört, in dem Ausgebrochenen oder in den Stuhlgängen mit ziemlicher Gewissheit bestimmen zu können.

Auch hoffe ich, dass man ausserdem in den anderen Capiteln einige für die Wissenschaft neue Facta finden wird. Jedoch bin ich weit entfernt, diese Arbeit als eine vollendete hinzustellen, kenne ich doch viel zu sehr ihre Lücken. Nicht allein erlaubte mir die grosse Ausdehnung, welche dieser Gegenstand mit sich bringen kann, dies nicht, sondern auch der Umstand, dass man bei Untersuchungen dieser Art fast immer im Finsteren tappt.

Ich will also diese Schrift nur als eine Studie über die Eigenschaften der Pilze im Allgemeinen, in chemischer und toxicologischer Hinsicht bezeichnen und werde mich glücklich schätzen, wenn sie einiges Licht auf diesen Theil der Wissenschaft wirft. Meine Abhandlung zerfällt in fünf Capitel, gemäss den von der Academie gestellten fünf Fragen.

Das erste enthält eine Auseinandersetzung der Kenntnisse der Alten über die Natur dieser Gebilde, die von ihnen zur Unterscheidung der nützlichen und schädlichen Arten in Anwendung gezogenen Mittel, diejenigen welche man seit jener Zeit bis heute angegeben und den Standpunct der gegenwärtigen Kenntnisse über diesen Gegenstand.

Das zweite fasst die Untersuchungen über den Einfluss des Klimas, der Einwirkung des Bodens, der Cultur, der Zubereitung in Betreff ihrer schädlichen und nutritiven Eigenschaften in sich.

Das dritte bespricht die chemischen und toxicologischen Studien über Pilze.

Das vierte behandelt die zur Entziehung oder Neutralisirung der toxicologischen Principien in Frage kommenden Mittel und ausserdem die von mir angestellten Untersuchungen über die Veränderungen, denen diese Stoffe unterworfen sind.

Im fünften endlich werden die Wirkung der Pilze auf den menschlichen Organismus und die geeignetsten Antidote erörtert.

Erstes Capitel.

Ansichten der Alten über die Natur der Pilze. — Die bis heute angegebenen Unterscheidungsmerkmale der giftigen und ungiftigen Arten. — Gefahren der allgemeinen Kennzeichen. — Die geeignetesten Mittel um die Zahl der Vergiftungen zu vermindern.

Niemand zweifelt, dass die Pilze seit den entlegensten Zeiten bekannt sind, ja es steht fest, dass sie von den Alten sehr geschätzt wurden. Es waren hauptsächlich Trüffeln, Kaiserpilze, Boleten und einige andere Arten, von denen sie theils aus Liebhaberei, theils aus Noth Gebrauch machten; die übrigen verwarfen sie [1]). Alle hatten die irrigsten Vorstellungen

[1]) Eine Bestimmung der Pilzspecies, deren sich die Alten d. h. die Römer als Nahrungsmittel bedienten, — die Hellenen scheinen viel weniger Gebrauch davon gemacht zu haben — gehört zu den schwierigen Aufgaben des Mykologen der Gegenwart. Sicher können wir nur den Kaiserpilz, die Amanita caesarea bestimmen, indem Plinius wenigstens einen in einer Scheide wie ein Ei verhüllten, später mit rothem Hute versehenen essbaren Pilz beschreibt; es war dies der geschätzteste Pilz, welchen Martial verschiedentlich in seinen Epigrammen citirt, der aber nicht etwa der alten Bezeichnung amanita, sondern dem boletus der Alten entspricht. Das sind die Pilze, welche Plinius als optimi cibi bezeichnet und welche Martial selbst einem Boten, dem man Gold und Silber anvertrauen kann, nicht zu übergeben räth, da er sie sicher unterwegs essen würde. Der boletus der Alten entspricht also keineswegs irgend einem Angehörigen des Opatowsky'schen Genus Boletus. Indess scheinen auch Boleten den Alten nicht unbekannt gewesen zu sein und unseres Erachtens ist der Ausdruck Suillus, dem das heutige Italienische porcino entspricht, auf allerdings nicht genau bestimmbare Species der heutigen Gattung mit grösster Wahrscheinlichkeit zu beziehen; nur ist es auffallend, dass grade von diesen suilli Plinius bemerkt, dass sie leicht zu Unglücksfällen Anlass geben, was, da (vom Satanspilze abgesehen) das Genus sicher festgestellte Giftpilze nicht enthält, kaum begreiflich ist. Der Ausdruck Tuber hat bei den Alten eine weitere Bedeutung und bezeichnet nicht bloss Trüffel. Mit Recht hat Badham (A treatise on esculent funguses of England. London, 1863. p. 4) hervorgehoben, dass auch Lycoperdon Arten darunter

über ihre Natur; die Einen sahen sie als einen Schleim der Bäume an, die Anderen, welche ihre grosse Fülle nach dem Regen und insbesondere nach warmem oder Gewitterregen bemerkten, betrachteten sie als ein Secret, ein Excrement der Erde, dem der Donner nicht fremd war. Da sie daran weder Blätter noch Blumen, weder Früchte noch Wurzeln wahrnahmen, classificirten sie dieselben nicht unter die Pflanzen. Bei Galen finden wir sie zu den Wurzeln gestellt, während Plinius, Dioscorides u. s. w. sie für eine Art erdiger Concretionen halten. Es gründet sich dies auf ein Ereigniss, das Plinius berichtet: Der Prätor von Carthagena (Spanien) Lartius Licinus brach sich beim Essen eines dieser Cryptogamen einen Zahn auf einem darinbefindlichen Denar ab, ein Zufall, der sich heute sehr leicht, damals jedoch sehr schwierig erklären liess. Stets aber war man darin einverstanden, dass die Pilze eine gefährliche Speise seien. Die Römer hatten ihnen den Namen Fungi gegeben (von funus, Leichenbegängniss, Leichnam, und von ago, ich führe, ich mache [1]). Jeder

begriffen seien, also nicht einmal unterirdische Pilze allein. Das ὕδνον des Theophrast ist vielleicht auch ein Lycoperdon. Badham nimmt sogar an, dass Tuber cibarium den Alten absolut unbekannt gewesen sei; die Trüffeln, von welchen Dioscorides redet und die nach seiner Erzählung von Schweinen im Frühjahr aufgewühlt werden, können dies nicht sein, da sie schon im November in Rom auf den Markt kommen; das μίσυ der Griechen, der Lybische Trüffel der Alten, war weiss (Tuber niveum Desf.). Was unter peziza und unter amanita bei Galen zu verstehen ist, kann nicht mit Sicherheit behauptet werden, letztere Bezeichnung wird aber für einen essbaren, nächst dem Kaiserpilze untadelhaftesten Pilz gebraucht. Endlich kommt noch der Ausdruck ἀγαρικὸν bei Dioscorides vor (lib. III, 1), welcher in späteren Autoren, z. B. beim Aëtius wohl ohne Zweifel auf unseren Boletus laricis zu beziehen ist; bei Dioscorides herrscht entschieden eine Verwirrung, einmal lässt er das agaricon dem Magen zuträglich sein, dann nach der verbreitetsten Lesart auf Cedern (ἐπὶ των κέδρῶν, worunter wahrscheinlich eine Juniperusart zu verstehen ist) in Kleinasien wachsen, während eine andre Lesart einfach ἐπὶ τῶν δενδρῶν (auf Bäumen) hat. Man sieht, dass fast sämmtliche Namen unsrer heutigen Pilzgattungen im Alterthume sich finden, aber mit ganz andrer Bedeutung. Dieselben ohne Weiteres zu identificiren, wie es einige neuere deutsche Autoren thun, ist verkehrt. Auch spricht in keiner Weise irgend ein descriptives Merkmal dafür, dass z. B. Galen's Amanita als unser Champignon aufzufassen sei, wie Lenz es thut; vielleicht sind darauf die fungi albi in einer von Badham citirten Stelle aus Ovids Fasti und die fungi pratenses in Horaz Satiren (l. II. sat. 4. v. 20) zu beziehen. (H.)

[1]) Diese Etymologie des Wortes fungus kann ich als eine entschieden zu weit hergeholte nicht billigen. Es spricht dagegen schon

weiss, dass die Kaiser Claudius, Jovianus u. s. w. die Opfer ihrer Liebhaberei für diese Gebilde wurden; dies veranlasste ja Nero zu der Bemerkung, indem er auf den Tod des Claudius anspielte, dass der Kaiserpilz eine Götterspeise sei. Man sieht indess, dass während man in gewissen Pilzen heftige Gifte erkannte, anderen ein Platz auf den feinsten Tafeln vergönnt wurde, und dieser Gebrauch hat sich ungeachtet der Unglücksfälle bis auf heute erhalten, weil der Mensch von jeher das als Nahrungsmittel wählte, was seinen Gaumen und seine Sinne am meisten kitzelte.

Da die Alten keine bestimmten Kennzeichen besassen, um die giftigen Arten von den essbaren zu unterscheiden, hatten sie zahlreiche Unglücksfälle zu beklagen. Hiefür liegt der Beweis darin, dass sich seit Dioscorides Zeiten die Autoren bemühten, deren Unterschiede festzustellen und Mittel zur Bekämpfung der durch einige dieser Gewächse hervorgerufenen Zufälle anzugeben. Sie hoben dabei ausdrücklich hervor, dass nicht allein der Genuss giftiger Pilze, sondern auch derjenige der essbaren im Uebermaasse den Tod herbeizuführen vermöge, wodurch dann im letzteren Falle Tod durch Erstickung erfolge. Dieses Factum begreift man in unseren Tagen kaum mehr, da man sich bei der kleinsten Unpässlichkeit nach einer Mahlzeit, worunter sich Pilze befanden, vergiftet wähnt. Sicher verursachen diese bisweilen, wenn man zu viel davon isst, sie zu kurze Zeit kochen lässt, oder Species von lederartiger Be-

---

der Umstand, dass auch essbare Pilze als fungi bezeichnet werden, wie dies ausser vielen Stellen bei Badham Horaz' Verse: pratensibus optima fungis natura est, aliis mala creditur beweisen. Ob aber fungus mit φύω, wachsen in Verbindung steht oder, was mir am plausibelsten erscheint, mit σπόγγος (Aeolisch σφόγγος), und von den Meerschwämmen auf die uns beschäftigenden Gebilde übertragen ist, ähnlich wie man im Deutschen den Ausdruck Schwamm promiscue für Spongien und Pilze anwendet, steht dahin. Auffallend ist es, dass in ähnlicher Weise wie fungus von funus auch eine andre Bezeichnung, nämlich die englische toadstool neuerdings in ähnlicher Weise etymologisirt ist; Badham glaubt nämlich, dass dieselbe mit Kröten in keinem Zusammenhange stehe, sondern mit Tod, death, wogegen übrigens zu bemerken ist, dass der in vielen Gegenden Deutschlands übliche Ausdruck „Höpperstühle, Poggenstühle, Paddenstühle" eine Beziehung zu Amphibien andeutet, die den Kröten nahe verwandt sind. Auch in Schotland ist übrigens, wie Christison angibt, die Benennung paddocstool einheimisch. (H.)

schaffenheit geniesst, Verdauungsbeschwerden, und darauf weisen die Alten hin, wenn sie von ihnen behaupten, sie seien von „kalter und dicker Qualität und im Stande schwarze Galle zu erregen, die Säfte zu verdicken, und Schlagfluss und Lähmung herbeizuführen“ [1]).

Voll von der abergläubischen Anschauung der Zeit, wiederholen Alle mit Dioscorides und Matthiolus um die Wette die Angabe, dass alle diejenigen Pilze giftige Eigenschaften besässen, die bei einem Schlangenneste, einem schimmeligen Stücke Zeuges, einem verrosteten Nagel oder einem giftigen Baume gewachsen seien. Alle behaupten, dass die schädlichen Arten gleich nach dem Zerschneiden in Fäulniss übergingen, nachdem sie die Farbe verändert und roth, grün, schwarz u. s. w. geworden seien; auch empfehlen sie dieselben nicht auf glühenden Kohlen, in heisser Asche, oder auf einem eisernen Roste zuzubereiten, aus Furcht, dass man die oben angegebenen Kri-

[1]) Dass solche Indigestionen durch unmässigen Genuss von Pilzen vorkommen, die leicht für Vergiftung gehalten werden können, ist in neuerer Zeit von v. Hasselt mit Recht hervorgehoben worden, und habe ich in meiner im Vorworte angeführten Arbeit (p. 26) die Fälle vom Giftigwerden unbestreitbar essbarer Pilze darauf zurückgeführt. Es können solche Indigestionen um so leichter vorkommen, wenn die betreffenden Pilze die gesammte Mittagsmahlzeit ausmachen und wenn noch dazu eine unzweckmässige Bereitung stattfand. v. Hasselt glaubt sogar, dass auch unter den Fällen von sog. Vergiftungen durch Pilze, deren botanischer Charakter nicht festzutellen war, manche Fälle von Folgen blosser Unmässigkeit verborgen seien. Ich erlaube mir, hier einer mir gemachten Mittheilung des Herrn Dr. Kirchner in Detmold zu gedenken, wonach vor einigen Jahren im Bade Meinberg mehrere Personen nach dem Genusse einer Mahlzeit Pilze erkrankten, welche von Kennern gesammelt waren, während andre, und zwar eben diese Kenner, völlig gesund blieben, obschon sie dasselbe Gericht genossen hatten. Es scheint hier auch auf Gewohnheit anzukommen und die Indigestion leichter bei denjenigen einzutreten, deren Verdauungsorgane an die Digestion der Pilze noch nicht gewöhnt sind. Man hätte in dem zuvor erwähnten Falle sehr leicht an Intoxication denken können. In wie weit aber die Alten aus solchen Fällen den Erstickungstod herleiteten, ist mir sehr zweifelhaft. In dem dem Dioscorides zugeschriebenen Buche de venenis c. 23 heisst es sehr deutlich, dass man unterscheiden müsse zwischen Pilzen, welche überhaupt schädlich sind, und solchen, welche nur beim Genusse grösserer Mengen schaden, dass aber alle Erstickung bedingen (*πνιγμοὺς ἐπιφέρουσι*). Nun sind Erscheinungen von Athemnoth, besonders gegen das Ende der Vergiftung hin auch bei exquisiten Pilzvergiftungen gewöhnlich, und da wohl schwerlich jemals solche Indigestionen zum Tode geführt haben, so dürfte auch der Erstickungstod viel eher von der Beobachtung von lethalen Intoxicationen mit Dyspnoe als von solchen Magenüberladungen abstrahirt sein. (H.)

terien ihrer giftigen Eigenschaften nicht erkennen könne. Avicenna sah diejenigen als die gefährlichsten an, die eine grüne, schwarze, rothe oder violette Farbe hatten.

Hierin bestanden die Kenntnisse über die Unterscheidungsmerkmale der giftigen und essbaren Arten von Matthiolus bis zum Ende des siebzehnten Jahrhunderts. In diese Zeit fallen einige neue Beobachtungen, welche jedoch auch unvollständig und womöglich noch unrichtiger sind. Dahin gehört die Probe mit dem zinnernen, später mit dem silbernen Löffel, die bei Berührung mit dem Gifte sich bräunen sollten, ferner die Probe mit dem Eiweiss, das angeblich durch die giftigen Pilze eine Bleifarbe bekäme, dann diejenige mit kleinen Zwiebeln, welche, um mit Natalis Necker zu reden, sich unter den nämlichen Umständen schwärzen. Diese bequemen, noch jetzt in Stadt und Land verbreiteten Recepte sind gleich irrig und wahrscheinlich die Ursache eines grossen Theiles der Vergiftungen, die noch jedes Jahr zur Beobachtung gelangen. Es ist die Pflicht Aller, welche sich mit diesem Studium beschäftigt haben, dieselben als der Wahrheit durchaus entgegenstehend mit dem grössten Nachdrucke zu widerlegen.

Ich stelle nicht in Abrede, dass in einzelnen Fällen der silberne Löffel eine braune Farbe annehmen kann, dann aber ist die Färbung nicht das Resultat der Einwirkung des giftigen Princips, sondern die eines vorgerückteren Zustandes der gesammelten giftigen oder essbaren Pilze. Bekanntlich entwickelt sich in der That bisweilen durch Fäulniss eiweissartiger Substanzen Schwefelwasserstoff, besonders unter dem Einflusse der Wärme, und darin allein besteht der Grund der Schwärzung. Die Regel, dass man alle verdorbenen Substanzen von der Tafel verbannen muss, gilt auch für die Schwämme [1]).

Schon 1791 widerlegte Bulliard diese Angaben, ebenso

---

[1]) In Bezug auf diese Proben kann man sich leicht überzeugen, dass frische Fliegenschwämme, deren Giftigkeit doch von Niemand bestritten werden kann, die Schwärzung nicht hervorbringen. Es ist wohl kaum daran zu zweifeln, dass der gegebene Erklärungsversuch der Erscheinung vollkommen richtig ist. In gleicher Weise wie die Proben von Natalis Necker und Thuillier ist auch die aus neuerer Zeit herrührende von Duflos und Hirsch, wonach auf giftige Schwämme gestreuetes Salz gelb werde, wie dies schon von v. Hasselt nachgewiesen wurde, unzuverlässig. (H.)

verfuhren auch beinahe alle Mycologen späterer Zeit. Jedoch von der Vorstellung geleitet, dass sich die guten und schlechten Eigenschaften der Pilze durch allgemeine Kennzeichen angeben liessen, glaubte man im Anfange dieses Jahrhunderts und auch noch heute solche aufstellen zu müssen. Leider waren sie immer fehlerhaft und einer zu grossen Anzahl Ausnahmen unterworfen, um mit Sicherheit Verwendung finden zu können. Man muss im Auge behalten, dass eine einzige Ausnahme von den angegebenen Kennzeichen im vorliegenden Falle den Tod ganzer Familien zu verursachen im Stande ist, dass die Ausnahmen beinah eben so zahlreich sind wie die Regeln selbst und dass das Volk stets allgemeine Kennzeichen für untrüglich halten wird, wenn sie mit einer bestimmten Autorität gegeben sind und in den Zeitungen Aufnahme gefunden haben.

So hat man gesagt: Zu verwerfen sind Pilze mit lederhartem oder korkartigem, sowie auch solche mit zu weichem Fleische und diejenigen, welche sich in eine schwarze Brühe auflösen. Das Erste ist richtig; man sieht leicht ein, dass lederartige Substanzen schwer zu verdauen und fähig sind einen durchaus nicht schwachen Magen zu belästigen. In gewissen Ländern isst man wohl einige lederartige Polypori, Hydnum auriscalpium u. s. w., u. s. w., aber ich glaube, dass es rathsamer ist, sie bei Seite zu lassen, obschon sie nicht giftig sind [1]). Das Zweite ist weniger wahr; viele Arten aus der

[1]) Von einem schmackhaften Gerichte kann gewiss bei einem Pilze von lederartiger Consistenz nicht die Rede sein. Dass indessen in Zeiten des Mangels von derartigen Polyporen Gebrauch gemacht werden kann, wollen wir nicht bestreiten. Es handelt sich hier um Pilze von oft erstaunenswerthen Dimensionen, die, wenn sie essbar sein würden, auch einen reellen Nutzen schaffen könnten. Besonders gilt dies von Polyporus giganteus, welchen von neueren Mykologen M. C. Cooke (A plain and easy account of British fungi. London 1862) als essbar bezeichnet, während Lenz (die nützlichen und schädlichen Schwämme 3. Auflage. Gotha, 1862) und Badham davon nichts wissen wollen. In der That ist sein Fleisch oft so zähe, dass es unter dem Messer knirscht. Von P. sqamosus, den Pollini und Marquart als essbar bezeichnen, gibt Lenz an, dass er auf keinen Fall ein gutes Gericht gebe; P. subsquammosus soll nach Wulfen in Kärnthen viel gegessen werden. P. intybaceus, in den Vogesen genossen und von Paulet gerühmt, soll nach Cooke ein ganz vortreffliches Gericht geben, wenn man den dunkler gefärbten Hut entfernt und nur den weissen Stamm benutzt. (H.)

Gattung Boletus, wie z. B. aurantiacus und scaber sind essbar und durchaus nicht gefährlich, obgleich ihr Fleisch sehr weich und gewiss wässriger ist als das der giftigsten Pilze. Was die Coprini betrifft, die einzigen, welche sich in eine schwarze Brühe auflösen, so hat sie Niemand in vorgerücktem Zustande zu essen versucht, im jüngeren gelten sie für unschädlich [1]). Man hat den Rath gegeben, alle diejenigen, welche einen giftigen, unangenehmen oder starken und widrigen Geruch besitzen, zu verwerfen. Hierin liegt allerdings etwas Wahres, aber es gibt auch Ausnahmen. Wird man unter anderen stets den im Jugendzustande wenig hervortretenden narkotischen Geruch der Amanita bulbosa, des gefährlichsten aller Giftpilze, der Amanita pantherina, oder den noch undeutlicheren des Fliegenschwamms erkennen [2])? Man wendet ein, dass man im Gegentheil die Pilze nehmen müsse, welche einen angenehmen Geruch besitzen, ohne daran zu denken, dass auch giftigen Arten diese Eigenschaft zukommt. So verhält es sich mit dem Agaricus nebularis (pileolarius von Bulliard), den ich häufig in den aufgeschichteten Blättern der Waldgruben fand. Ich habe ihn in den beiden letzten Jahren gesammelt und die Feinheit und Weisse seines Fleisches, sowie seinen angenehm süssen, einem leichten Orangenblüthenduft ähnlichen Geruch constatirt; und doch sehe

---

[1]) In Bezug auf die Mistpilze (Coprini), insbesondere Agaricus comatus, dem wohl Ag. typhoides Bull. als Synonym entspricht, kann ich die Unschädlichkeit derselben in jungem Zustande bestätigen. Vortrefflich sind sie zur Fabrication von Soja, wozu indess frische Exemplare zu verwenden sind. Selbst in zerflossenem Zustande sind sie nach Letellier unschädlich, doch dürfte dann der Genuss der Mehrzahl der Pilzliebhaber kaum zusagen. Krombholz nennt die jungen Coprini ebenso angenehm wie die Champignons. — Wie wenig übrigens die Consistenz im Allgemeinen für die Frage der Giftigkeit zu verwenden ist, lehrt gewiss am bessten der Umstand, dass die hauptsächlichsten giftigen Species (Fliegenschwamm, Amanita phalloides) die Consistenz des echten Champignon haben. (H.)

[2]) Bei der Entscheidung über Annehmlichkeit oder Unannehmlichkeit des Geruches stösst man fast immer auf individuelle Ansichten. Jedenfalls sind einige laucbartig riechende Pilze, wie scorodonius Fries, die man als Gewürze ohne Schaden verwendet, für die meisten Menschen unangenehmer als der Fliegenpilz. Agaricus neomartes ein dem Hallimasch (Ag. melleus) verwandter, sehr schlecht riechender, ausserdem bitter schmeckender Schwamm, wird bei Montpellier und im Gard viel gegessen (J. de Seynes). (H.)

ich (Léveillé, Dict. univ. d'hist. nat. de d'Orbigny, art. Agaric. Paris, 1859, tome 1, page 177), dass diese Art bei einem ausgezeichneten Mycologen, dem Dr. Cordier, ernsthafte Zufälle herbeiführte, als er, zweifelsohne im Vertrauen auf ihre trügerischen Kennzeichen, an sich selbst Versuche damit anstellte. Wie viel andere gibt es noch, die ähnliche Erscheinungen bewirken können! Ferner ist die Behauptung aufgestellt, dass Pilze mit grellen, bunten Farben giftig seien, wodurch sicher der Fliegenpilz ausgeschlossen werden sollte; es gibt jedoch essbare Arten mit diesen Kennzeichen, wohin vor Allem der der Kaiserpilz gehört.

Es lässt sich aus den angegebenen Widerlegungen schon erkennen, wie unsicher diese allgemeinen Kriterien sind.

Das Vorhandensein eines scharfen Milchsaftes hat keinen grösseren Werth, denn in vielen Landstrichen isst man die Pfifferlinge, Agaricus acris nicht ausgenommen, und fühlt sich nicht davon belästigt [1]).

Der unangenehme Geschmack ist ein eben so unhaltbares Unterscheidungsmerkmal [2]). In der That werden verschiedene unschädliche Sorten, wie Cantharellus cibarius, bekannter unter dem Nameu Geelchen, Eierpilz (chanterelle, gyrole u. s. w.); Hydnum repandum, gewöhnlich Stoppelpilz (pied-de-mouton blanc) genannt, überall gegessen und bilden für die Landbewohner ein treffliches Nahrungsmaterial wegen ihres häufigen Vorkommens und der Schwierigkeit der Verwechselung, und doch weiss man, dass sie roh genossen einen scharfen, pfefferartigen Geschmack zurücklassen. Noch mehr, verschiedene Russulae, deren Unschädlichkeit jetzt feststeht, sind eben so scharf wie die Lactarii.

Der Farbenwechsel beim Zerbrechen eines Pilzes ist ebenfalls als Kennzeichen unsicher: die Steinpilze nehmen wirklich sehr häufig eine rosa oder violette Färbung im Zustande der

---

[1]) Auf die Giftigkeit der Pfifferlinge wird in einem späteren Capitel näher eingegangen werden. (H.)

[2]) Wie der Geruch, so ist auch der Geschmack etwas Subjectives. Uebrigens kann ich beim Fliegenschwamme von einem unangenehmen Geschmacke nichts bemerken, und von dem Boletus Satanas Lenz versichern Krombholz und Lenz, dass er roh und gekocht recht wohlschmeckend sei. (H.)

Reife an. Boletus aurantiacus ebenfalls. Agaricus deliciosus, den man so häufig in der Sologne und in vielen anderen Ländern isst, wird, wenn man ihn zerquetscht, dunkelgrün. Sehen wir nicht selbst den Agaricus edulis in der Jugend, sowie verschiedene seiner wilden Spielarten beim Zerschneiden oder Zerdrücken eine safrangelbe Färbung bekommen, die an Intensität zunimmt, je mehr man sich dem Rande des Hutes naht? Bei einer anderen Spielart ist die Farbe röthlich [1]). Eine grosse Wichtigkeit ist auch der Anwesenheit von Würmern, Insecten oder Schnecken, denen der betreffende Pilz zur Nahrung dient, beigemessen worden. Mérat (Dictionnaire de matière médicale, Paris 1830, t. II, p. 199 art. Champignon) sagt, „dass Agaricus bulbosus und der Fliegenschwamm in jeder Altersstufe unversehrt sind, während wir niemals einen Steinpilz finden konnten, der nicht zum Theil durch Schnecken u. s. w. verzehrt war.“ Sicher ist, dass die im Allgemeinen angenehmer riechenden essbaren Pilze öfter die Beute dieser kleinen Thiere werden als die giftigen, aber ich kann versichern, und ich stehe hierin nicht allein, dass ich häufig diese beiden Schwämme von Tausenden von Larven der Dipteren und Staphylinen angefressen fand. Noch in diesem Herbste beobachtete ich die grosse Liebhaberei der Schnecken für Agaricus bulbosus und den Fliegenschwamm. Ich legte eine gewisse Anzahl dieser Pilze in einen Keller und am folgenden Tage fand ich sie zum Theil (hauptsächlich die Lamellen) durch dicke graue Schnecken aufgezehrt, die keineswegs davon zu leiden schienen. Léveillé hat ebenfalls angegeben, dass er dieselbe Art mehrere Tage hindurch mit

[1]) Die Veränderung der Farbe ist als allgemeines Kriterium hingestellt, um blauanlaufende Boleten, die man als verdächtig ansieht, vom Genusse auszuschliessen. Andre Giftpilze, z. B. Amanita phalloides, A. muscaria ändern bekanntlich ihre Farbe nicht. Aber andrerseits gibt es auch entschieden essbare Boletus-Arten, bei denen ein Farbenwechsel stattfindet. So ist Boletus variegatus L., der Sandpilz, in keiner Weise giftig und läuft nichtsdestoweniger an den Seitenwänden blau an, das Gleiche ist mit B. subtomentosus der Fall und B. cyanescens, den man in Piemont isst, hat sogar von der Farbenveränderung seinen Namen. Auch Boletus scaber färbt sich beim Durchschneiden röthlich oder graublau und wird beim Trocknen braun oder schwarz; B. aurantiacus Bull., der oben erwähnt wird, ist nur eine mit den nämlichen Eigenschaften begabte Varietät davon. (H.)

Amanita muscaria gefüttert habe, ohne dass sie daran zu Grunde gingen [1]). Der Unterschied zwischen den Wirbelthieren und niedrigeren Thierclassen ist so bedeutend, dass man Kennzeichen dieser Art nicht den geringsten Werth beilegen kann. Was nun den Standort der Pilze anbetrifft, so geben die von diesem hergeleiteten Unterscheidungsmerkmale, dass essbare Pilze an offenen Plätzen, auf Triften, Weiden u. s. w., schädliche dagegen an dunkeln Orten, dichten oder feuchten Gehölzen vorkommen, nicht die mindeste Sicherheit. Wer nur einigermassen mit dem Pilzsammeln vertraut ist, weiss, dass in denselben Gehölzen, welche im Frühjahr oftmals Morcheln liefern, später Cantharellus cibarius, Agaricus procerus, Hydnum repandum, Boletus edulis u. s. w. in Gemeinschaft mit Amanita muscaria und bulbosa wachsen, und finden sich nicht in feuchten Waldungen, obschon sie uns Russulae und Lactarii von zweifelhaft giftiger Natur darbieten, auch vortreffliche Arten von Keulenpilzen, Röhrenpilzen, Lorcheln u. s. w.? Endlich kommen Amanita bulbosa und muscaria eben so gut auf Triften und Heiden wie im Holze vor, und ich habe sogar diese beiden gefährlichen Arten in grosser Anzahl auf kürzlich urbargemachter Heide gesehen [2]). Es ist jedoch

[1]) Von den Schnecken ist es ja bekannt, dass sie verschiedene Giftpflanzen zu verzehren vermögen, ohne daran zu Grunde zu gehen, und dass diese Immunität auch auf die giftigen Pilze sich beziehe, kann jeder aufmerksame Beobachter leicht constatiren. Man findet übrigens den Fliegenschwamm gar nicht selten auch von verschiedenen Larven, besonders unten am Stamme, durchbohrt. Schon Phöbus (Deutschlands cryptogamische Giftgewächse. Berlin, 1838) gibt ganz richtig an, dass selbst junge Pilze von Insectenlarven fast ganz zerstört gefunden wurden und bei älteren Exemplaren der Knollen fast nie gut erhalten ist. Es wäre das Gegentheil gewiss viel auffallender als das Factum, da derartige kleine Thiere von den giftigsten Stoffen sich nähren zu können scheinen, wie ja Larven z. B. in der Calabarbohne, in der Belladonnawurzel. Man hat auch gesagt, dass Giftpilze von grösseren Thieren vermieden werden. Dies ist entschieden unrichtig, denn wenn auch nach Lenz nur wenige Kühe den Fliegenschwamm fressen, und wenn auch auch nach demselben Forscher Schafe denselben Pilz im Allgemeinen meiden sollen, so gibt er doch zu, dass Ausnahmen vorkommen, und dass Eichhörnchen den Fliegenschwamm ohne Schaden fressen. Rennthiere sollen nach Steller den Fliegenschwamm viel verzehren und davon in einen eigenthümlichen narkotischen Zustand gerathen. (H.)

[2]) Wollte man die an schattigen Orten gewachsenen Pilze überall als verdächtig bezeichnen, so würde man damit die Clavarien zum grössten Theile vom Genusse ausschliessen, obschon sie ein treffliches Nahrungsmaterial darstellen. (H.)

sicher, dass die Ebenen, Wiesen, Grasplätze und freien Ländereien mehr essbare als giftige Arten aufzuweisen haben. Aber kann es nicht bisweilen vorkommen, dass sich verschiedene der letzteren inmitten von Pratellen, Musserons und anderen nützlichen Species, besonders in der Nähe eines Gehölzes, finden?

Ich könnte die Widerlegungen noch vermehren, wenn ich sie auf andere eben so werthlose, den Pilzliebhabern aber weniger bekannte Kennzeichen anwendete. Dahin gehören die Farbe der Lamellen, welche bei den essbaren Pilzen den buntesten Wechsel zeigt [1]), die saure Reaction auf Lakmuspapier, die allen ohne Ausnahme zukommt, das Vorhandensein einer Scheide, das als allgemeines Kriterium von gewisser Wichtigkeit ist, aber meistens nicht benutzt werden kann, da ja gewöhnlich die Pilze ohne Aufmerksamkeit gesammelt werden, indem man den Stiel wie den einer Blume abbricht, wodurch dann das wichtigste Kennzeichen verloren geht. Ist es auch dem Gelehrten nicht schwer sie aufzufinden, so wird sie doch von Liebhabern leicht vollständig verkannt, denen es grosse Schwierigkeit machen würde, sie bei der der Amanita bulbosa so nahestehenden und gleich giftigen Amanita mappa wahrzunehmen. Dasselbe gilt von den knolligen oder hohlen Stielen, die man eben so gut bei schädlichen wie bei essbaren antrifft (selbst eine Spielart von Agaricus campestris hat constant eine knollige Verdickung am unteren Ende), und von vielen anderen in gleicher Weise täuschenden Kennzeichen [2]).

---

[1]) Die Farbe der Lamellen kann wohl als Kennzeichen, um einzelne essbare Pilze zu diagnosticiren, von Wichtigkeit sein, so die Rosafarbe derselben bei dem echten Champignon, im Allgemeinen ist sie nicht zu verwerthen. Dasselbe gilt für das Vorhandensein der Scheide, welche wenigstens eine ganze Gattung, die noch dazu besonders giftige Species enthält, Amanita nämlich, characterisirt; aber eben zu der nämlichen Gattung gehört auch der Kaiserpilz, Amanita caesarea, als ein sehr beliebter essbarer Schwamm. Was den knolligen Stiel anlangt, so kommt dieser besonders noch dem allgemein als essbar anerkannten Parasolschwamm, Agaricus procerus Scop. zu, der sogar in rohem Zustande sehr wohlschmeckend ist. Im jungen Zustande haben viele Giftpilze einen soliden Stiel, der erst später hohl wird. Ag. procerus hat einen hohlen, Boletus Satanas einen soliden Stiel. (H.)

[2]) Ich habe die allgemeinen Kennzeichen der Giftigkeit der Pilze im Handbuche der Toxicologie p. 393 vollständig zusammengestellt und kritisirt, und bin dabei zu derselben Ansicht wie Boudier u. A. ge-

Ich bin nicht der Einzige, der diesen allgemeinen Kriterien entgegentritt, viele Andere haben es mehr oder weniger vor mir gethan, und ein in der Kenntniss der Pilze sehr bewanderter Gelehrter unserer Zeit, eine Autorität auf diesem Gebiete, Léveillé, sagt mit Bestimmtheit in seinem schönen Artikel Agaricus (Dict. d'hist. nat. de d'Orbigny. Paris, 1849, t. I, p. 177): „Es ist augenscheinlich, dass ähnliche Kriterien nicht von Nutzen sein können; man muss, um Pilze zu essen, nach den Erfahrungen des Landes, in dem man lebt, handeln, oder sie an ihren specifischen Charakteren kennen, wenn man sich nicht den grössten Gefahren aussetzen will.“ Doch sind seither und ungeachtet der Autorität dieses Gelehrten dieselben Grundsätze wieder aufgestellt. Ich glaube, dass Jeder, der sich ernstlich mit der Cryptogamie beschäftigt, die gute Absicht erkennen wird, welche zur Aufstellung dieser Charaktere geführt hat, aber die Klugheit gebietet, sie erst dann als zulässig zu betrachten, wenn sie unbeschränkte Gültigkeit haben. Doch sind sie zu sehr Ausnahmen unterworfen, um nicht die Ursache zahlreicher Irrthümer zu sein, und eine einzige Ausnahme kann, wie ich oben sagte, beklagenswerthe Unglücksfälle herbeiführen.

---

langt, dass sie sammt und sonders unzuverlässig sind. Ausser den von Boudier aufgeführten dürften noch die folgenden hervorzuheben sein: 1) Die giftigen Pilze sind alle Blätterpilze, d. h. sie besitzen an der Unterfläche des Hutes Blätter (Lamellen), die essbaren Röhrenpilze, die an der Unterfläche Röhren tragen (Oesterlen). Man würde, wenn man das beachtete, den Champignon als giftig, den Satanspilz als unschädlich ansehen müssen. 2) Rasches Wachsthum und schneller Zerfall. Dies Kennzeichen ist für die toxischen Arten in keiner Weise charakteristisch, denn Amanita phalloides und muscaria wachsen langsam, es betrifft besonders die Coprini, welche ungiftig sind, und den Phallus impudicus, der kaum in Betracht kommt. 3) Vorhandensein eines Ringes. Wenn auch verschiedene giftige Amaniten einen solchen Ring haben, so ist derselbe auch beim Champignon und beim Parasolpilz vorhanden. 4) Manchetten oder Fransen am Rande. Dies ist ein Kennzeichen für eine Unterabtheilung des Genus Agaricus, die Fries als Hypholoma bezeichnet und wohin besonders Agaricus lateritius Schäff., der Schwefelkopf, gehört, der für giftig gilt und jedenfalls seines bitteren Geschmackes wegen ungeniessbar ist. Für die wesentlichsten giftigen Pilzspecies gilt das Kennzeichen gar nicht. 5) Lappen oder Warzen auf der Oberfläche des Hutes. Solche bleiben, wenn der Pilz ursprünglich in einer Scheide eingeschlossen ist, als Reste dieser zurück, und finden sich daher besonders bei den Amaniten. Es könnte deshalb, um diese auszuschliessen, bei uns, wo die

Ist man ausserdem sicher, dass der Liebhaber nicht sehr häufig die gegebenen Winke missversteht? Wird er nicht als eine Trift, als eine Wiese solche Orte ansehen, welche für seinen Gewährsmann nur lichte Stellen sind? Wird er stets den narkotischen Geruch von Amanita bulbosa erkennen? Mit einem Worte, wird er immer den Gedanken des Autors verstehen? Ich glaube nicht. Kann man andererseits hoffen, die botanischen Kennzeichen den Liebhabern der Pilze beizubringen? Ganz bestimmt nicht. Man hat also die Wahl: entweder den Genuss der Pilze vollständig zu untersagen, aus Furcht vor Unglücksfällen, und dann in der Belehrung der Bevölkerung innezuhalten und derselben eine angenehme und nährende Speise zu rauben, oder den Pilzgenuss in gewissen Gränzen zu gestatten, wobei indess immer Menschenleben gefährdet werden können.

Sind nun auch, wie ich wiederhole, die allgemeinen Kennzeichen für das öffentliche Wohl sehr gefährlich, so würden sie jedoch unter der ausdrücklichen Bedingung aufgestellt werden können, dass die Pilzliebhaber verpflichtet seien, die gesammelten Arten durch einen Sachverständigen prüfen zu lassen. Man hat dann nur im Auge, die Liebhaber vor dem Einsammeln einer Menge sehr verbreiteter giftiger Arten zu behüten,

---

Amanita caesarea nicht vorkommt, als Kennzeichen benutzt werdens sonst aber kommt es auch dieser Art ebenso gut wie dem Fliegenschwamm zu. 6) Relative Dünne des Hutes im Verhältnis; zu den Lamellen. Dass grade solche Pilze giftige Eigenschaften besitzen sollen, ist eine sehr vage Behauptung, die für viele Arten mit hautdünnem Hute, wie Agaricus euchrus Fr. und Ag. procerus Pers. entschieden nicht gilt und auch die von Büchner als essbar empfohlenen Ag. puniceus Fries und Ag. ceraceus Wulf als giftig stempeln würde. 7) Glänzende Fläche der Oberfläche. Der giftige Fliegenpilz und der essbare Kaiserling theilen diese Eigenschaft mit einander. 8) Excentrischer Stiel. Eine ganze Gruppe der Agarici, Pleuropus oder Pleurotus genannt, hat einen excentrischem Stiel; dahin gehört der viel gegessene Drehling, Ag. ostreatus, während die hauptsächlichsten Giftpilze einen centralen Stiel besitzen. Cooke nennt auch Ag. ulmarius als essbaren Pilz mit excentrischem Stiele. 9) Gleiche Länge der Lamellen, gegen welches Kennzeichen zu erinnern ist, dass auch Amanita muscaria und bulbosa lange und kurze Lamellen haben. 10) Schwarzwerden des Messers beim Durchschneiden. Es tritt dies weder bei giftigen noch bei essbaren Schwämmen, ausser bei sehr langem Contact, ein; nach Boudier scheinen die Pilze Tannin zu enthalten, das allerdings eine solche Wirkung herbeiführen könnte. (H.)

welche häufig ihre ganze Ernte bilden würden. Unter dieser Voraussetzung könnte man mit Uebergehung der zahlreichen überflüssigen allgemeinen Kennzeichen, die man bis auf den heutigen Tag angegeben hat, Folgendes sagen:

Wer keine Pilze kennt und sie sammeln will, vermeide alle Sorten mit lederartigem Fleische, so wie diejenigen, welche entweder durch Fäulniss oder durch die Entwickelung von Schimmel bereits sich zu verändern beginnen. Ebenso lasse er die Pilze stehen, welche einen schlanken Wuchs, einen abfallenden Ring am Stiele unter dem Hute haben und wo letzterer bei feuchtem Wetter klebrig ist, unten weisse Blättchen trägt und oben mit kleinen Warzen oder Hautüberresten besäet ist, wo diese in geringer oder grosser Zahl sich vorfinden, gross oder klein, weiss oder gelblich erscheinen, und wo die Farbe der unteren Fläche des Hutes weiss, mehr oder minder weissgelb, schwefelgelb, mehr oder weniger dunkelolivengrün, oder in alten Exemplaren von einem schönen, in's Gelbliche spielenden Roth ist, denn sicher gehören Arten mit diesen Kennzeichen zu den giftigsten. Er verwerfe ausserdem die Pilze, welche an der untern Fläche mit kleinen Poren wie die eines Badeschwamms versehen sind, wenn dieselben beim Zerschneiden blau oder grün werden. Er hege auch Misstrauen gegen diejenigen, die, roh gekaut, sehr stark pfefferartig schmecken, oder beim Zerbrechen eine weisse Milch zu Tage treten lassen, und wenn er sieht, dass Leute dieselben ohne Belästigung geniessen, so esse er doch nur davon, wenn sie lange gekocht sind. Zwingt ihn die Noth, Pilze zu verspeisen, und hat er keine Vorstellung von ihrer Natur, so verzehre er sie erst, nachdem sie wenigstens 20 Min. in Wasser, dem einige Löffel Essig zugesetzt sind, eingeweicht, dann herausgenommen, mit frischem Wasser abgewaschen, abgekocht und getrocknet wurden, ehe man sie zur Mahlzeit zurichtet.

Mit diesen einfachen Rathschlägen, die freilich eine Anzahl essbarer Pilze ausschliessen [1]), deren Kenntniss man sich

---

[1]) Dass man bei der Belehrung des Volkes, um dessen Wohlfahrt nicht zu gefährden, eine Reihe essbarer Pilze opfern muss, ist eine Thatsache, die man zwar beklagen, aber nicht ändern kann. In Gegenden, wo die Pilze fast gar nicht consumirt werden, wird immerhin der

durch Erfahrung erwerben muss, verbanne ich die unverdaulichen oder beschädigten Arten, die meisten der giftigen Amaniten, der höchst schädlichen Boleten, auch lenke ich die Aufmerksamkeit der Consumenten auf die Russulae und Lactarii, die meines Erachtens nur dann gefährlich sind, wenn sie nicht lange genug gekocht haben. Dies sind die Species, welche fast alle Unglücksfälle herbeiführen. Aber ich werde nicht

---

auch bei Ausschluss einzelner Gruppen durch die Aufrechterhaltung solcher allgemeinen Regeln bleibende Rest einen bedeutenden Schatz von Nahrungsmaterial darbieten. Man darf sogar, wenn dadurch grössere Sicherheit erzielt wird, ohne Zagen noch mehr opfern, als durch die Boudier'schen allgemeinen Vorschriften geschieht.

Das Princip, nach welchem dieselben aufgestellt sind, ist das alte, bei uns in Deutschland ebenfalls bisher fast immer festgehaltene: nämlich die Kennzeichen der giftigen Arten anzugeben. Es ist dies nach meiner Ansicht zu verwerfen und mit einem anderen zu ersetzen, wonach nicht die Charaktere giftiger, sondern diejenigen nicht zu verwechselnder und leicht kenntlicher essbarer Pilze näher zu bezeichnen sind. Es sind zunächst die Gründe für ein solches Verfahren diejenigen, welche Pappenheim dazu veranlassten, anstatt des Giftpflanzenunterrichtes in den Schulen die Einführung eines Nahrungspflanzenunterrichtes zu befürworten. Es lässt sich nicht verkennen, und ich habe selbst noch vor Kurzem ein Beispiel davon erlebt, dass Warnung vor Giften häufig zu Giftmorden Veranlassung gibt, wenn auch allerdings wohl damit eine Reihe unabsichtlicher Intoxicationen verhütet werden mögen, und bin ich daher der Ansicht, dass da, wo es nicht nöthig ist, die Kenntniss der Gifte zu popularisiren, man sich desselben enthalten muss. Nun ist aber ausserdem nicht zu verkennen, dass, da solche nicht zu verkennende Nutzpilze nur in beschränkter Anzahl vorhanden sind, dadurch der Unterricht wesentlich erleichtert wird, und da es sich um Arten handelt, die eine sehr ausgedehnte Verbreitung besitzen, so wird durch eine derartige Belehrung nichtsdestoweniger ein bis jetzt in einzelnen Gegenden völlig verkommendes Nahrungsmaterial nutzbar gemacht. Ich habe mich über diesen Gegenstand in der Zeitschrift für practische Heilkunde und Medicinalwesen (1865) ausgesprochen und darauf hingewiesen, dass zur Erkennung der fraglichen Arten allerdings äussere Charactere, wie Farbe, Geruch, Geschmack, Standort u. s. w. nicht genügen, sondern dass es botanischer Kriterien bedarf. Dies hat auch Boudier, wenn schon nicht ausgesprochen, doch eingesehen, indem in seinen allgemeinen Regeln ebenfalls die Gattungscharactere, welche ich im Sinne hatte, als Hauptkriterien figuriren. Die Blättchen an der Unterfläche des Hutes characterisiren die Gattung Agaricus mit ihren unzähligen Arten, die kleinen Poren wie bei einem Badeschwamm die Gattung Boletus. Wenn ich nun auch Boudier vollkommen Recht geben muss, dass allen Pilzliebhabern die botanischen Kennzeichen aller essbaren Pilze nicht beizubringen sind, ja dass es sogar nicht möglich ist, dieselben alle distinguirten Species der Gattung Agaricus zu lehren: so gibt doch Boudier selbst durch sein Beispiel zu erkennen, dass er grade wie ich es für äusserst leicht halte, Laien klar zu machen, was Lamellen oder Blätter, Röhren oder Stacheln an der Unterfläche des Hutes zu bedeuten haben. (H.)

müde immer von Neuem zu wiederholen: Es ist für die persönliche Sicherheit durchaus nothwendig, die eingesammelten Pilze durch eine in diesem Fache erfahrene Persönlichkeit so lange verificiren zu lassen, bis man durch grosse Uebung selbst eine genaue Kenntniss der einzelnen Arten erlangt hat. Mit Rücksicht auf dieses Bedürfniss wünschte ich, wie man später sehen wird, dass die cryptogamischen Studien weitere Ausdehnung unter verschiedenen Personen gewännen, welche ihre Stellung besonders dazu geeignet macht, die für die Bevölkerung so überaus wichtige Auskunft zu ertheilen.

Grosse Vortheile würde die Veröffentlichung billiger populärer Schriften bieten, in welchen die hauptsächlichsten, in den betreffenden Ländern vorkommenden Arten genau beschrieben würden. Ein Buch, das klar den Unterschied der giftigen und essbaren Arten darstellte und die zu ergreifenden Vorsichtsmassregeln, um ohne Gefahr gewisse Species essen zu können, enthielte, würde, besonders wenn es gute Abbildungen brächte, von sehr grossem Nutzen sein; die Beschreibung einer zu grossen Anzahl Pilze wäre unnütz, ja geradezu schädlich. Meiner Ansicht nach müsste man sich auf die Beschreibung der nützlichen, am häufigsten vorkommenden, angenehmsten und am leichtesten kenntlichen Arten beschränken, mit einem Worte auf die, welche in den betreffenden Ländern am werthvollsten und am meisten im Gebrauch sind, und die sich den einzelnen Arten nach ununterbrochen vom Frühjahr bis zum Eintritte des Winters finden, und hieran müsste man die schädlichen Pilze und alle Unterscheidungsmerkmale derselben reihen. Man hat schon über diesen Gegenstand geschrieben, jedoch sind die darauf bezüglichen Bücher zu weitläufig und mit so schlechten Abbildungen versehen, dass sie selbst zu Irrthümern Veranlassung geben können [1]).

---

[1]) Der Nutzen solcher populärer Schriften ist nicht zu verkennen. Deutschland scheint reicher daran als Frankreich zu sein, und Einzelne unserer Schriftsteller, vorzüglich Lenz in Schnepfenthal, haben ein besonderes Verdienst um die Ausdehnung der Pilzkenntniss und des Pilzconsums. Lenz' Buch ist 1862 in der dritten Auflage erschienen und gibt sehr hübsche nicht zu verkennende Farbendruckbilder der hauptsächlichsten Arten. Ein Buch von derselben Tendenz, das sich auf die rein essbaren Arten beschränkt, von Aug. Sollmann (Anweisung zum Bestimmen der vorzüglichsten essbaren Schwämme Deutschlands, Hild-

Es liegt nicht in meinem Plane, die hier zu beschreibenden Species aufzuführen [1]); es müssen für die einzelnen Gegenden nothwendigerweise verschiedene sein. Man kann sie in allen Werken finden, die über essbare und giftige Pilze

burghausen, 1864) enthält, wie das in derselben Zeit erschienene Werk von Ebbinghaus nicht so gute Abbildungen. In einen Fehler ist übrigens Lenz in der dritten Auflage verfallen, der dem ursprünglichen Zweck des Autors, der Verbreitung des Pilzconsums, hinderlich werden kann; er hat nämlich auch viele nicht nutzbare Pilze beschrieben, die nur verwirrend wirken können. Nach meiner Ansicht müssten sogar die Giftpilze in einem solchen Buche, das lediglich für das Volk berechnet ist, fortbleiben, wodurch ebenfalls noch eine gewisse Vereinfachung des Materials erzielt wird. Ich habe diese Anschauungen, in Bezug auf welche ich im Wesentlichsten mit Boudier übereinstimme, wiederholt, besonders bei Gelegenheit einer Besprechung des schon oben citirten Buches von Badham, in welchem der gerügte Fehler vermieden ist (vgl. Göttingische gelehrte Anzeigen. Jahrgang 1865. p. 455) ausgesprochen; das omne nimium nocet gilt auch bei diesen Schriften. England ist übrigens, wie ich bemerken will, fast ebenso reich wie Deutschland an kleinen Schriften über Pilze, und neben Badham, der allerdings manchmal viel voraussetzt, verdient auch das Buch von Cooke eine ehrenvolle Erwähnung. (H.)

[1]) In meinem oben erwähnten Aufsatze über die essbaren Pilze (Zeitschrift für practische Heilkunde 1865. p. 246) habe ich die im nordwestlichen Deutschland vorzugsweise ins Auge zu fassenden essbaren Hymenomyceten ausgesprochen, die dem Volke als zu verwendendes Nahrungsmaterial zu bezeichnen seien. Ich halte dafür: 1) alle Angehörigen der Gattung Clavaria, soweit es sich der Mühe lohnt, sie einzusammeln, und sie ein weiches brüchiges Fleisch besitzen. Hier kommt besonders in Betracht Clavaria flava Schaeffer (Clavaria Botrytis Pers.), die sog. Bärentatze, Ziegenbart, Hirschschwamm, Hahnenkamm, ein Jedermann leicht erkennbarer, wegen seines blumenkohlartigen Ansehens kaum nach einmaligem Sehen aus der Erinnerung schwindender Pilz. Ich habe davon in der nächsten Umgegend von Detmold auf einem halbstündlichen Spaziergange gegen 20 Pfund gesammelt, woraus sich schon ergibt, welche Mengen davon existiren. Keine Clavaria ist giftig. 2) alle dieselben Bedingungen erfüllenden Species der Gattung Hydnum. Die Unterfläche des Hutes bei dieser Gattung trägt nicht hohle, den Spitzen einer dicken Stecknadel ähnliche Stacheln, was durchaus nicht zu verkennen ist. In Frage kommen besonders der Habichtschwamm, Hydnum imbricatum und der Stoppelschwamm, Hydnum repandum, häufige u. wohlschmeckende Pilze; 3) die fleischigen Pilze, welche an der Unterfläche des Hutes Röhren tragen und die Farbe des Fleisches an der Luft nicht ändern. Das sind die Kriterien der essbaren Boleten, sowie einiger nahe verwandter Pilze aus der Gattung Polyporus und Fistulina. Ich glaube, das Vorhandensein der Röhren ist ein nicht zu übersehender Umstand, und ebenso der Wechsel der Farbe des Fleisches bei den vom Genusse auszuschliessenden Röhrenpilzen. Es gehören zu den blau anlaufenden Röhrenpilzen allerdings, wie schon oben angegeben wurde, essbare Arten, aber diese müssen ausgeschlossen werden; es bleibt auch ohne diese ein treffliches Nahrungsmaterial aus dieser Gattung;

handeln. Vor allem lege ich Gewicht darauf, dass die Zahl der Arten beschränkt werde, dass es nothwendig ist bei den Unterscheidungsmerkmalen der einander ähnlichem guten und schlechten Sorten besonders lange zu verweilen und dass es höchst wichtig erscheint, dem Volke die Ueberzeugung beizubringen, man müsse unter der grossen Zahl der überallvorkommenden Pilze sich an die wenigen angegebenen und als die wohlschmeckendsten, häufigsten und verdaulichsten ausgewählten Species halten. Aus allen diesen Schriften zusammengenommen würden sich die oekonomisch verwendbaren Pilze Frankreichs ergeben.

Sehr nützlich wäre es auch, den Verkauf einer grösseren Anzahl Pilze auf den Märkten in den Städten unter obrigkeitliche Aufsicht einer dazu geeigneten Persönlichkeit zu stellen. Es würde dies noch dazu dienen, die Einwohner mit der Kennt-

---

wir nennen die Species Boletus edulis, Steinpilz, Herrenpilz, B. bovinus L., Kuhpilz, B. subtomentosus L., die Ziegenlippe, B. granulatus, Schmerling, B. luteus, Ringpilz, B. regius, Königspilz, B. ovinus, Schafeuter, B. frondosus, Klapperschwamm, B. umbellatus, Eichhase, B. artemidorus, Semmelpilz, endlich Fistulina hepatica, bezüglich derer ich bemerken will, dass Büchner in Hildburghausen einmal einen Leberpilz fand, der 15 Pfund wog, 4 Fuss lang, über 1 Fuss breit und 1 Fuss dick war und dabei eine treffliche Mahlzeit lieferte. 4) Von den Pilzen, welche Blätter (Lamellen) an der Unterfläche des Hutes tragen, nur solche, wo die letzteren eine Rosafarbe besitzen; dies ist das Kriterium des Pilzes, den wir in Deutschland insgemein als Champignon bezeichnen (bei den Franzosen ist dies der Name der ganzen Klasse, während in England nach Badham Agaricus oreades so genannt wird), nämlich Agaricus campestris L., den man niemals verkennen wird, wenn man sich einprägt, dass er ausser den rosafarbenen Lamellen weisses Fleisch und einen weissen Stamm mit weissem Ringe besitzt. Ich glaube, man thut wohl, im Anfange keinen andren Agaricus zu benutzen, wenn man sogar auch durch diese Charaktere selbst eine Varietät des Champignons (mit weissen Lamellen) ausschliesst. Daneben würde noch als leicht erkennbar der Ag. Cantharellus L. (Cantharellus cibarius Fries), Geelchen, Eierpilz, zu nennen sein; die ganz dottergelbe Farbe desselben aussen und die blassgelblichweisse im Innern, der Umstand, dass er kahl und überall fettig anzufühlen ist, characterisiren ihn hinlänglich, da er sehr reichlich vorkommt, ist er ein wohlzuberücksichtigender Pilz, dessen Essbarkeit, bei uns ziemlich allgemein bekannt, nach Badham in England zu den Freimaurergeheimnissen gehört. Weiter dürften dann noch einige Milchblätterpilze (Lactarii), besonders der durch seine orangefarbene Milch und das Grünwerden der Lamellen beim Bruche so gut gekennzeichnete echte Reizker, Agaricus deliciosus L. in Betracht kommen. (H.)

niss der essbaren Pilze vertrauter zu machen, und da man unmöglich hoffen kann, ihnen die botanischen Charactere beizubringen, liessen sich wenigstens dadurch, dass man die Pilze stets vor Augen hat, manche Missgriffe verhüten [1]).

Nach meiner Meinung sind aber alle diese Mittel von weit geringerem Werthe als die Einführung besonderer Vorlesungen in dem botanischen Unterrichte, welche die Schüler mit diesen Gebilden vertraut zu machen bestimmt sind. Ein Lehrstuhl für Cryptogamie mit botanischen Excursionen würde einen dreifachen Vortheil gewähren: 1) die Aerzte, Apotheker und alle diejenigen, denen diese Kenntnisse von Nutzen sein können, in einen dergestalt vernachlässigten Theil der Wissenschaft einzuweihen, dass die Mehrzahl, ohne specielle Studien gemacht zu haben, sich vollständig in Unwissenheit hinsichtlich der Kennzeichen der essbaren oder schädlichen Pilze befindet, da ihnen niemals die Gelegenheit, sich im Laufe ihrer Studien mit diesem Gegenstande zu beschäftigen, geboten wird.

2) In ganz Frankreich mit Hülfe der aus den Hochschulen hervorgehenden Personen werthvolle Kenntnisse zu verbreiten, sei es, um dem Volke die gesunden Arten zu bezeichnen, sei es, um dasselbe vor traurigen Unglücksfällen zu behüten.

3) Endlich eine grössere Anzahl von Personen mit die-

---

[1]) Die Einführung der Marktpolizei halten wir nur für eine bedingt günstig wirkende Massregel. An und für sich hat eine polizeiliche Beaufsichtigung etwas Vexatives und wird leicht missdeutet. In Oesterreich und Italien gibt es derartige Einrichtungen schon. In Rom ist sie einem besonderen Inspettore dei funghi, einem Botaniker, anvertraut, hat aber nebenbei noch einen Zusammenhang mit der Besteuerung, indem die aus den verschiedensten Orten (Rocca di Papa, Albano, Frascati u. a. w.) der Campagna auf den Markt gebrachten Pilze, sobald ihre Quantität 10 Pfund übersteigt, einer Steuer von einem Bajocco pr. 10 Pfund unterworfen sind. In Rom ist es möglich, einen Botaniker für das fragliche Amt zu finden, in kleineren Städten würde man dasselbe Leuten aus unteren Ständen anvertrauen müssen, die allerdings sehr bald eine gewisse Routine sich erwerben würden. Ob aber dadurch auch im Volke die Kenntniss der essbaren Pilze verbreitet wird, müssen wir als offne Frage betrachten. Dass übrigens eine solche Marktpolizei nicht überhaupt die Vergiftung durch Pilze verhindert, beweist deren Vorkommen in den Ländern, wo dieses Institut besteht. Es ist klar, dass der private Consum dadurch nicht im allermindesten alterirt wird, indem ja der Staat keinen Marktrichter in die Privatwohnungen senden kann, um die von Familien zur Verwendung im eignen Haushalte gesammelten Schwämme zu prüfen. (H.)

sem Zweige der Wissenschaft vertraut zu machen und ihm dadurch zu einem höheren Standpunkte zu verhelfen [1])

Ist es denn nicht in der That beklagenswerth, dass man so häufig bei einem Vergiftungsfalle Niemanden im Orte findet, der die Art, welche das Unglück herbeiführte, mit ihrem wissenschaftlichen Namen zu bezeichnen im Stande ist? Der Augenblick ist nicht fern, wo man die Nothwendigkeit Lehrcurse der Cryptogamie einzurichten einsehen wird, denn ihre Beziehungen zu anderen Wissenschaften werden von Tage zu Tage zahlreicher, chemische und pathologische Erscheinungen finden in ihr ihre Erklärung und immermehr bricht sich das Bedauern wissenschaftlich gebildeter Männer Bahn, diesem Zweige der Naturkunde ein eingehendes Studium nicht gewidmet zu haben.

---

[1]) Dieser Vorschlag Boudiers bezieht sich mehr auf die Verhältnisse Frankreichs als auf die unsrigen. Auf den meisten Universitäten Deutschlands finden wir Vorlesungen über Cryptogamie, die freilich nicht überall sehr stark besucht sind. Es wäre auch bei uns zu wünschen, wenn denselben von Seiten der Pharmaceuten und Aerzte eine erhöhete Aufmerksamkeit zugewendet würde. Indessen glauben wir, dass in Deutschland es besonders Sache des Volksschullehrers ist, um auf die Verbreitung des Pilzconsums in denjenigen Gegenden, wo dieser nicht heimisch, hinzuwirken. Es empfiehlt sich das besondere Studium der essbaren Pilze deshalb für Lehrerseminarien ganz vorzüglich. Auch auf Gymnasien, Realschulen und selbst in der Volksschule glauben wir, dass ein angemessener, verständlicher Unterricht über den in Rede stehenden Gegenstand stattfinden kann, und wir zweifeln nicht daran, dass es möglich ist, reiferen Schülern diejenigen Kenntnisse rasch beizubringen, welche dazu gehören, um die oben namentlich aufgeführten Nutzpilze genau unterscheiden zu können. Als Hülfsmittel dazu dürften gute Abbildungen dienen, die gewöhnlichen schlechten reichen nicht aus; am besten sind, wo es angeht, frische Pilze zur Demonstration zu verwenden. In den Nachbildungen in Papier maché, wie sie z. B. von Büchner in Hildburghausen durch den Buchhandel bei uns bezogen werden können, bietet sich ein vorzüglicher Ersatz frischer Exemplare sowol im Allgemeinen als insbesondere in Jahreszeiten, wo frische Pilze fehlen. (H.)

Zweites Capitel.

Der Einfluss des Klimas, des Bodens, der Cultur und der Zubereitung auf die giftige Wirkung oder die Essbarkeit der Pilze.

Schlägt man die Bücher auf, welche von den Pilzen handeln, so wird man nicht allein von den auseinandergehenden Ansichten, die darin ausgesprochen sind, sondern auch von den häufigen Wiederholungen der nämlichen Angaben ohne genauere Erforschung des Gegenstandes überrascht.

Ich sage dies besonders in Bezug auf den Einfluss des Klimas, denn man hat vorgegeben, dass Pilze, die bei uns giftig sind, es in anderen Ländern nicht seien. Um nur ein Beispiel zu citiren, führe ich an, dass beinahe alle Schriftsteller behaupten, man esse in Russland sämmtliche Pilzarten; sie gründen ihre Angabe darauf, dass man auf den russischen Märkten den Fliegenschwamm mit anderen Pilzen zusammen verkaufe. Das Factum ist wahr, indess wird diese Art nur zur Vertilgung von Fliegen gekauft. Gelehrte von hohem Verdienste haben dies längst gesagt, in erster Reihe Pallas, der die bestimmte Behauptung aufstellt: „Man isst überall in Russland alle Sorten Pilze und selbst diejenigen, welche angegangen oder wurmstichig sind; nur von dem Fliegenschwamm, dem Mistpilze und anderen kleinen ganz fleischlossen macht man keinen Gebrauch“ [1]). Dieses wichtige Factum wurde mir

[1]) Die betreffende Stelle befindet sich in P. S. Pallas Reise durch verschiedene Provinzen des Russischen Reiches, Th. I. S. 44 und lautet wörtlich: „Ueberhaupt geniesst man in Russland, den Fliegenschwamm und einige kleine magre Pilze, auch die stinkenden Mistschwämme ausgenommen, fast alle andre Arten, auch wenn sie schon wurmstichig, und dem Untergange nahe sind, und doch höret man nicht, dass diese Gewächse, so wie sie der Landmann hier zu geniessen pflegt, nämlich bloss mit Salz, oder höchstens mit Oele gesotten, oder nur mit etwas Salz verkehrt auf die Kohlen gesetzt, und halb gar gebraten, jemals schädlich geworden seien.“ (H.)

durch einen meiner Verwandten bestätigt, der einen Theil des russischen Reichs bereiste, und welcher, da er sich sehr für Naturwissenschaften interessirte, sich über das, was ihm in dieser Sphäre vorkam, genaue Belehrung verschaffte. Dies allein würde schon zur Ueberzeugung führen können, dass diese Art dort als giftig angesehen wird und dass sie mithin, wie sich auch der Unterschied der mittleren Temperatur in jenem und unserem Lande verhalten mag, doch in Russland dieselben Eigenschaften wie bei uns besitzt. Die Geschichte erzählt uns noch, dass die Wittwe des Czaren Alexis durch Pilze vergiftet wurde, die man für sie als Fastenspeise gesammelt hatte [1]). Obgleich man mit Genauigkeit nichts über diesen Unglücksfall sagen kann, so darf man doch voraussetzen, dass diese Vergiftung den im Lande gesammelten Pilzen zuzuschreiben ist, die ungeachtet des Trocknens ihre giftigen Eigenschaften bewahrten. Man berichtet noch einige Vergiftungsfälle durch russische Pilze (Fliegenpilz) zur Zeit des russischen Feldzuges (E. Vadrot, Empoisonnement par les champignons, thèse de Paris, août 1814). Loesel citirt eine Vergiftung von sechs Personen in Preussen durch dieselbe Art [2]) und es sind weitere bei Schriftstellern aller Länder vorhanden, aus denen die Identität der Wirkungen hervorgeht. Jetzt ist es auch bekannt, dass gewisse Völkerschaften, ins-

---

[1]) Pilzvergiftungen sind in Russland keineswegs eine solche Seltenheit, wie man insgemein annimmt. Zur Fastenzeit gelangen sie z. B. in Finnland (nach einer mir gemachten Mittheilung des Herrn Cand. pharm. Akerman) sehr häufig zur Beobachtung. Im Jahre 1845 sollen in Russland nicht weniger als 40 lethal verlaufende Fälle von Pilzvergiftungen vorgekommen sein. Für die giftige Wirkung des Fliegenschwamms in Russland spricht noch besonders eine Angabe von Lenz (a. a. O. p. 15): „Bei einem meiner ehemaligen Schulkameraden, der in Russland geboren und jetzt Banquier in Petersburg ist, dient eine Leibeigne als Magd und diese bekommt öfters von ihrer Mutter Schwämme und andre Esswaaren. Unter jenen befand sich denn einmal auch ein eingesalzener Fliegenschwamm, von dem das Mädchen eine gute Portion genoss. Darauf trat eine zwei Tage lang dauernde Betäubung ein, bei welcher die Pupillen doppelt so gross waren als gewöhnlich und gegen welche die Mittel des Hausarztes gar nicht zu wirken schienen. Am dritten und vierten Tage trat Besserung und dann Genesung ein." (H.)

[2]) Vgl. Loesel, Flora prussica ed. Gotsched. Regiomont. 1703 p. 88. Die Intoxication betrifft 6 Litthauer. Auf die Benutzung des Pilzes als Berauschungsmittel bei den Kamtschadalen wird später eingegangen werden. (H.)

besondere die Russen die Pilze essen, nachdem sie dieselben in mit Essig vermischtem Wasser haben kochen lassen, eine Vorsichtsmassregel, welche hinreicht, ihre giftigen Principien wenigstens zum grössten Theile fortzuschaffen und welche ausserdem das zum Zweck des Aufbewahrens angewendete Trocknen beträchtlich erleichtert, indem sie, wie man im 4ten Capitel sehen wird, den Austritt des Saftes begünstigt.

Wenn uns nun von hervorragenden und ganz glaubwürdigen Männern entgegenstehende Thatsachen hinsichtlich der Amanita muscaria, die von dem uns beschäftigenden Gesichtspunkte aus, den ersten Rang wegen ihrer inconstanten giftigen Wirkung einnimmt, berichtet werden (ich lasse bei Seite Amanita bulbosa und ihre Spielarten, einen überall stets tödtlich wirkenden Giftpilz [1]), wenigstens wenn man ihn nicht einer das giftige Princip wegschaffenden Bereitung unterworfen hat) so glaube ich, muss man die Ursache in der Zubereitungsweise suchen. Bulliard sagt z. B., er habe 2 Unzen dieser Amanita roh genossen, ohne dadurch belästigt worden zu sein, aber er gibt auch an, dass Hunde und Katzen, die er damit fütterte, stets daran zu Grunde gingen. Schaeffer citirt einen Fall, wo nach dem Genusse des Pilzes keine Vergiftungserscheinungen auftraten [2]). Mérat (Flore des environs

[1]) Wenn man dieser Art, die gewöhnlich bei uns als Varietät von Amanita phalloides Fries angesehen wird, auch den Agaricus viridis von Vittadini hinzurechnet, so würde sie nicht als unter allen Umständen giftig bezeichnet werden können; denn der Italienische Mykologe gibt an, dass diese in einigen Gegenden von den Armen genossen werden. Bei der grünen und weissen Varietät, welche Boudier ins Auge fasst, sind derartige Umstände bisher nicht beobachtet, es sei denn, dass man, wie es Ascherson gethan hat, die Differenzen der Angaben über Geruch und Geschmack darauf bezieht, welche, wie Phöbus richtig bemerkt, sich nicht auf den Umstand, dass von den einzelnen Autoren verschiedene Varietäten geprüft sind, zurückführen lässt. Ascherson hat daraus den Schluss gezogen, dass der Pilz gegen Norden milder würde, wogegen jedoch von Phöbus verschiedene wohlbegründete Einwendungen hervorgehoben werden. Vielleicht sind Altersdifferenzen dabei massgebend, wie denn Phöbus bei alten Exemplaren von der grünlichgelben Varietät Indifferenz des Geschmackes, sonst aber immer den Pilz bitter und unangenehm fand. (H.)

[2]) Dies bezieht sich auf den Fall von Popowitsch (Untersuchungen von dem Meere u. s. w. Leipzig, 1750, mitgetheilt bei Fellner, Prodrom. ad historiam fungorum agri Vindobonensis. Viennae 1775): „Bei der Geschichte dieser zwei Geschlechter (Ag. muscarius und piperatus) werde ich zu seiner Zeit erzählen, wie im abgewichenen

de Paris, 4me, tome I. p. 122) berichtet, dass er Leibgardisten davon habe essen sehen, ohne dass sie danach unpässlich wurden. Später versichert Dr. Desmartis (Journal des connaissances médicales, T. V, 2me série. 1851 à 1852) in einem interessanten Briefe, dass in der Gegend von Bordeaux diese Species unschädlich sei und ein köstliches Gericht ausmache, welche Unschädlichkeit er der Einwirkung des Bodens zuschreibt und wobei er als allgemeine Regel aufstellt, dass Jahreszeit, Clima, Boden einen grossen Einfluss auf die giftigen Arten ausüben. Ferner gibt Prof. Chatin (Compte rendu d'une excursion dans les Alpes. Bulletin de la Société de botanique, 1861, t. VI, p. 137) nach M. Dumont an, dass die Einwohner von Bonneville die Fliegenschwämme als eine der ausgesuchtesten Speisen betrachten; nur ein einziges Mal brachten sie einen Anfall von Raserei hervor, der nach einem Brechmittel und einer Aethermixtur verschwand. Ich theile hier noch mit, dass mir in diesem Jahre eine glaubwürdige Person berichtete, sie habe beim Suchen nach Boleten im Walde von Montmorency einen Pilzliebhaber Amanita muscaria sammeln sehen, der ihr die Versicherung gab, er ässe diese Art stets ohne Furcht und lasse auch seine Familie davon geniessen. Ich hätte diesen Mann gern kennen gelernt, um zu erfahren, wie er sie zurichtete, da ich glaube, dass die ziemlich häufig vorkommende Unschädlichkeit dieses Pilzes in der Zubereitungsart beruht; indess habe ich über ihn keine Auskunft erlangen können [1]).

Jahre die Ital. Komödianten und Seiltänzer, Florentiner, Römer, Neapolitaner zu Regensburg die rothen Fliegenschwämme durch den Unverstand des Einkäufers für Kaiserlinge ohne Schaden gespeiset haben, da doch die erste Gattung die Deutschen unsinnig macht, wenn sie durch Unvorsichtigkeit oder Betrug genossen wird. Allein aus dem Berichte wird erhellen, dass auch den Deutschen keine einzige Art der Schwämme Ungelegenheiten verursachen soll, wenn sie dieselben wie die Italiener zubereiten werden." Ueber diese Bereitungsweise macht der Autor aber keine weiteren Mittheilungen. (H.)

[1]) Vielleicht wäre hier noch die Angabe von Hayne (Gemeinnütziger Unterricht über die schädlichen und nützlichen Schwämme. Wien 1830) zu nennen, wonach Agaricus muscarius jung und in geringen Mengen genossen unschädlich sein soll. Auch bei Schafen hat man früher nicht giftige Wirkung des Fliegenschwamms beobachtet (J. Ch. Seyffert, de fungis diss. Jen. 1744), doch ist diese Immunität ebenso inconstant, wie beim Menschen, und Lenz bemerkt in dieser

Wenn ich mich weitläuftig über diese zufällige Unschädkeit aussprach, indem ich alle diese negativen Facta anführte, so geschah es, um den Beweis zu liefern, dass der Fliegenschwamm überall auf gleiche Weise giftig ist, und dass weder Klima, noch Boden, noch Temperatur die Schuld an einer Verschiedenheit der Wirkung tragen, sondern vielmehr die Zubereitungsweise und die Verwechselung mit anderen Species. Es muss auch hervorgehoben werden, dass die Fälle, wo der Pilz keine Vergiftungserscheinungen hervorrief, Ausnahmen sind und stets veröffentlicht wurden, während dies mit den toxischen Fällen wohl nicht immer geschah.

Was mich hauptsächlich veranlasst, den Einfluss des Klimas, des Standorts u. s. w. auf die Wirkung des Pilzes völlig zu verwerfen, ist eine eigene Beobachtung, die ich leider zu spät machte, um daraus den gehofften Vortheil ziehen zu können, nämlich Ende November 1863, zu einer Zeit, wo es mir unmöglich war, Fliegenschwämme von guter Beschaffenheit zu Experimenten von diesem Gesichtspunkte aus zu finden. Es übt hiernach das durch Eindämpfung des Saftes dieser Pilze erhaltene, filtrirte und durch die Hitze des Albu-

---

Beziehung: „Ebenso meiden unsre Schafe diesen Giftschwamm im Allgemeinen, es gibt aber auch unter ihnen einzelne Schwammliebhaber, die einmal den Versuch wagen, dann aber sicher krank werden, aufblähen, auch kommt es vor, dass sie sterben." Ob es sich in dem von Boudier mitgetheilten Falle nicht um eine blosse Prahlerei handelt, ist nicht zu entscheiden; es findet sich ein solches Beispiel, grade in Bezug auf den Fliegenschwamm, bei Lenz, wo ein thüringer Landmann sich rühmte, alle Pilze zu essen, und auf den in Rede stehenden Giftpilz aufmerksam gemacht, auch von diesem eine gute Portion briet und ass; danach „schwoll er am Bauche so gewaltig auf, dass er, während er sich in einem jämmerlichen Zustand befand und immer nach Luft schnappte, noch tüchtig ausgelacht wurde." Was von der Angabe von Leclerc (Gaz. des hôp. 45. 1857) zu halten ist, dass er sowol in Frankreich als später während des Krimfeldzuges alle Arten von Pilzen ohne Nachtheil genossen habe, und dass selbst die giftigen in rohem Zustande nicht schaden, wie er denn, trotzdem er die Pilze mit Essig zu Salat verarbeitet und somit das Gift noch löslicher gemacht habe, mit Andern, die von dem Salat genossen, völlig gesund geblieben sei, lässt sich nicht sagen, da wir nicht wissen, auf welche Pilzspecies es sich bezieht. Sicher bringt der Satanspilz (Boletus luridus var. e. Phöbus, B. Satanas Lenz) grade im rohen Zustande die heftigste Erkrankung hervor. Ob aber bei Leclerc der hier in Rede stehende Fliegenpilz mit in Betracht kommt, das ist, wie gesagt, nicht mit Bestimmtheit zu sagen. (H.)

mins beraubte Extract keine giftige Wirkung auf Thiere aus. Ich fütterte Mäuse volle acht Tage mit Brod, dem eine grosse Quantität dieses Extractes beigemengt war, ohne dass sie dadurch zu leiden schienen, und zwar mit zwei ähnlichen Präparaten, die ich in Zwischenräumen von 14 Tagen erhalten hatte, während das durch Eindämpfen einer filtrirten Abkochung dargestellte Extract aus Pilzen, welche in ein und derselben Gegend gesammelt waren, die Thiere stets am Tage der Darreichung oder in der folgenden Nacht tödtete. Diese mehrfach wiederholten Versuche schienen mir von solcher Bedeutung, dass ich mich nicht scheue, die behauptete Giftigkeit und Unschädlichkeit der Pilze in verschiedenen Ländern eher auf die Bereitungsweise als auf die Differenz der Localität, wo sie gesammelt wurden, zurückzuführen, doch behalte ich mir vor, dass es sich bei diesen Angaben möglicherweise um eine Verschiedenheit der Arten handelt [1]).

Zu bedauern ist es, dass kein Schriftsteller diesem Factum, welches ich als eines der wichtigsten ansehe, Rechnung getragen hat [2]). Dr. Desmartis allein (a. a. O.) sagt uns, „dass die Bauern von Saint-Hilaire diese Amanita nicht nach zuvorigem sorgsamen Kochen, sondern nach blossem Erhitzen auf Kohlen ässen.“ Ich kann nicht umhin, diese Beobachtung mit derjenigen von Bulliard (der Gelehrte verspeiste 2 Unzen des rohen Pilzes, ohne davon belästigt zu werden) und der von mir oben angeführten Unschädlichkeit des Saftextractes für Mäuse zusammenzustellen, um darauf meine Ansicht zu begründen, dass die Temperatur, welcher man die Pilze aussetzt, oder vielmehr das siedende Wasser nicht ohne Einfluss

---

[1]) Dass der Fliegenpilz von Kamtschatka identisch mit dem in Deutschland wachsenden ist, hat Klotzsch durch Untersuchung von Exemplaren nachgewiesen, welche Langsdorff aus Kamtschatka mitgebracht hatte. (H.)

[2]) Popowitsch weist, wie ich oben bemerkte, ausdrücklich darauf hin. Ferner ist in verschiedenen Handbüchern der Toxicologie, insbesondere von van Hasselt, dieser Umstand besonders betont. Auch existirt in der neueren Französischen Literatur eine hiehergehörige Beobachtung. Nach J. de Seynes (Essai d'une flore mycologique de la région de Montpellier et du Gard. Paris, 1863) wird Amanita muscaria bei Genolhac (Gard) in beträchtlicher Quantität genossen: man gebraucht dabei die Vorsicht, den Pilz lange kochen zu lassen und das Wasser wegzuschütten. (H.)

auf die Wirksamkeit ist, indem dadurch die wahrscheinlich innig mit der Cellulose verbundenen toxischen Principien in Lösung gebracht werden.

Die Einwirkung der Hitze auf gewisse Russulae und Lactarii ist ein weiterer Beweis für die Abhängigkeit der Wirkungsdifferenz von der Zubereitungsweise, denn es ist bekannt, dass sie, roh genossen, bedenkliche Gastro-enteritis hervorrufen und dass sie gekocht ohne Gefahr genossen werden können, obschon in diesem Falle, wie ich im 4ten Capitel zeigen werde, das giftige Princip nicht zerstört, sondern nur in seiner physikalischen Beschaffenheit modificirt wird.

Andererseits ist es schwierig zuzugestehen, dass Pilze mit so wichtigen Unterschieden, wie die gänzliche Abwesenheit ihrer giftigen Principien, angetroffen werden können, da sie zu ihrer Entwickelung einer Menge günstiger Bedingungen fordern, wenn man dies nach der geringen Anzahl, die zur Ausbildung gelangt, und nach der enormen Menge Sporen, welche sie produciren, beurtheilt.

Mit Bestimmtheit auszusprechen, dass die Lage, der Boden, die Cultur keinen Einfluss auf die Pilze ausübe, würde irrig sein. Ich betrachte es als gewiss, dass diese Gebilde, wie die Phanerogamen, sowohl hinsichtlich ihrer chemischen Zusammensetzung als auch bezüglich ihrer botanischen Charactere äusseren Einflüssen unterworfen sind. So findet man ja in wenig luftigen Erdgewölben Champignons von aussergewöhnlicher Form, und wenn diese Pilze bei hinreichender Erneuerung der Luft auch zur normalen Stufe der Entwickelung gelangen und in allen Punkten den auf den Wiesen wachsenden Exemplaren derselben Art ähnlich werden d. h. weiss oder bräunlich je nach den verschiedenen Spielarten, so haben sie doch stets einen weniger angenehmen Geschmack und Geruch.

Ich habe in meinen Analysen einen ziemlich grossen Unterschied in ihrer Zusammensetzung gefunden. So erkannte ich z. B. einen grösseren Reichthum an festen und flüchtigen fetten Materien als in den gleichartigen cultivirten Schwämmen, welche letztere hingegen mir immer mehr Eiweissstoff lieferten. Ueberdies schienen mir die Salze sich nach dem

Boden zu ändern; die Thonerde z. B. ersetzt theilweise den Kalk auf thonigem Boden. Es ist ferner gewiss, dass die Cultur das Wachsthum der Pilze beeinflusst, wie dies die Erfahrungen von Labourdette beweisen, der durch Einwirkung von Salpeter auf einem zu diesem Vorhaben präparirten Boden Champignons erzielte, die bei Weitem grösser als die gewöhnlichen waren. Dieser enorme Umfang, der auf dem Lande in der Gegend von Paris selten ist, kommt häufig in bestimmten Landstrichen vor. Ich sah vor einigen Jahren hauptsächlich in der Sologne Pilze von einer Grösse, die derjenigen der künstlich gezogenen nichts nachgab. Ueber die chemischen Eigenschaften solcher Pilzexemplare kann ich nichts sagen, weil ich sie nicht analysirt habe, aber ich darf voraussetzen, dass sie eben nicht beträchtlich sind, da ein Champignon einen derartigen Umfang nur erlangen kann, wenn er im reichlichen Masse die vorzüglichsten Elemente, die zu seiner Entwickelung beitragen, findet.

Ueber ihre Zusammensetzung nach der Jahreszeit habe ich nichts mitzutheilen; ich bemerkte nur eine geringe Abweichung in der Menge ihrer aromatischen Principien, die nämlichen Arten kamen mir auch wässeriger vor. Die Mitte der Vegetationsperiode ist die Zeit, wo sie den besten Geschmack haben und wo alle ihre Bestandtheile den höchsten Grad der Vollkommenheit erreichen. Alle Mycologen haben die Beobachtung gemacht, dass Spätlinge weniger schmackhaft sind, dass jedoch ihre Giftigkeit oder ihr Nahrungswerth sich fast immer gleich bleibt.

Das Trocknen scheint keinen Einfluss auf die giftigen Principien der Pilze auszuüben. Ich gab kleinen Thieren gepulverte Amanita bulbosa und stets gingen sie danach zu Grunde; diejenigen Schriftsteller, welche das Gegentheil berichten, sind, glaube ich, im Irrthum. Uebrigens ist diese Thatsache schon lange bekannt und meine Versuche dienen dem, was ich oben angegeben habe, zur Bestätigung. Was die scharfen Russulae und Lactarii anbetrifft, bei welchen man ein Verschwinden oder vielmehr eine grosse Abnahme der Schärfe wahrnimmt, so wird man in dem folgenden Capitel sehen, dass dieses Princip weder zerstört noch verflüchtigt, sondern allein modificirt wird und dass man es stets im Ganzen wiederfinden kann [1]).

[1]) Es sind ausser den von Boudier in diesem Capitel angeführten Thatsachen über die Modification der Pilzwirkung durch verschiedene äussere Einflüsse noch eine Reihe andrer vorhanden, die ich mir im Interesse der Leser hier kurz zusammenzustellen erlaube. Dieselben beziehen sich auf das Giftigwerden von Species, welche allgemein gegessen werden, unter bestimmten Umständen und betreffen die folgenden Pilze:

1) Agaricus campestris L. Der gewöhnliche Champignon gilt in Rom für giftig. Die Römische Marktpolizei hat ihn mit den muffi, guasti, verminosi und velenosi zusammen in den Tiber zu befördern, und in Rom ist bei der niedern Volksclasse es als schlimmer Fluch gebräuchlich, Jemand den Tod an einem pratiolo zu wünschen. Auch in Mailand und Pavia, wo dieser Pilz früher auf Empfehlung von Vittadini Zugang zu den Märkten fand, wird er nicht gebraucht. Selbst in Ungarn soll man ihn scheuen. Nichtsdestoweniger existirt kein einziges Factum, welches evident constatirte, dass jemals Einer am pratiolo erkrankt, geschweige denn gestorben sei. Letellier erzählt, dass er von 2 Unzen des rohen Pilzes unpässlich geworden sei, und dass der Pilz Erbrechen und Durchfall bewirken könne. Christison bemerkt, dass der Schwamm gegen Ende des Sommers nicht immer unschädlich sei, vorzüglich im alternden Zustande, und Roques redet von heftiger Kolik, wiederholten Ausleerungen, allgemeinem Krampf und Schwäche nach einer Champignonpastete. Nur bei Letellier kann es sich nicht um Verwechslung handeln. Wildenow behauptet, die an feuchten Stellen wachsenden seien schädlich; worauf sich dieser Ausspruch gründet, ist nicht gesagt. Man hat ferner vorgegeben, es gebe bestimmte schädliche Varietäten dieses Pilzes; besonders verdächtig wird die als boule de neige oder Champignon de bruyère bezeichnete, von den Engländern white caps genannte Varietät, der Schäffer den Namen A. arvensis gab, mit anfangs blasseren, später dunkelbraunen Lamellen, zäherem und nicht so saftigem Fleische. Badham bezeichnet diesen, den er als besondre Art (Ag. exquisitus Badh.) beschreibt, als ungiftig, dagegen stellt er eine besondre Varietät des Champignons als A. anceps auf, deren Lamellen von tieferem Dunkelroth sind. Ueber Alles dies existirt kein die Giftigkeit irgendwie verbürgendes Factum.

2) Cantharellus cibarius Fries. Ueber diesen Pilz hat Gleditsch (Method. fungorum Berol. 1753) die Angabe gemacht, dass, wenn er nicht gehörig gekocht sei, danach Bauchgrimmen und Durchfall entstehe, wie ihm dies 1741 in einem grossen Theile des Lebuser Kreises bei armen Leuten vorgekommen sei. Hier würde es sich weniger um eine Vergiftung als um Indigestion handeln. Bayle gibt an, dass er im alten Zustande gefährlich werde, was nicht unmöglich ist, da alte Exemplare zähe und schwerverdaulich sind. Vielleicht beruhen aber diese und andre Verdächtigungen des Pilzes auf Verwechslung mit Cantharellus aurantiacus Fries, dem sog. falschen Eierschwamm (Ag. Cantharelloides Bull.) der von Persoon als verderbliche Eigenschaften besitzend bezeichnet wird. Es verdient hervorgehoben zu werden, dass auch für die Giftigkeit dieses Pilzes keine irgendwie beweisende Facta vorliegen. Derselbe ist übrigens selten, wächst besonders in Nadelhölzern, Hut und Stiel sind pomeranzen-ocherfarben.

Büchner bezeichnet diesen Pilz als unschädlich, Phöbus gibt den Geschmack schwach an, ich finde ihn ebenso scharf wie bei Cantharellus cibarius.

3) Die Morcheln (Morchella) und Lorcheln (Helvella). Diese Pilze, welche ja weit und breit genossen worden und kaum einer Verwechslung unterliegen, scheinen allerdings unter bis jetzt noch nicht völlig sicher gestellten Verhältnissen giftige Eigenschaften acquiriren zu können. Bestimmte giftige Species von Helvella und Morchella existiren nicht. Krombholz hat allerdings eine Helvella suspecta mit schön rothbraunem Hute aufgestellt und durch den Beinamen schon als verdächtig characterisirt; wir stimmen aber vollständig Phöbus bei, dass diese nicht von Helvella esculenta (Elvella mitra Schaeff.) zu trennen ist; ein rothbrauner Hut, ein grösserer Wassergehalt und ein unbestimmter variabler, anfangs angeblich morchelartiger, später süsslicher und widriger Geruch sind doch kaum genügende Kriterien für eine besondere Art. Sicher existiren nicht wenige Fälle von Intoxicationen durch Lorcheln und Morcheln, welche im Wesentlichen hinsichtlich der Erscheinungen mit demjenigen übereinstimmen, welchen Krombholz auf seine Helvella suspecta bezieht. In diesem Falle wurde eine ganze Familie von 5 Personen ergriffen, indem einige Stunden nach dem Genusse des Gerichtes, das nur aus Lorcheln bestand, sich heftige Unterleibsschmerzen, Erbrechen und in der darauf folgenden Nacht Convulsionen und Bewusstlosigkeit einstellten und wo 2 Personen im Zeitraume von circa 24 Stunden starben. Es ereignete sich dieser Fall bei Pribram, wo man die Stockmorchel für giftig halten soll und sie erst dann für unschädlich ansieht, wenn dieselbe mit Wasser abgekocht oder mit kochendem Wasser wenigstens gebrüht und dieses weggegossen wird. Schon früher hat übrigens Krapf an sich selbst und seiner Frau ähnliche gastrische Erscheinungen (starkes Erbrechen u. s. w.) bemerkt und 1833 nahm Wolff in Calau (Berlin. Jahrb. f. Pharm. XXXIV. Abth. 2. p. 238) bei 6 erwachsenen Personen einer Familie, welche frische Morcheln gegessen hatten, und bei 8 andern in 2 Familien nach Morcheln, welche an einem feuchten Orte gesammelt waren, Symptome wahr, die insbesondere an die Intoxication mit Boletus Satanas erinnern. In der ersten Familie hatten noch 3 Kinder ebenfalls von dem Gerichte gegessen, ohne zu erkranken. Diese Fälle scheinen sich auf Morchella esculenta zu beziehen, auf welche auch wohl der bekannteste Vergiftungsfall dieser Art, der von Berger (Franks Magazin I, 103) beobachtete, sich bezieht, wo choleraähnliche Erscheinungen, die erst am 6. Tage sich völlig verloren, bei drei Erwachsenen (1844) nach dem Genusse von Morcheln hervortraten, die nicht gehörig abgewaschen, einige Tage bei warmer Luft hingestellt und mit vielem Fette zubereitet waren. Es liesse sich denken, dass durch das Stehen Zersetzungsproducte entstanden seien; in allen übrigen Fällen aber hatten die Pilze ihre toxischen Eigenschaften auf dem Erdboden bekommen; doch lässt sich nicht entscheiden, ob überall ein Moment, welches Fodéré nach Christison als Ursache des Giftigwerdens der gemeinen Morchel bezeichnet, nämlich starke Regen vor dem Sammeln, vorhanden gewesen ist. Krügelstein redet übrigens auch von einer giftigen Varietät der Morchel, ohne deren Charactere anzugeben, während bei der Krombholz'schen Helvella suspecta allerdings der erwähnte grössere Wassergehalt an die Einwirkung des Regens denken lässt. Auch Badham gibt an, dass man Morcheln nie nach dem Regen sammeln soll, da sie dann sehr unschmackhaft seien und rasch verdürben. Auf Hel-

vella beziehen sich einige neuere Vergiftungsfälle, so von Keber, dem 6 Fälle, deren Hauptsymptom Erbrechen war, vorkamen, und von denen einer, mit Coma verbunden, in 3 Tagen lethal endete, und von Hamburger (Deutsche Klinik 1855. No. 31), von dessen 8 Patienten 3 im kindlichen Alter sich befindende starben, ehe Mittel gereicht waren; auch in letzterem Falle waren Regentage vorangegangen. In der nämlichen Zeit, (Mai 1855), wo Hamburger bei Bromberg die Vergiftungen sah, starben einer Mittheilung in der Zeitschrift der Wiener Aerzte zufolge in Galizien in 4 Orten des Zazower Kreises 16 Personen von 30 Erkrankten in Zeit von 24—48 Stunden und in Ungarn im Trencziner Comitat 22 Personen nach dem Genusse von Lorcheln. Es verdienten diese Facta nach unserem Erachten die Aufmerksamkeit der Sanitätspolizei, und vielleicht dürfte es sogar an der Zeit sein, die Lorcheln und Morcheln als cibus anceps zu bezeichnen, weshalb ich diese sonst leicht zu erkennenden Pilze auch nicht unter den oben genannten Nutzpilzen aufgeführt habe. Dass sie zu diesen vom sanitätspolizeilichen Standpuncte aus nicht zu rechnen sind, ist um so mehr zu bedauern, als sie nach den neuesten Untersuchungen von Otto Kohlrausch (Ueber die Zusammensetzung einiger essbaren Pilze mit besondrer Berücksichtigung ihres Nahrungswerthes. Inaugural-Dissertation. Göttingen, 1867) als die nahrhaftesten Pilze erscheinen. Kohlrausch fand den Proteingehalt von Morchella esculenta in 100 Theilen trockner Substanz = 35,18, bei Morchella conica 29,64, bei Helvella esculenta 26,31, dagegen beim Champignon nur 17,01. Dazu kommt noch ein grosser Reichthum an Fett (bei den essbaren Morcheln 2,39, bei der Lorchel 2,24, dagegen beim Champignon 1,42) und von Zucker (Mannit), der bei Morchella conica beinahe 10 % der Trockensubstanz ausmacht. Der grosse Reichthum an Proteinverbindungen und an Fett kann vielleicht als Erklärung der leichten Zersetzbarkeit dieser Pilze dienen, so dass grade ihr Werth auch gleichzeitig ihren Unwerth bestimmt. (H.)

Drittes Capitel.

Kurze Zusammenstellung der hauptsächlichsten chemischen Arbeiten, welche bis jetzt über die essbaren und giftigen Pilze erschienen sind. — Analysen von Amanita bulbosa var. citrina, Amanita muscaria, Agaricus campestris und Boletus edulis. — Chemische Studie über den Saft der Lactarii. — Anatomische Kennzeichen der Amanitae, Pratellae, Russulae, Lactarii vom toxicologischen Gesichtspunkte aus.

Der chemische Theil des Studiums der Pilze ist zwar von grösster Wichtigkeit, aber verhältnissmässig wenig erforscht, besonders was ihre giftigen Principien betrifft. Indess sind eine gewisse Anzahl Analysen gemacht worden. Bouillon-Lagrange (ich zähle Lémery nicht mit, der die Pilze, wie bei allen seinen Pflanzen-Analysen, aus vielem Oel, flüchtigen und festen Salzen bestehend fand) veröffentlichte zuerst einige Arbeiten über Boletus laricis, igniarius und über Tuber cibarius (Analyse de deux espèces d'Agaric, le Boletus laricis et le Boletus igniarius L. Ann. de chimie, Paris, 1804, t. XLVI, 198 et t. LI, p. 75). Braconnot (Recherches analytiques sur la nature des champignons. Ann. de chimie, Paris, 1811, t. LXXIX, p. 265 et t. LXXXVII, p. 237) lieferte darauf die Analyse von Agaricus volvaceus, acris, stypticus, von Hydnum repandum und hybridum, von Merulius cantharellus, von Boletus juglandis und viscidus und Peziza nigra. Zwischen die beiden Arbeiten Braconnot's fällt Vauquelin's Untersuchung über Agaricus campestris, bulbosus, muscarius, theïogalus (Expériences sur les champignons. Ann. de chimie, Paris, 1813, t. LXXXV, p. 5). Diese Chemiker, vorzüglich Braconnot, haben durch Veröffentlichung ihrer schönen Analysen zuerst eine richtige Vorstellung von der chemischen Zusammensetzung der Pilze gegeben, und wenn auch verschiedene verdienstvolle Gelehrte seither die Ergebnisse derselben unbedeutend modificirten, werden ihre Arbeiten nichtsdestoweniger der Grundstein bleiben, auf welchem alle bis in die letzten Jahre hinein über diese Materie gemachten ruhen und stets hinreichenden Werth behalten, um mit Nutzen zu Rathe gezogen werden zu können. Letellier, der sich viel mit Mycologie beschäftigte, machte einige Zeit nachher zahlreiche toxicologische Experimente über diesen Gegenstand. Er gibt die chemische Zusammensetzung der Pilze im Allgemeinen nach den eben von mir citirten Schriftstellern an und geht nur ein wenig weiter in Bezug auf das scharfe Princip der Russulae, Lactarii und den giftigen Stoff der Amanitae, den er hauptsächlich studirt hat. Es ist zu bedauern, dass die giftige Substanz, die dieser Gelehrte Amanitin nennt und welche er als ein Alkaloid, das mit Säuren crystallinische Salze zu bilden fähig sei, bezeichnet, nicht besser characterisirt und bis jetzt als Pflanzenbase zweifelhaft geblieben ist, deren Vorhandensein freilich von der Mehrzahl der späteren Autoren angenommen wird [1]).

Nach diesen Arbeiten sind wir lange ohne neue Untersuchungen geblieben, dann kamen diejenigen von Payen über die Cellulose, worin dieser Gelehrte darthut, dass das Fungin nur Cellulose mit Albumin sei; hierauf die von Knop und Schnedermann, Pelouze, Liebig, welche die Identität des Schwammzuckers mit Mannit nachweisen; ferner die von Dessaignes, welche zeigen, dass die Pilzsäure nur Citronen- und Apfelsäure mit ein wenig Phosphorsäure gemengt sei und dass die Boletussäure mit der Fumarsäure sich gleich verhielte, was übrigens schon Bolley gefunden hatte; weiterhin die von Tromsdorff und später diejenigen Bouchardat's über Elaphomyces echinatus Vitt., die von Wiggers, Bonjean, Legrip und anderen Gelehrten über Mutterkorn, endlich die von Jules Lefort und Gobley, welche fast gleichzeitig die Analyse des Champignons machten, der Erstere auch ein we-

[1]) Diese Ansicht Boudier's über das Letellier'sche Amanitin ist von der Academie nicht gebilligt worden. Wir erlauben uns, bei der speciellen Analyse der Giftstoffe darauf zurückzukommen. (H.)

nig später die des Trüffels, und so gibt es eine Menge anderer Arbeiten, die ich mit Stillschweigen übergehe, indem ich nur diejenigen Autoren citiren zu müssen glaubte, welche durch ihre Untersuchungen den grössten Einfluss auf die mycologische Chemie gehabt haben.

Es ist durch die Arbeiten dieser Gelehrten klar dargethan, dass die Pilze ausserordentlich complicirt in ihrer Zusammensetzung sind und dass folglich das chemische Studium derselben Schwierigkeiten unterliegt. Obschon die schleimigen Materien unter verschiedenen Namen beschrieben sind, so gibt es doch eine zahlreiche Menge von Substanzen, in den Pilzen und nach meiner Ueberzeugung wird ihre Zahl sich noch vermehren. So finden wir als reine Stoffe in etwa dreissig bisher analysirten Species folgende angegeben: Wasser, Fungin (später als Cellulose erkannt), Bassorin, Albumin, Inulin, Dextrin, Schleim, Gummi, Gallerte, Osmazom, Pilzzucker oder Mannit, Rohrzucker (zweifelhaft), festes Fett, fettes Oel, Wachs, Fettwachs, weiche und feste Harze, Amanitin, Bolet- oder Fumarsäure, Pilzsäure (Gemisch von Citronen-, Aepfel- und Phosphorsäure), Essigsäure (zweifelhaft), Oxalsäure und Lichenstearinsäure, man hat selbst Anilin in Boleten, die beim Durchbrechen in Berührung mit der Luft blau werden, nachgewiesen [1]).

So sicher es ist, dass die reinen Pflanzenstoffe, die sich in den verschiedenen Pilzen finden, nach den Arten und selbst

---

[1]) Zu den genannten Stoffen kommen noch einige hinzu, so: zu den Zuckerarten Inosit, von Marmé (Annal. d. Chem. u. Pharm. CXXII, p. 129. 1864) in Clavaria croeca u. s. w. nachgewiesen, zu den Säuren die von Apoiger und später von Kaiser im Fliegenschwamme nachgewiesene Bernsteinsäure und die von Apoiger einerseits, von Kussmaul und Bornträger andrerseits als Träger der giftigen Wirkung des Fliegenpilzes angesehene flüchtige Säure, ferner Propionsäure (Kussmaul und Bornträger), zu den basischen Stoffen Trimethylamin (Kussmaul und Bornträger), das vielleicht als Zersetzungsproduct anzusehen ist. Im Lärchenschwamm fand Bley auch Weinsäure. Das in Boudier's Aufzählung erwähnte Inulin kommt nach Biltz in der Sporenmasse von Boletus cervinus, die Oxalsäure nach Bolley in Clavaria flava vor. Die von Knop und Schnedermann im Isländischen Moos entdeckte Lichenstearinsäure fand Bolley und später, wie es scheint, auch Kaiser, in Agaricus muscarius. (H.)

nach ihrem Alter verschieden sind, so kann man demungeachtet eine gewisse Aehnlichkeit in ihrer eigenthümlichen Organisation nicht läugnen. Prüft man alle darauf bezüglichen Arbeiten, so ist man von der Uebereinstimmung der Chemiker bei einem Theile ihrer Analysen betroffen, doch merkt man auch bei dem andern, dass sie sich hinsichtlich der nämlichen Elemente gegenüberstehen und die Schwierigkeiten, welche zu übersteigen sie sich bemühten, nicht vollständig überwunden haben. Ich sage dies hauptsächlich in Betreff der schleimigen Substanzen, da dies in der That der kritischste Theil der Analysen ist. Mein Bestreben war, die Hindernisse zu beseitigen und ich glaube dahin gelangt zu sein, die Analyse erleichtern zu können.

Was nun die giftigen Substanzen, die augenscheinlich den wichtigsten Theil bilden, anbetrifft, so hat Braconnot in Agaricus volvaceus eine sehr flüchtige giftige Substanz gefunden, Vauquelin schreibt das Gift von Amanita bulbosa einer fettigen bitteren Materie zu; Schrader entdeckte in Amanita muscaria einen in Wasser löslichen scharfen Stoff von rother Farbe, welchem er die giftigen Eigenschaften der Art beigelegt hat. Chansarel schreibt im Gegentheil die toxische Wirkung einer gallertartigen Materie zu, doch ist dies unrichtig, denn diese existirt ebensowohl in den schädlichen wie in den nützlichen Arten.

Vor ihm (1826) hat Letellier (Dissertation sur les propriétés alimentaires médicales et vénéneuses des champignons qui croissent aux environs de Paris. Thèse inaugurale. Paris, 1826, p. 17) das Amanitin als giftiges Princip der Amaniten bezeichnet und es folgendermassen characterisirt: „Es werde weder durch Trocknen noch durch Kochen abgeschwächt, durch Säuren, schwache Alkalien, Bleiacetat und Galläpfelabkochungen weder zersetzt noch niedergeschlagen. Es sei löslich in Wasser und allen wasserhaltigen Flüssigkeiten, unlöslich in Aether, was auch alle Schriftsteller darüber gesagt haben mögen; es besitze nicht die Fähigkeit zu crystallisiren und könne nicht ganz von färbenden Materien und Kali und Natronsalzen isolirt werden. Es verrathe seine Gegenwart weder durch den Geruch noch durch den Geschmack, widerstehe einer den Siedepunkt des Wassers übersteigenden Temperatur und bilde mit Säuren crystallisirende Salze."

Für den in chemischen Arbeiten Bewanderten ist dieses Princip, an welchem dieser Gelehrte die Kennzeichen eines Alkaloids findet, zweifelhaft; es handelt sich sicher um einen complexen Stoff, da der Autor es immer mit Salzen gemischt erhalten hat. Man isolirt allgemein mit Leichtigkeit ein Alkaloid aus seinen crystallisirenden Salzen und kann es hinreichend rein erhalten, um es wohl characterisiren zu können. Diese und andere Betrachtungen haben die Chemiker bei der Besprechung dieses Stoffes dahin geführt, ihn stets als zweifelhaft hinzustellen.

Man wird aus meinen Analysen sehen, dass nicht ein und dasselbe Alkaloid in allen Amaniten existirt. Ich fand eins in Amanita bulbosa, welches sich durch seine Kennzeichen ganz verschieden von Letellier's Amanitin erweist und ich habe die stärksten Gründe zu der Annahme, dass in Amanita muscaria eine dieser Art eigenthümliche Pflanzenbase vorhanden ist, obgleich es mir unmöglich war, dieselbe zu isoliren. Das giftige Princip, welches ich darin fand und das mir das Amanitin Letellier's zu sein scheint, bot mir nicht die deutliche alkalische Eigenschaft der Alkaloide dar. Die Crystallisation, welche die Säuren sofort hervorrufen, gleicht, was die Form anbetrifft, derjenigen der entsprechenden Kalisalze, und dass es sich um diese handelt, scheint mir die Menge der Asche, die sie beim Glühen zurücklassen, ebenfalls zu beweisen.

Was das scharfe Princip anlangt, von dem wir schon geredet haben, so betrachten es die Autoren als sehr flüchtig und leicht durch Hitze, Trocknen, Alkohol u. s. w. zerstörbar. Hier zwangen mich die von mir angestellten Versuche, von dieser Ansicht abzuweichen, wie man weiter unten sehen wird.

Wenn man zu diesen Angaben über die giftigen Principien diejenigen hinzufügt, welche in den zahlreichen Arbeiten über Mutterkorn enthalten sind, so von Wiggers, Wight. F. Boudet und Bonjean, von welchem der Erste das giftige Princip im Ergotin suchte (das nicht identisch mit Bonjean's Ergotin ist), während die drei Letzteren es in dem fetten Oel sehen, welches in grosser Menge in diesem Gebilde vorhanden ist: so hat man einen raschen Ueberblick der Kenntnisse, die wir über diesen Gegenstand besitzen und über den Zustand der Verwirrung und des Zweifels, der sich unserem Auge darbietet [1]). Indem ich mir Rechenschaft über diese Unterschiede geben wollte, fühlte ich mich zu einem ernsthafteren Studium der chemischen Geschichte der Pilze veranlasst, und dies ist das Resultat meiner Arbeiten, das ich gegenwärtig der Academie vorzulegen die Ehre habe.

Ein Wort sei mir noch gestattet, bevor ich zu dem eigentlich chemischen Theile übergehe. Wer sich mit Mycologie beschäftigt hat, weiss, dass die meisten fleischigen Pilze ein Gewebe von zelligen, verästelten und vollkommen verfilzten Fäden bilden, welche aber nicht in ihrer ganzen Ausdehnung fest an einander liegen und sich hierdurch von den Phanerogamen und höheren Cryptogamen unterscheiden, deren Gewebe aus aneinanderhängenden Fasern und Zellen, die allein durch chemische Agentien trennbar sind, gebildet wird. Diese Eigenthümlichkeit erklärt die grosse Verschiedenheit des Gewichtes der Pilze, nachdem ihr Standort oder die Atmosphäre, in der sie sich befinden, mehr oder weniger feucht sind. Diese Feuchtigkeit beeinflusst die relativen Gewichtsverhältnisse der bei der Analyse zu findenden Substanzen beträchtlich. In der That saugt ein Pilz, wenn er nass wird, das Wasser wie ein Badeschwamm ein, und sein Wassergehalt ist nicht allein auf

---

[1]) Dieser Zustand der Verwirrung und des Zweifels wird noch grösser durch einige neuere Arbeiten über den Fliegenschwamm, welche weiter unten mitgetheilt werden sollen. Was das Mutterkorn anlangt, so sind auch über dessen wirksame Bestandtheile noch weitere Angaben in der Literatur vorhanden. Winckler will aus demselben durch Destillation mit kohlensaurem Kali und kaustischem Kalk ein flüchtiges, stickstoffhaltiges Alkaloid, Secalin, in Verbindung mit Ergotinsäure, gefunden haben, von dem ich nicht bezweifle, dass es erst durch die angegebene Behandlung gebildet wird, nicht im Secale cornutum präformirt erscheint. Eine neue Untersuchung von Wenzell (Amer. journ. of Phormacy. XXXVI, 193. 1865) gibt noch zwei neue Basen im Mutterkorn an, Ekbolin und Ergotin (welche Bezeichnung nun für drei verschiedene Producte aus dem Mutterkorn angewandt ist!), von welchen das erstere die Wirkung auf den Uterus bedingen soll. Dass übrigens im fetten Oele das giftige Princip nicht zu suchen ist, beweisen die Versuche von Parola und Millet, die dasselbe unwirksam fanden, wenn das darin aufgelöste Harz entfernt wurde.

den in ihm enthaltenen Saft, sondern auch auf die Einwirkung der Capillarität zu beziehen. Diese Eigenthümlichkeit und die von mir angestellten zahlreichen Versuche haben mich dahin geführt, die Angabe des Gewichts der gefundenen Substanzen zu unterlassen, da ich niemals die nämliche Quantität eines Stoffes aus derselben Gewichtsmenge von Pilzen erhielt.

Die Arten, deren Analysen ich augenblicklich vorzulegen im Stande bin, sind: Amanita bulbosa, var. citrina; Amanita muscaria; Agaricus campestris; Boletus edulis und ausserdem kann ich meine Untersuchungen über den Milchsaft von Lactarius controversus et plumbeus der Oeffentlichkeit übergeben.

1. Amanita bulbosa Bull: var. citrina Schaeff.

(Amanita Mappa Batsch, Hypophyllum albo citrinum Paulet, Amanita citrina Pers.)[1].

Ich habe ausschliesslich über diese Spielart gearbeitet, indem ich es mir, wie schon gesagt, zur Regel machte, nur eine Art auf einmal zu untersuchen und dabei ausgesuchte Exemplare zu verwenden. Ich musste diese Spielart nehmen, weil sie am häufigsten vorkommt und mit der weissen Varietät die meisten Vergiftungen veranlasst.

Nachdem ich meine Pilze unter angemessenen Umständen gesammelt und von ihrer erdigen Unterlage befreit hatte, wusch ich sie sorgfältig, um Sand, Trümmer und Bruchstücke von Blättern, welche oft daran hängen, zu entfernen, und liess sie abtropfen; dann zerschnitt ich sie sehr fein und unterwarf sie einer starken Pressung in einem neuen, aller Appretur beraubten Leinwandsacke. Durch allmäliges Auspressen gelangte ich dahin, ihnen den grössten Theil ihres Saftes zu entziehen;

---

[1]) Die Synonyme der von Boudier analysirten Art sind in der Uebersetzung auf Wunsch des Verfassers berichtigt. Es handelt sich um Agaricus phalloides β von Phöbus (Deutschlands cryptogamische Giftgewächse p. 19). Das Synonym Amanita mappa wird von einzelnen Autoren, z. B. von Berkeley, als einer besonderen Species zukommend angesehen. Welche Varietät Vauquelin früher analysirt hat, ist nicht ersichtlich. (H.)

derselbe war blass olivenfarbig, durch Sporen, Trümmer von Zellen und Fettkügelchen getrübt.

Nach der Filtration wurde dieser Saft klar und dunkler, hatte einen merklichen narkotischen Pilzgeruch, röthete Lakmuspapier schwach, coagulirte durch die Hitze wie Pflanzensäfte und bräunte sich, oder nahm vielmehr eine dunkle Olivenfarbe durch Eisenoxydsalze an. Er entfärbt eine Lösung von hypermangansaurem Kali vollständig, trübt sich durch Zusatz von etwas Salpetersäure, giebt mit Salzsäure keinen Niederschlag und nimmt durch Schwefelsäure bisweilen eine leichte rosa Färbung an, doch ist diese Reaction nicht constant. Ferner wird er nicht durch Ammoniak gefällt; nur tritt die Farbe etwas mehr hervor. Er giebt mit Gerbsäure ein Präcipitat von stets mehr oder minder dunkler grauvioletter Färbung; ausserdem wird er durch Bleiacetat gefällt und entfärbt sich dabei theilweise. Wenn man ihn in einem Proberöhrchen mit Fehling'scher Lösung bei Zusatz von etwas Kali kochen lässt, wirkt er sofort reducirend, von welchem Alter die Pilze auch sein mögen.

Wenn man endlich in ein Röhrchen zwei Drittheile dieses Saftes (nach zuvoriger Abscheidung der Eiweissstoffe durch Erhitzen und nach vorgängigem Filtriren) mit einem Drittheil Schwefelaether giebt und dann einige Augenblicke stark schüttelt, bemerkt man, dass der Aether vollständig gelatinisirt und dass sich nach einigen Augenblicken Ruhe eine ziemlich dicke Lage bildet, so dass man das Röhrchen umkehren kann, ohne dass die Flüssigkeit herausläuft. Wird der Saft eine Zeit lang in einer nicht ganz gefüllten Phiole an einen warmen Orte hingestellt und sich selbst überlassen, so tritt alsbald Gährung ein und wird dabei so viel Kohlensäure entwickelt, dass der Pfropfen davon fliegt. Bei nicht genügender Hitze kann der Saft in faulige Gährung übergehen, dann trübt er sich und entwickelt einen sehr stinkenden urinösen Geruch, und bei mikroskopischer Untersuchung findet man ihn voll von einer zahlreichen Menge von Bacterium termo.

Diese Kennzeichen des Saftes kommen allen Pilzen gemeinschaftlich zu, abgesehen von einigen weniger in's Gewicht fallenden Abweichungen, unter denen die vorzüglichsten Geruch und Farbe betreffen. Die Reaction mit Schwefelsäure findet sich nicht in den übrigen von mir geprüften Arten und ist selbst bei der angegebenen Species inconstant. Was die Wirkung des Saftes auf die alkalische Kupferlösung betrifft, so reducirt derselbe bei einzelne Arten auch im jugendlichen Alter der Pilze, aber nicht beständig, dagegen findet die Reaction, obschon im verschiedenen Grade, immer statt, wenn sie ausgewachsen sind.

Ich glaubte, dass diese Unterschiede der Pilzsäfte angegeben werden müssten und wenn ich sie erwähnte, so geschah dies deshalb, weil sie mir eine sehr grosse Hülfe bei der Untersuchung der Grundstoffe der Pilze gewährten. Da die Reactionen bei allen Arten sich fast gleich verhalten, so brauche ich mich nicht weitläuftig über ihre Natur zu verbreiten.

Nach der Entfernung des Saftes aus dem Rückstande bemerkte ich, dass der letztere bei allen Arten, die einer ziemlich kräftigen Pressung, um die Zellen zu zerreissen, unterworfen waren, einen starken, eigenthümlichen Geruch zeigte, der an den eines unterirdischen Pilzes (Melanogaster variegatus) erinnerte und der keine Aehnlichkeit mit dem ursprünglichen Geruch des Pilzes hatte. Ich habe dann noch zu dem möglichst fein vertheilten Rückstande das gleiche Gewicht destillirten Wassers zugesetzt, dann ausgepresst und die Operation noch einmal wiederholt, nun die Flüssigkeit mit dem Safte vereinigt und das Ganze filtrirt. Die Flüssigkeit lief langsam, aber beinah ganz klar durch, nachdem ich die ersten Parthien wieder auf das Filter gegossen hatte. Ich bekam auf diese Weise ein Liquidum, welches fast alle in der Kälte löslichen Bestandtheile des Pilzes enthielt, und liess nun diese in einer Porzellanschale kochen. Ich bemerkte, dass diese Flüssigkeit kurz vor dem Sieden trüb wurde, dass sich ein klumpiger Niederschlag bildete und dass sie beim Eintritt des Kochens sich mit einem leichten grauen Schaum bedeckte. Vom Feuer genommen und erkaltet, setzte sie am Boden der Schale ein reichliches Sediment von grauer Farbe, und fand ich, dass die Materie, welche den Schaum schwarz färbte, dieselbe Substanz war, fortgerissen von Luftblasen und Fettkügelchen, wie ich mich davon durch Aether überzeugte. Ich brachte das

Ganze auf einen Filter, wusch den Niederschlag mit destillirtem Wasser aus und trocknete ihn bei mässiger Wärme, dann pulverisirte ich ihn und behandelte ihn wiederholt mit Aether und kaltem und siedendem Alkohol. Diese Substanz behielt ihre braune Farbe, gab aber eine beträchtliche Menge fetter Materie, ohne Zweifel in Verbindung mit etwas aetherischem Oel (denn sie war geruchlos) ab. Bei näherer Prüfung bot sie mir alle Kennzeichen des Eiweiss, verunreinigt durch einen beinah alle erhaltenen Producte begleitenden Farbstoff dar. Es ist dies nicht das sämmtliche Eiweiss, welches in dem Pilze vorhanden ist; es bleibt ein kleiner Theil desselben in dem durch die Hitze coagulirten und filtrirten Safte zurück und noch mehr in dem ausgepressten Rückstande, sei es in den nicht zerrissenen Zellen, sei es in Verbindung mit Cellulose.

Gleich, nachdem ich den Rückstand ausgepresst und mit Wasser behandelt hatte, liess ich ihn in destillirtem Wasser sieden, um die in der Wärme lösliche Substanz zu erhalten, drückte ihn von Neuem aus, wiederholte dieselbe Manipulation und vereinigte alle Filtrate mit den vorhergehenden. Alsdann behandelte ich diesen Rückstand zwei Mal mit Aether, um die fetten Materien davon zu trennen. Letzterer nahm dabei eine gelbe Farbe an. Nachdem ich ihn zum weiteren Studium bei Seite gesetzt hatte, schritt ich zur Reinigung der Zellensubstanz selbst oder der Cellulose. Ich kochte nun den von seinem Aetherauszuge getrennten Rückstand in einer Porzellanschale mit leicht durch Kali alkalisch gemachtem Wasser, drückte ihn aus, wusch ihn mit destillirtem Wasser und behandelte ihn mit einer kochenden schwachen Lösung von unterchlorigsaurem Natron. Die durch das Kali leicht gefärbte Mischung entfärbte sich. Ich drückte von Neuem aus, wusch und theilte so viel wie möglich, behandelte dann warm mit einer schwachen Lösung von Salzsäure, wusch mit Wasser, bis Lakmuspapier keine saure Reaction mehr zeigte, trocknete bei mässiger Wärme, behandelte dann mit Aether, welcher noch ein wenig fettige Materie entfernte und darauf mit kochendem Alkohol. Ich wiederholte diese Behandlung noch einmal, und zwar der Reihe nach mit Wasser, Kali, unterchlorigsaurem Natron, Salzsäure, Aether und kochendem Alkohol, dann endlich mit reinem Wasser und trocknete im Marienbade. Der Rückstand, welcher im Verhältnisse zu der in Arbeit genommenen Masse nur ein kleines Volumen bildet, ist durchsichtig, grau-weiss oder gelblich, von hornartigem Ansehen. Er wird durch Jod nach zuvoriger Befeuchtung mit concentrirter Schwefelsäure nicht blau. Ungeachtet meiner zahlreichen Versuche konnte ich diese Farbe nie erhalten, obgleich ich sie bei demselben Verfahren mit Cellulose von Baumwolle leicht bekam. Zu bemerken ist, dass wenn man Jodtinctur mit der mit Schwefelsäure benetzten Cellulose in Berührung bringt, das Jod sich als eine dünne und deshalb violett aussehende Lage niederschlägt, was beim Erhitzen noch deutlicher hervortritt. Ich mache darauf aufmerksam, weil diese Färbung ungeübte Personen irre leiten kann. Man wird sich leicht davon überzeugen können, dass niemals die Cellulose die fragliche Farbe angenommen hat. Wenn man sie andererseits einige Zeit mit durch Schwefelsäure angesäuertem Wasser kochen lässt, die Flüssigkeit mit etwas Kali im Ueberschuss sättigt und sie mit den zum Nachweis des Traubenzuckers gebräuchlichen Kupfer-Reagentien prüft, so sieht man an dem erhaltenen reichlichen rothen Niederschlage, dass sie sich vollständig in Traubenzucker umgewandelt hat und sich hierin ganz gleich wie die normale Cellulose verhält, von der sie nur eine Varietät ist, die sich durch Jod nach zuvoriger Veränderung durch Schwefelsäure nicht bläut [1]).

Nimmt man nun die Flüssigkeit, welche aus der Vereinigung des Saftes und der wässrigen Behandlung stammt, nach zuvoriger Filtration, oder besser die filtrirte Abkochung des Pilzes, wenn man das Eiweiss und die Cellulose nicht zu sammeln

[1]) Von anderen Seiten wird die Pilzcellulose noch in anderer Weise characterisirt; doch handelt es sich dabei nicht um die im Vorstehenden untersuchte Art. Nach Frémy ist das Champignongewebe völlig unlöslich in Kupferoxydammoniak, und zwar auch nach dem Kochen mit verdünnten Mineralsäuren, wodurch es sich von der sog. Fibrose unterscheidet, welche an sich in Kupferoxydammoniak unlöslich, darin nach Kochen mit verdünnten Säuren und Alkalien löslich wird. Für die Cellulose im Fliegenschwamm hat Kaiser dasselbe Verhalten constatirt, nach welchem dieselbe sich ausserdem durch ihre Löslichkeit in Salzsäure von der Holzfaser (Fibrose) unterscheidet. Vergl. Kaiser, chemische Untersuchung des Agaricus muscarius L. (Inauguraldissertation. 1862. Göttingen p. 34). (II.)

beabsichtigt und schüttet nach dem Erkalten das gleiche Volumen Alkohol hinzu, so bildet sich ein grauer violetter Niederschlag, der, mehrere Male durch Decantation mit Alkohol gereinigt, eine klebrige Masse bildet, die sich in Wasser löst, mit welchem sie eine trübe, violette, mehr oder minder schleimige Solution gibt. Die Trübung wird dadurch veranlasst, dass der Alkohol das noch im Safte enthaltene Eiweiss gefällt hatte. Die Fällung nehme ich aus Vorsicht vor, um eine Substanz, die ich Mycetid nenne, vom Eiweiss und einer anderen schleimigen Materie, die ich Viscosin nennen will, zu befreien. Sie ist nur mit Schwierigkeit davon zu trennen. Der Niederschlag ist in der That eine Mischung von Viscosin, ein wenig Mycetid und Eiweiss.

Das Viscosin oder der Schleim der Pilze ist eine Substanz, die sich hauptsächlich in der Oberhaut des Hutes findet. Man erhält es, indem man diese letztere von der Oberfläche des Hutes fortnimmt, sie mit dem gleichen Gewicht Wasser maceriren lässt und dann das Ganze der Pressung unterwirft. Man lässt die erhaltene Flüssigkeit sieden, um ihr das Eiweiss zu entziehen, filtrirt und schlägt die filtrirte Flüssigkeit mit dem einfachen und doppelten Gewicht Alkohol nieder; es wird dann das Viscosin allein unter der Form langer gallertartiger Fäden gefällt, welche in der Flüssigkeit schwimmen und ganz das Ansehen gewisser Algen haben. Man reinigt es durch Wiederauflösen in wenig Wasser und Fällen mittelst einer grösseren Menge Alkohol: es behält jedoch immer etwas färbende Materie. Seine Lösung ist klebrig, neutral, nicht fällbar durch Tannin, Eisenchlorid, Bleizucker; es wird hingegen präcipitirt durch Plumbum subaceticum. In einem Proberöhrchen mit einem Drittheil seines Volumens Aether geschüttelt, gelatinisirt es denselben, aber weniger gut als das Mycetid. Es hat viel Aehnliches mit dem Pectin in der Weise, wie es durch Alkohol gefällt wird und wie die angegebenen Bleisalze darauf einwirken, doch ist es davon verschieden, weil es beim Kochen mit Kali und Zusatz von Salzsäure keine Pectinsäure gibt. Den Gummiarten verwandt, weicht es von diesen durch seine Wirkung auf Aether, Eisenchlorid und Bleiacetat ab. Vom Eiweiss unterscheidet es sich ebenfalls und zwar dadurch, dass es nicht durch Tannin und durch Hitze gefällt wird, ferner auch durch die verschiedene Beschaffenheit und Löslichkeit seines alkoholischen Präcipitats. Es steht dem Schleim des Leinsamens, der Semina Psyllii u. s. w. sehr nahe und scheint von diesem nur durch die leichtere Fällbarkeit durch Alkohol und seine etwas geringere Löslichkeit abzuweichen. Bei gelinder Wärme getrocknet stellt es sich unter der Form gelblicher oder schwarzer Schuppen, je nach der Menge färbender Materie, welche es enthält, dar.

Diese Substanz ist in Amanita bulbosa nicht reichlich vorhanden; ihr verdankt der Pilz die klebrige Beschaffenheit des äusseren Theiles seines Hutes. Man gewinnt sie reichlicher aus gewissen Agaricus- und Boletusarten, besonders aus solchen, welche an der Oberfläche klebrig sind; Agaricus nigripes Bull. liefert sie in grösserer Menge von vollkommen weisser Farbe und schliesst sie hauptsächlich in seinem Parenchyme ein.

Die Substanz, der ich den Namen Mycetid gegeben habe, ist dieselbe, welche nach meiner Ansicht von den Autoren als Gallerte, Gummi, Dextrin u. s. w. bezeichnet wird. Sie ist die in dem Pilzsafte am reichlichsten vorhandene. Ich konnte sie niemals weiss erhalten, selbst nicht bei Behandlung mit gereinigter Thierkohle. Hartnäckig behielt sie stets ihre braune Farbe. Bei einer Temperatur von 60 — 80° getrocknet, bildet sie glänzende, schwarze, vollständig in Wasser lösliche Schuppen. Ihre Lösung ist neutral, in reinem Zustande fast geschmacklos. Sie wird durch neutrales Bleioxyd, Subacetas Plumbi, Tannin, Alkohol gefällt und gelatinisirt Aether sehr stark, besonders in nicht zu concentrirter Lösung oder nach nicht zu starker Erhitzung, durch welche sie etwas von dieser Eigenschaft einbüsst. Vom Viscosin, dem sie sehr nahe steht, ist sie verschieden, weil sie mehr hygroscopisch ist und Alkohol sie nur dann fällt, wenn er in grossen Mengen zugesetzt wird, und zwar unter der Form eines grauen oder bräunlichen Niederschlages, oder bei sehr concentrirter Lösung als pechartige Massen, die auf den Wänden des Gefässes kleben, nicht als gallertartige Fäden, die in der Flüssigkeit schwimmen; ausserdem unterscheidet sie sich durch ihr Verhalten gegen neutrales essigsaures Bleioxyd und Tannin. Ferner nähert sie sich sehr den Gummiarten, von denen sie sich durch die Art und Weise, wie sie sich zum Aether verhält, durch ihre Wirkung auf Tannin unterscheidet, so wie auch dadurch, dass sie beim Kochen mit Salpetersäure keine Schleimsäure gibt. Vom Dextrin weicht sie durch ihre Einwirkung auf Aether ab; vom Lichenin dadurch, dass Jodtinctur sie nicht bläut. Auch durch ihre chemischen Eigenschaften der Gelatine verwandt, entfernt sie sich davon durch ihre Löslichkeit in der Kälte und durch die Wirkung der Schwefelsäure, die kein Glycocoll hervorbringt; sie steht bestimmt den Gummiarten und den stärkemehlartigen Substanzen viel näher. Sie ist, wie ich vermuthe, derjenige Stoff, den die Zellen selbst liefern. Man erhält das Mycetid ziemlich leicht, indem man die mit dem gleichen Volumen Alkohol gefällte und filtrirte Flüssigkeit (der Alkohol kann durch Destillation entfernt werden) zur Consistenz eines klaren Syrups abdampft und sie dann nach und nach in das 6—8fache Volumen Alkohol giesst, wobei man Sorge trägt sie gut umzuschütteln. Es fällt eine gummiartige, mehr oder minder pulverförmige Masse nieder, die unreines Mycetid ist. Man schüttelt sie stark mit Alkohol, sie enthält noch Zuckerstoffe, ein farbiges Pulver, welches von dem Niederschlage der in Alkohol unlöslichen salzartigen Materien herrührt, Säuren und fettige Stoffe. Man trennt sie durch Decantation des oben aufschwimmenden, stets gefärbten Alkohols und löst sie in möglichst wenigem Wasser auf. Der salzige Niederschlag löst sich nicht merklich darin auf und setzt sich ab; man trennt ihn und fällt das Mycetid von Neuem aus seiner alkoholischen Lösung. Man lässt es im Sandbade trocknen, pulverisirt es und behandelt es mehrmals mit kochendem Aether und Alkohol. Der Aether entfernt die fettigen Materien, der Alkohol die Zuckerstoffe und Säuren, welche es enthalten kann. Darauf trocknet man.

Diese Substanz ist der hauptsächlichste Bestandtheil des Saftes; beobachtet man nicht die Vorsicht, zuerst die Flüssigkeit durch Alkohol zu fällen, so erhält man sie stets mit Viscosin gemischt.

Wir sahen, dass der Alkohol, indem er das Mycetid niederschlug, auch die in diesem Menstruum nicht löslichen

Salze mit sich nahm. Ferner bemerkten wir, dass dieses Präcipitat sich nicht in der concentrirten Lösung des Mycetids auflöst und dass man es durch Filtriren trennen kann. Wäscht man es auf dem Filter sogleich mit etwas Wasser, darauf mit Alkohol, so erhält man ein weisses oder graues Pulver, je nach dem Umfange der Theilchen des Niederschlages. Dasselbe erscheint unter dem Microscop in der Form ausserordentlich kleiner, beinah gestaltloser Crystalle, oftmals um ein gemeinsames und kleine Crystallwärzchen bildendes Centrum gruppirt. Dieser Niederschlag ist in Wasser wenig löslich, leicht löslich in verdünnten Säuren. Die mit Ammoniak gesättigte Salzsäure-Lösung wird unmittelbar durch Oxalsäure gefällt; der gebildete Niederschlag ist unlöslich im Ueberschuss dieser Säure und in Essigsäure, hingegen löslich in Salpeter- und Salzsäure. Diese Kennzeichen beweisen die Gegenwart von K a l k, dasselbe thut auch die crystallinische Form, welche der Niederschlag annimmt, wenn man ihn nach einiger Zeit mikroskopisch untersucht, wo er seine so bekannte octaëdrische Form zeigt. Ferner bleibt die Lösung in Wasser bei Zusatz von etwas Chlorammonium, oder die mit Ammoniak gesättigte Salzsäure-Lösung klar, wenn man jeder ein wenig Chlorcalcium hinzufügt, setzt man jedoch 1 — 2 Volumen Alkohol hinzu, so bildet sich sogleich ein Niederschlag, der auf einem Filter gesammelt, mit Alkohol ausgewaschen, in einer sehr geringen Menge mit Salzsäure angesäuerten Wassers gelöst, dann mit Ammoniak bis zur leichten alkalischen Reaction der Flüssigkeit versetzt, eine Lösung gibt, die sich beim Erhitzen nicht trübt. Diese Kennzeichen gehören der A p f e l s ä u r e an. Durch Bleiacetat gefällt, bildet sich ein Niederschlag, der einige Zeit sich selbst überlassen, sich in Krystallflittern verwandelt, was diese Säuren noch specieller characterisirt. Man erhält letztere jedoch nur, wenn man mit vollkommen reiner Flüssigkeit arbeitet.

Ferner wird die mit Ammoniak übersättigte salzsaure Lösung des Präcipitats durch Zusatz einer kleinen Menge schwefelsaurer Magnesia-Lösung gefällt. Der sich dann bildende Niederschlag ist phosphorsaure Ammoniak-Magnesia, leicht mikroskopisch kenntlich durch die Form seiner Crystalle. Die

Niederschlag ist also eine Mischung von apfelsaurem und phosphorsaurem Kalk, von denen der erstere in grösseren Mengen vorhanden ist.

Ich führte vorher an, dass die Eisensalze den Saft der Pilze schwärzten. Ich hatte diese Reaction schon früher beim Zerschneiden bemerkt. Alle von mir geprüften Arten wurden schwarz, wenn sie einige Zeit in Contact mit Eisen blieben. Die Reaction veranlasste mich zu dem Glauben, dass sie Gerbsäure [1]) enthielten und untersuchte ich deshalb die Wirkung der Eisenpersalze auf ihren Saft; alle wurden deutlich schwarz, oder mehr oder minder dunkelolivenfarbig. Ich prüfte mit übermangansaurem Kali, das als ein Reagens des Tannins angegeben wird, und bekam sehr leicht die Entfärbung desselben. Dennoch und ungeachtet verschiedener Versuche war es mir unmöglich, dieses Product zu isoliren und demnach zu erkennen, ob es zu den eisenbläuenden oder eisengrünenden Gerbstoffen gehöre. Die Färbung, welche der Saft gibt, reicht als Beweis nicht hin, weil letzterer Citronen- und Apfelsäure enthält, die bekanntlich die Farbe, welche die Gerbstoffe mit den Eisensalzen geben, modificiren können. Vielleicht wird auch diese Reaction durch Quercitrin bedingt, das neueren Arbeiten zufolge im Pflanzenreiche viel verbreiteter ist als man im Allgemeinen glaubt. Man weiss, dass die Pilze einen Theil ihrer Principien aus vegetabilischen Detritus ziehen; es wäre also durchaus nicht zu verwundern, wenn sie diesen Stoff enthielten.

Prüfen wir jetzt die alkoholischen Lösungen, welche zur Fällung des Mycetids dienten und die in diesem Menstruum löslichen Theile des Saftes enthalten. Sie sind stets durch etwas Mycetid und apfelsaurem Kalk getrübt, wovon ich sie durch Filtriren befreiete. Ich destillirte die klare Lösung im Sandbade, um drei Viertel des Alkohols daraus zu entfernen, und dampfte den Rest immer im Sandbade ab, bis der ganze

---

[1]) Das Vorhandensein von Gallussäure im Fliegenpilze hat schon Apoiger (Wittsteins Vierteljahrsschrift Bd. II. H. 4. p. 487) angegeben. Constant scheint dieselbe in den Schwämmen übrigens nicht vorhanden; das Schwarzwerden des Messers ist ein häufiger ausbleibendes als eintretendes Phänomen. Kaiser konnte beim Fliegenpilz keine Gerbsäurereaction erhalten. (H.)

Alkohol fort war. Es blieb dann eine dunkelbraune Flüssigkeit von einem merklich süsssaurem Geschmacke, aber auch mit einem bittern und ekelerregenden Nachgeschmacke; ich fällte mit Bleiacetat im Ueberschuss und es bildete sich sofort ein reichlicher Niederschlag, der einen grossen Theil der färbenden Materie mit sich nahm. Nach einiger Ruhezeit filtrirte ich, wusch aus und trocknete den Niederschlag, den ich zur Untersuchung der Säuren aufbewahrte; ich vereinigte darauf alle Flüssigkeiten und fällte das überflüssige Blei mit Schwefelwasserstoff; filtrirte und erhitzte dann, um den Ueberschuss des Schwefelwasserstoffs zu verjagen, und trennte noch den sich oft bildenden schwachen Niederschlag von Schwefel. Die nur leicht gefärbte Flüssigkeit ist viel weniger sauer als zuvor, sie enthält indess noch Essigsäure, welche von der Zersetzung des im Ueberschuss angewendeten Bleiacetats herrührt, und ein wenig Citronensäure, die von einer geringen Menge gelösten Bleicitrats stammt. Zur Syrupsdicke eingedampft verliert sie ihre Essigsäure und crystallisirt rasch, wenn man sie erkalten lässt. Die sich bildenden Crystalle sind vierseitige hohle Pyramiden, welche anfangs an der Oberfläche erscheinen und schliesslich durch ihre eigene Schwere untersinken. Die im Innern entstehenden sind hingegen cubisch oder häufiger von der Form eines einfachen oder zusammengesetzten Kreuzes. Diese Crystalle von der Mutterlauge getrennt, in welcher nach allmäliger Concentration sich noch neue bilden, vereinigt und durch wiederholtes Umcrystallisiren gereinigt, haben einen sehr ausgesprochen salzigen Geschmack und sind in Wasser sehr löslich. In ihrer neutralen Lösung gibt Quecksilbernitrat einen reichlichen Niederschlag und das weisse, schwere, klumpige Präcipitat löst sich sehr leicht in Ammoniak. Sie wird auch durch Platinchlorid und Weinsäure gefällt, mit welcher sie einen weissen, körnigen, reichlichen und schweren, in Kali und Säuren löslichen Niederschlag gibt. Dieses Salz färbt die Löthrohrflamme violet. Alle diese Kennzeichen zeigen deutlich die Gegenwart des Chlorkaliums an, welches so reichlich vorhanden ist, dass man es in dicken cubischen Crystallen in dem Extract dieses Pilzes findet.

Die Mutterlauge gibt durch allmäliges Auscrystallisiren

beinah alle ihr Chlorkalium ab. Verdampft man sie bei mässiger Wärme zur Trockne, so erhält man ein Residuum, welches, pulverisirt und wiederholt mit absolutem und kochendem Alkohol behandelt, eine Flüssigkeit gibt, die so lange sie warm ist, vollkommen klar erscheint. Man filtrirt heiss. Es bleibt auf dem Filter eine braune amorphe Masse, die augenscheinlich eine Mischung von Chlorkalium, Mycetid, das auf Kosten des beim Präcipitiren dieser Substanz mit Alkohol vorhandenen Wassers in Lösung sich befindet, und einer eigenthümlichen Zuckerart, welche ich im Folgenden beschreiben werde und die man nur schwer, ungeachtet mehrerer Behandlungen fortschaffen kann.

Der Alkohol, welcher zu diesen Behandlungen diente und von dunkler Bernsteinfarbe war, trübt sich bei der geringsten Abnahme der Temperatur und setzt eine amorphe reichliche Substanz ab, die ich nach vollkommener Erkaltung und Auswaschung mit kaltem Alkohol durch Filtriren trennte. Es blieb eine pechartige, sehr hygroscopische Masse, die sich in Wasser in jedem Verhältnisse löst und damit eine braune neutrale Lösung von einem faden, kaum zuckerartigen Geschmacke gibt. Durch Thierkohle entfärbt, filtrirt und abgedampft, blieb eine durchsichtige unfarbige Masse, die mir nicht crystallisirt schien, zurück, deren Solution leicht die Fehling'sche Lösung reducirt und die in Contact mit Hefe bei einer Temperatur von 25° Kohlensäure entwickelt.

Die Substanz ist also eine Zuckerart, vielleicht eine eigenthümliche, aber kein Mannit, wie man glauben könnte. In allen von mir über den fraglichen Pilz gemachten Analysen, war es mir unmöglich die Gegenwart des Mannits zu constatiren. Ich glaube nicht, dass man diese Zuckerart als ein Product der Einwirkung der Hitze bei einer Reaction der Säuren auf indifferente Stoffe betrachten kann, denn wir haben von Anfang an gesehen, dass der Pilzsaft selbst die Kupferlösung reducirt. Ferner fand ich den nämlichen Zucker in allen von mir analysirten Arten wieder, Mannit dagegen nur in den wilden oder gezüchteten Champignons, jedoch hier in sehr grossen Mengen.

Wenn man nun im Sandbade den Alkohol abdampft, in welchem sich dieser Zuckerstoff niedergeschlagen hat, so bemerkt man gegen Ende der Operation, dass sich noch ein wenig davon absetzt, was man durch Filtriren trennt, und nun fährt man mit der Abdampfung fort. Das stets gefärbte Liquidum hinterlässt in letzter Reihe eine syrupartige uncrystalisirbare Flüssigkeit, welche indess, wenn man nicht absoluten Alkohol angewendet hat, noch ein wenig Chlorkalium absetzt; in diesem Falle trocknet man sie alsdann bei gelinder Wärme aus, nimmt sie mit diesem Menstruum wieder auf und dampft von Neuem ab.

Das zurückbleibende syrupsartige Product ist einer der interessantesten Stoffe; er hat einen scharfen und sehr bittern, dem Opiumextract ziemlich ähnlichen Geschmack. Dies ist noch eine unreine Substanz, in welcher enthalten sind: 1) eine fette oder harzige Materie, die fast alle alkoholischen Behandlungen begleitet, die man indess schliesslich leicht trennt, indem man sie in Wasser wieder auflöst und filtrirt; 2) etwas Citronensäure. 3) bisweilen noch ein wenig Zucker. Um sie zu reinigen, löste ich diese Verbindung von Neuem in sehr wenig Wasser auf, filtrirte sie dann mit feingepulvertem reinem kohlensaurem Kalk, um die Säure unter der Form des in Alkohol unlöslichen citronensauren Kalks zu trennen; hierauf filtrirte ich von Neuem und dampfte zur Trockne ein. Nachdem ich sie nun nach dem Erkalten in absolutem und kaltem Alkohol wiederaufgenommen hatte, erhielt ich eine der ersten ähnliche Substanz, die nur noch stärker bitter und ekelerregend war. Sie löst sich in jedem Verhältnisse in Wasser und absolutem Alkohol, scheint dagegen vollkommen unlöslich in Aether, Chloroform und Schwefelkohlenstoff. Auf Lakmuspapier reagirt sie nicht; durch Tannin, Jodkalium-Jodquecksilber und Jod-Jodkaliumlösung wird sie gefällt. Kali, Natron, Ammoniak üben keine Wirkung darauf aus. Salpetersäure färbt sie sogleich dunkelbraun, Schwefelsäure braunroth, indess wenn sie zu concentrirt ist, schwarz; Eisenperchlorid braun, darauf grün. Bei diesen Reactionen kann man nicht umhin ein Alkaloid anzunehmen. Ich hatte es schon durch verschiedene Verfahren in der unreinen Materie, die ich nach Abdampfen der Flüssigkeit, in welche der Zucker präcipitirt war, erhielt, darzustellen versucht, besonders durch das Stas'sche Verfahren, bald mit Anwendung von Aether, bald von Chloroform, bald von Schwefelkohlenstoff. Ungeachtet meiner zahlreichen Versuche kam ich zu keinem Resultat und in der That ist ja, wie wir oben gesehen haben, das bittere Princip in diesen Flüssigkeiten unlöslich. Da es neutral ist, konnte es nur als Salz vorhanden sein, in dem Falle, dass ein Alkaloid existirt. Ich versuchte es deshalb durch in möglichst wenig Wasser gelöstes reines doppelkohlensaures Kali zu trennen. Sobald die Lösung eine deutliche alkalische Reaction zeigte, dampfte ich zur Trockene ab und beendigte die Austrocknung bei Anwesenheit von Schwefelsäure; dann nahm ich das Product wieder in absolutem Alkohol auf und filtrirte. Nach der Abdampfung erhielt ich dasselbe Product wieder, aber dann von alkalischer Reaction auf Lakmuspapier und Veilchensyrup, jedoch stets uncrystallisirt. Man muss bei dieser Manipulation die grösste Sorgfalt anwenden, die Substanz vollständig zu trocknen (was schwer zu sehen ist, da sie immer eine syrupartige Consistenz hat), denn die geringste Menge Wasser löst etwas doppeltkohlensaures Kali, welches seine alkalische Reaction derjenigen des gesuchten Productes hinzufügt. Dies passirte mir mehrere Male, indess wenn man eine kleine Quantität irgend einer starken Säure hinzusetzt, wird man den Irrthum leicht erkennen, zuerst durch die schwache Entwicke lung von Kohlensäure, dann durch die Form der Crystalle, welche den Verbindungen mit den angewendeten Säuren gleichen. Dieses Princip schien mir ein Alkaloid zu sein, das dieselben Charactere wie seine Salze besitzt. Ich schlage vor es nach der Species, die es liefert, Bulbosin zu nennen: den Namen Amanitin glaubte ich nicht beibehalten zu dürfen, weil nach meiner Ansicht Amanita muscaria ein anderes, von diesem verschiedenes Alkaloid enthält und weil diese beiden Principien wahrscheinlich unter diesem Namen zusammengeworfen wurden. Letellier's Amanitin muss auf das giftige Princip des Fliegenschwamms bezogen werden, von dem es sich nicht merklich unterscheidet, während es hingegen von dem von mir erhaltenen Producte sehr bedeutend abweicht.

Es ist mir unmöglich über die Eigenschaften dieses Alkaloids und über die Salze, welche es bildet, weitere Mittheilungen zu machen, weil mich das Material im Stiche liess. Die zahlreichen Versuche, die ich anstellen musste, um zu den Schlussfolgerungen dieser Arbeit zu gelangen, hatten schon den grössten Theil meines Pilzextracts absorbirt, und als ich dahin gelangt war, die basische Natur dieses Productes zu erkennen, blieb mir nur ein geringer Rest zum Experimentiren. Mein Alkaloid ist ohne Zweifel, da es noch gefärbt ist, nicht völlig rein, indess bin ich gezwungen das genauere Studium desselben auf spätere Zeiten zu verschieben. Ich muss jedoch bemerken, dass Mäuse, die ich davon fressen liess (nicht vom Alkaloid, sondern von den vorhererhaltenen unreinen Salzen) immer zu Grunde gingen. Indess frassen diese Thierchen dasselbe nur mit dem grössten Widerwillen, und obgleich ich es ihnen in geringer Quantität mit Brod und anderen leckereren Stoffen vermischt, darreichte, genossen sie doch nur wenig davon, so dass ich mich oftmals fragte, ob sie durch die Einwirkung des Giftes oder durch den Nahrungsmangel zu Grunde gegangen seien. Ich bedauere nicht genug davon gehabt zu haben, um mit grösseren Thieren experimentiren zu können.

Gehen wir nun über zur Untersuchung des Präcipitats, welches in der von der Abdampfung der zum Niederschlage des Mycetids benutzten alkoholischen Liquida herrührenden Flüssigkeit mittelst Bleiacetats sich bildet. Nachdem ich es im Mörser mit destillirtem Wasser angerührt hatte, zersetzte ich die Bleisalze durch einen Schwefelwasserstoffstrom, bis diese Flüssigkeit deutlich den Geruch des letzteren zeigte. Ich filtrirte, erhitzte dann, um den Ueberschuss des Schwefelwasserstoffs auszutreiben und filtrirte von Neuem, um die leichte Ablagerung von Schwefel, die sich stets bildet, wenn man sie nicht gleich darauf durch Filtriren entfernt, zu trennen. Diese Flüssigkeit, welche alle Säuren enthielt, die mit Blei unlösliche oder wenig lösliche Salze bilden, brachte ich auf ein kleines Volumen; dann entfärbte ich sie durch vollkommen reine Thierkohle.

Nachdem ich sie durch Ammoniak neutralisirt hatte, fügte ich etwas Chlorcalcium hinzu, was auf der Stelle einen leichten Niederschlag von Kalkphosphat bildete; es geht dies daraus hervor, dass er durch Filtriren getrennt, ausgewaschen, dann in einem wenig verdünnten Chlorwasser aufgelöst, mir eine

Flüssigkeit gab, die, durch einen leichten Ueberschuss von Ammoniak gesättigt und von Neuem mit einer kleinen Quantität Chlorcalcium versetzt, durch Zusatz einer Lösung von schwefelsaurer Magnesia gefällt wurde. Dieser Niederschlag unter der Form eines weissen, crystallinischen Pulvers, besteht aus einfachen und doppelten, noch öfter zusammengesetzten prismatischen Crystallen, je nachdem die Flüssigkeit mehr oder weniger ammoniakalisch ist und je nachdem man ihnen Zeit sich zu bilden liess. Die am häufigsten erhaltenen stellen mikroskopisch an den Seiten mehr oder weniger ausgezackte Sterne dar, mit vier oder sechs ungleich weit von einander entfernten Strahlen. Diese durch die angegebenen Reactionen erhaltenen Crystalle und ihre Form selbst characterisiren die Phosphorsäure vollkommen.

Einer andern Portion der primitiven Flüssigkeit, in welcher der Kalkphosphat niedergeschlagen war, und welche ich auf ein kleines Volumen eingeengt hatte, fügte ich ungefähr das fünffache Volumen concentrirten Alkohols hinzu. Sogleich bildete sich ein reichlicher Niederschlag, den ich auf einem Filter sammelte und mit Alkohol auswusch: Ich löste ihn dann auf dem Filter mit einer recht kleinen Menge sehr verdünnter Salzsäure auf; die Lösung ging leicht von statten; ich versetzte die durchgegangene Flüssigkeit mit Ammoniak, bis sie schwach alkalisch war, dann liess ich sie kochen. Es bildete sich nun ein weisser, ziemlich reichlicher, in Kali unlöslicher, in Chlorammoniak löslicher Niederschlag, der sich auf dem Grunde der Schale ansammelte. Dieses Kennzeichen beweist vollkommen die Anwesenheit von Citronensäure in beträchtlicher Quantität. Ich bekam diese Säure auch, indem ich bei einer mässigen Wärme die ursprüngliche, des überschüssigen Bleis beraubte Flüssigkeit beinah bis zum Trocknen verdampfte und sie darauf mit gewöhnlichem kochenden Alkohol behandelte. Dieses Menstruum löste die Säuren auf und hinterliess nach dem Verdampfen eine syrupsartige, sehr saure Flüssigkeit, die nach Verlauf von 2 — 3 Tagen vollkommen ausgeprägte und reine Citronensäurecrystalle gab. Die Wirkung, welche frisch bereitetes Kalkwasser in der Wärme auf die Lösung dieser Crystalle ausübt (nur in der Wärme bringt es einen Niederschlag hervor und beim Erkalten löst sich derselbe wieder auf), ferner die Reaction mit Chlorcalcium, das bei Vermischen mit Ammoniak und Erwärmen eine Fällung bewirkt, gestatten keinen Zweifel an ihrer Identität.

Ich nahm nun die Flüssigkeit, aus welcher der citronensaure Kalk niedergeschlagen war, filtrirte und setzte das vierfache Volumen Alkohol hinzu. Den sich sofort bildenden Niederschlag trennte ich, löste ihn in ein wenig Wasser und zersetzte mit Bleiacetat, worauf sich ein weisses Pulver ablagerte, das sich theilweise nach einiger Zeit in crystallinische Blättchen umwandelte; ein Hauptkennzeichen des apfelsauren Bleis. Es ist also Apfelsäure vorhanden, aber in geringer Menge. Es scheint mir zweckmässig hier an die obengemachte Bemerkung zu erinnern, dass der Niederschlag in nicht reinem Zustande nur schwer crystallisirt, man kann jedoch stets einige dieser Blättchen mikroskopisch wahrnehmen.

Ich würde mich nicht wundern, wenn sich ausser diesen drei Säuren noch andere fänden. Ich gründe diese Ansicht darauf, dass, wenn man die jedoch wenig concentrirte Lösung, welche zum Auffinden dieser drei Säuren diente, einige Zeit ruhig stehen lässt, sich ein geringer Niederschlag bildet, der, wie ich bemerkte, aus 2 Sorten Crystallen besteht, die einen sehr zart, lineär, frei oder zu kleinen Bündeln oder strahligen Massen vereinigt, die andern viel dicker, flache Blätter bildend. Die geringe Quantität dieser beiden Crystallarten, deren Vorhandensein ich nur mikroskopisch constatiren konnte, gestatteten mir nicht, sie zu erkennen; vielleicht gehört die eine der Fumarsäure an, die nach Dessaignes in einer Species derselben Gattung, im Fliegenpilz, sich findet[1]). Da ich sie nicht mit Sicherheit erkannt habe, kann ich nichts darüber sagen.

---

1) Vielleicht hat Boudier Bernsteinsäurecrystalle vor sich gehabt; diese Säure findet sich nach Apoiger und Kaiser wenigstens im Fliegenschwamme. Die Fumarsäure wurde, wie schon oben erwähnt, zuerst von Bolley und zwar in Agaricus piperatus nachgewiesen, der ihre Identität mit der von Braconnot (im Boletus pseudoigniarius besonders) entdeckten Boletsäure klarstellte; Dessaigne fand sie in Amanita muscaria und Ag. torminosus, Gobley und Lefort wiesen sie im Champignon nach. Im Trüffel scheint sie zu fehlen. (H.)

Ich bemerkte zu Anfang dieser Analyse, dass der Aether bei Behandlungen des ausgepressten Rückstandes mit diesem Menstruum fette und harzige Stoffe aufnahm. Nach dem Kochen, welchem die Amanita bulbosa unterworfen war, erhalten, enthält er nicht alle vorhandenen flüchtigen Principien; besser ist, wenn man kann, direct den zerquetschten Pilz, oder selbst den ausgepressten und nicht gekochten Rückstand mit Aether zu maceriren, denn es bleibt darin der grösste Theil dieser fettigen Materie zurück. Nach einigen Tagen nimmt der Aether beinah die Gesammtmenge der Fettkörper und des aetherischen Oels auf und färbt sich dabei blass schwefelgelb. Man giesst nach zuvorigem Ausdrücken ab und lässt ihn an freier Luft verdunsten. Man erhält alsdann eine schwefelgelbe Masse von einer Farbe, die derjenigen des Hutes ziemlich ähnlich ist und die ein gewisses crystallinisches Ansehen hat.

Ich trocknete diese Substanz an der Luft und erhitzte sie im Marienbade in einem gekrümmten und an den Enden ausgezogenen Proberöhrchen, das somit das Aussehen einer kleinen Retorte darbot; sie gab mir dann bei der Destillation einige Tröpfchen Wasser, gemischt mit anderen kleinern Tröpfchen einer Flüssigkeit, die sich nicht darin löst, einen sehr starken, narkotischen, eigenthümlichen, dem des Pilzes sehr ähnlichen, aber noch intensiveren Geruch besitzt und nach Art der fetten Körper einen Fleck auf Papier hervorbringt, der indess durch Hitze verschwindet. Diese Flüssigkeit ist augenscheinlich ein aetherisches Oel, das man wahrscheinlich in hinreichender Quantität sammeln könnte, wenn man mit einer grösseren Menge operirte.

Der Rückstand im Rohr ist in kleinen Mengen in verdünntem Alkohol, mehr noch in concentrirtem Alkohol und vollständig in Aether, jedoch nicht in allen Verhältnissen löslich. Letzterer setzt in der That nach Auflösung dieser Materie bei Concentration gelbliche crystallinische Granulationen oder vielmehr weiche Crystalle ab, die man durch das Filter trennen und mit etwas sehr kaltem Aether darauf auswaschen kann. Man erhält alsdann eine wenig harte, weisse oder gelbe crystallinische Masse, welche nach meiner Ansicht die Sub stanz ist, die Gobley mit dem Namen Agaricin bezeichnet, vielleicht auch das Fettwachs von Vauquelin darstellt. Sie unterscheidet sich von den fetten Körpern durch ihre weniger grosse Löslichkeit in Alkohol und durch die geringe Einwirkung der Alkalien. Sie nähert sich den Harzen, von denen sie durch ihre weichere Consistenz und durch ihre weniger grosse Löslichkeit in Alkohol und Aether abweicht. Sie reagirt deutlich sauer. Da sie sich in Wasser nicht löst, hat sie keinen Geschmack und nur Geruch, wenn sie nicht ganz des aetherischen Oels beraubt ist. Sie bildet den Hauptheil der fettigen Materie.

Der Aether, in welchem sich diese Substanz abgesetzt hat, gibt beim Verdampfen eine andere fette, halbfeste Materie, eingehüllt von einem nicht flüchtigen, mehr dunkelgelben Oele. Ich konnte sie trennen, indem ich das Ganze, in Anbetracht der kleinen Menge, mit welcher ich operirte, auf mehrfach zusammengefaltetes schwedisches Filtrirpapier brachte. Das Papier absorbirte den öligen Theil und liess die eigentlich fette Materie zurück, die ganz das Ansehen von Butter und keinen merklichen Geschmack hatte. Ich constatirte durch den sich entwickelnden eigenthümlichen Geruch, dass sie sehr rasch ranzig wurde. Die ersten Anzeichen davon bemerkt man schon einige Tage nachher.

Ich behandelte darauf das mit Oel imprägnirte Papier mit Aether und erhielt durch Abdampfen diese Substanz in flüssiger Form von gelber Farbe, ohne Geruch und von beinah süssem Geschmacke. Sie ist nicht reichlich vorhanden, indess bekam ich genug davon, um ihre Natur erkennen zu können. Da Vauquelin einer fetten, scharfen und bittern Materie die toxische Wirkung der in Rede stehenden Art zuschrieb, versuchte ich diese fetten Stoffe in der Dosis von verschiedenen Decigrammen an kleinen Thieren, welche in keinem Falle dadurch afficirt zu werden scheinen, selbst nicht, wenn das aetherische Oel nicht davon getrennt war. Ich erhielt eine so geringe Menge dieses letzteren, dass ich auf Versuche über seine Wirkung verzichten musste.

Wir sahen zu Anfang dieser Analyse, dass der Saft eine helle Olivenfarbe hatte; dieses färbende Princip schien besonders das Mycetid zu betreffen, und ich würde mich nicht wundern, wenn es eine Eigenschaft dieses Körpers wäre, da ich es niemals mit Kohle entfärben konnte. Es muss jedoch auch theilweise einer eigenthümlichen Substanz angehören, welche sich besonders in dem äusseren Theile des Hutes findet und ihm seine Farbe gibt. Obgleich ich bei meinen mikroskopischen Untersuchungen bemerkte, dass die fette Materie reichlicher in den äussersten Zellen vorhanden ist und dass sie beinah die gleiche Färbung darbietet, so glaube ich doch, dass man diese letztere einem Farbstoffe, den ich nicht isoliren konnte, zuschreiben muss, denn andere Pilze z. B. Amanita muscaria haben eine fette Materie von beinah der nämlichen Farbe, obgleich die Färbung des Hutes eine sehr verschiedene ist.

Es bleibt mir jetzt noch, um die Analyse zu vollenden, übrig zu untersuchen, welche Salze in den Geweben ausser den schon von mir gefundenen vorhanden sind. Diese müssen natürlich mehr oder weniger modificirt sich in der Asche des ganzen Pilzes wiederfinden. Allein, um diese ohnehin schon so lange Materie nicht weiter auszudehnen, werde ich mich darauf beschränken, die von mir gefundenen Basen und Säuren anzugeben, zumal es immer leicht sein wird, sie mit Sicherheit mittelst der so bestimmten analytischen Methode der unorganischen Substanzen zu erkennen.

Ich führe also an, dass die Asche ausser etwas Sand, der trotz aller Sorgfalt bei dem behuf seiner Entfernung angestellten Waschungen stets zurückbleibt, und ausser einigen Spuren von Kohle, die sich schwierig ganz beseitigen lassen, so gut auch die Einäscherung ausgeführt ist, mir geliefert hat:

1. In Wasser lösliche Salze, bei denen es mir leicht wurde, als Säuren die Kohlensäure, Schwefelsäure und Salzsäure und als Basen Kali und Natron zu erkennen, letzteres wohl weniger reichlich als das erstere [1]); demnach kohlensaures und schwefelsaures Kali und Natron, Chlorkalium und Chlornatrium.

2. In Wasser unlösliche, dagegen in Salzsäure, aber ohne

[1]) Dies harmonirt mit der Angabe von Kaiser (a. a. O. p. 40), der bei der Asche des Fliegenschwamms ebenfalls ein Ueberwiegen des Kali über das Natron constatirte. Ich bemerke, dass der letztere Forscher Lithium spectralanalytisch nicht nachweisen konnte. (H.)

Aufbrausen lösliche Salze, welche mir Spuren von Schwefel- und Kieselsäure und eine grössere Quantität Phosphorsäure lieferte; ferner als Base eine geringe Menge Kalk, Spuren von Magnesia, viel Thonerde und Eisenoxyd in schätzbarer Quantität, folglich phosphorsauren, schwefelsauren, kieselsauren Kalk, Thonerde, Magnesia und Eisenoxyd [1]). Welche Aufmerksamkeit ich auch der Einäscherung widmete, so war es mir dennoch unmöglich Spuren von salpetersauren Verbindungen in den Lösungen der Asche zu constatiren, noch auch, wie ich schon oben gesagt habe, in dem Safte des Pilzes selbst, als ich ihn mit Schwefelsäure und einem Crystalle von Eisenvitriol prüfte. Ebenso konnte ich die Anwesenheit von Ammoniak nicht nachweisen.

Was das Ammoniak betrifft, so habe ich dessen Vorhandensein im Herbst 1864 constatirt, als ich den Pilz mit Kali destillirte; die ersten Portionen der Flüssigkeit waren deutlich ammoniakalisch. Ich kann noch nicht sagen, ob das Alkali in Verbindung mit Säuren war, oder ob es durch die Einwirkung des Kali auf irgend welche organische Materie sich bildete. Es ist gewiss, dass das Ammoniak zur Zeit der Fäulniss der Pilze entstehen kann und dies erklärt, wesshalb man so oft in diesem Falle Insecten findet, die sich von faulen thierischen Stoffen oder von excrementitiellen Materien nähren, z. B. Necrophorus mortuorum, Geotrupes sylvaticus, Silpha thoracica, verschiedene Tachinusarten u. s. w., welche alle mehr oder weniger sich verirrt zu haben scheinen.

Aus der vorstehenden Analyse ist leicht zu sehen, wie sehr complicirt die Organisation dieses und überhaupt aller Pilze ist. Es sind danach in dieser Amanita enthalten:

1. Vegetationswasser.
2. Cellulose.
3. Eiweissstoff.
4. Viscosin oder Pilzschleim.
5. Mycetid.
6. Zuckerstoff.

---

[1]) Kaiser fand im Fliegenpilze auch Mangan in Spuren. Von Phosphorsäure fand derselbe so viel als nur den Samenaschen zukommt. (H.)

7. Tannin oder eine ähnliche Substanz, die ich nicht isoliren konnte.

8. Citronensäure in freiem und wahrscheinlich auch gebundenem Zustande.

9. Ein eigenthümliches Alkaloid, das ich **Bulbosin** nenne [1]).

10. **Agaricin** von **Gobley**.

---

[1]) Ganz in der neuesten Zeit sind über die giftigen Principien von Amanita bulbosa (die verschiedenen Spielarten haben die betreffenden Verfasser bei der Untersuchung nicht unterschieden) von Letellier und Speneux (Ann. d'hyg. Janv. 1867. p. 71) Mittheilungen gemacht, wornach darin zwei Stoffe vorhanden sein sollen. Das erste, als scharfes Princip bezeichnet, ist fix und findet sich im wässrigen und alkoholischen Extracte; die beiden letzteren werden in wässriger Lösung von Katzen nur schwierig geschluckt, bedingen Erstickungserscheinungen, Speichelfluss, copiöses Erbrechen und Tenesmus, selbst blutige Stühle, welche Erscheinungen auch durch den frischen kalt ausgepressten Saft hervorgebracht werden. Das zweite Princip wird als rein narkotisch bezeichnet. Man erhält es in der Weise, dass man zunächst den Saft kalt auspresst, dann kocht, um das Eiweis zu coaguliren und durch Filtration zu trennen, das so erhaltene klare Liquidum von den organischen Säuren und dem Schleim durch neutrales essigsaures Blei in leichtem Ueberschusse befreit, den Ueberschuss durch einen Schwefelwasserstoffstrom oder durch Schwefelsäure in richtiger Quantität entfernt, dann kocht, filtrirt, mit Goldchlorid fällt, zur Trockne verdampft, mit siedendem Aether behandelt, um Fette und Harze zu entfernen, dann mit absolutem Alkohol und Kohle behandelt, dann wieder eindampft. So bekommt man eine mehr oder minder braune, nicht crystallinische, äusserst zerfliessliche, nicht durch den Dialysator gehende, fast geruch- und geschmacklose, in wasserfreiem Aether, flüchtigen und fetten Oelen, Kohlenwasserstoffen unlösliche, in absolutem Alkohol sich lösende, in Wasser äusserst leicht lösliche Substanz; diese wird, mit Magnesia gekocht, deutlich alkalisch, wird durch Alkalien, unorganische und organische Säuren, Eisen, Blei, Mercur, Silber, Platin oder Goldsalze nicht gefällt, gibt mit übermangansaurem Kali und phosphormolybdänsaurem Natron einen geringen Niederschlag, einen reichlicheren mit Jod-Jodkalium, einen sehr starken mit Tannin in concentrirter wässriger Decoction; dieser Niederschlag ist wenig in Wasser, mehr in verdünntem Amoniak, äusserst leicht in Alkohol löslich. Wird die Substanz mit verdünnter Schwefelsäure gekocht, so reducirt sie Kupferlösung, weshalb Letellier und Speneux sie als ein „alcaloide glycoside" bezeichnen. Das narkotische Princip nennt Letellier wiederum Amanitin und bemerkt darüber noch, dass es in den Lamellen etwas reichlicher als im Fleische des Hutes vertreten sei, so dass Extract der Lamellen giftiger wirkt als solches aus dem Fleische, dass es im rohen und gekochten Safte und Fleische sich findet, dass es durch Trocknen nicht zerstört wird und selbst in viel Wasser mehrere Jahre sich hält. Beim Frosche wirkt 1 Decigramm subcutan, bei Kaninchen 1 Grm. subcutan oder $\frac{1}{2}$ Grm. innerlich narkotisch und zwar in ähnlicher Weise wie Narcein. Ein flüchtiges Princip haben Letellier und Speneux in Amanita bulbosa nicht finden können. (H.)

11. Eine fette weiche Materie.

12. Ein nicht flüchtiges Oel.

13. Ein aetherisches Oel von sehr starkem narkotischen Geruche.

14. Eine färbende Materie, die ich nicht isoliren konnte.

15. Chlorkalium in hinreichender Menge, um aus der concentrirten Auszugslösung herauscrystallisiren zu können.

16. Apfelsaurer Kalk, der sich gleichzeitig mit dem Mycetid durch Alkohol niederschlägt.

17. Phosphorsaurer Kalk, der unter denselben Umständen gefällt wird.

18. Salze, die nach Einäscherung des Pilzes erhalten werden und die sich mir als kohlensaures, schwefelsaures, kieselsaures, phosphorsaures Kali, Natron, Kalk, Thonerde, Magnesia und Eisenoxyd ergaben.

2. Amanita muscaria

(Agaricus muscarius Lin. — Ag. pseudo-aurantiacus Bull.)

Fliegenschwamm.

Ich werde wohl verstanden bei der Analyse dieser wichtigen Arten nicht in alle Einzelnheiten eingehen, die ich bei der vorigen Species angeführt habe. Da die Mehrzahl der von mir gefundenen Substanzen identisch ist, so werde ich sie nur nach Verhältniss und Massgabe ihres Auftretens angeben. Auch werde ich, da der Gang, den ich befolgte, derselbe wie bei der vorhergehenden Analyse ist, nur die wesentlichen Unterschiede erwähnen.

Ich führe also an, dass mir Amanita muscaria, mit derselben Sorgfalt behandelt, einen gleichen Saft lieferte wie Amanita bulbosa, nur war die Farbe eine orangengelbe und der Geruch viel weniger narkotisch, aber etwas ekelerregend. Ferner bemerke ich, dass der Saft junger Individuen nicht die Fehling'sche Lösung reducirt, während ältere Exemplare diese Reaction, und zwar desto deutlicher, je älter sie sind, geben. Ich zeigte oben, dass der Saft der Amanita bulbosa diese Reaction in jedem Alter herbeiführt. Dies scheint mir zu beweisen, dass der Zucker in den jungen Fliegenpilzen noch nicht vorhanden ist und dass er sich erst später, ohne Zweifel unter dem Einflusse der Säuren, darin bildet. Von diesen Unterschieden abgesehen, bietet der Saft dieser Amanita dieselben Reactionen wie derjenige der Amanita bulbosa dar.

Nachdem ich den Eiweissstoff und die Cellulose getrennt und das Viscosin gefällt hatte (welches man nur wie bei der vorhergehenden Art aus der Oberhaut des Hutes und stets röthlich, mehr oder weniger safranfarbig erhalten kann), entzog ich den abgedampften Flüssigkeiten das Mycetid und befreite sie von dem durch Alkohol fällbaren Salzen. Diese letzteren ergaben sich bei der Analyse als verschieden von denjenigen der Amanita bulbosa. Zuerst ist das Präcipitat weniger körnig und erscheint unter dem Mikroskope als kleine, nicht zahlreiche, strahlige Crystallisationen und als eine grosse Menge kleiner, beinah amorpher und isolirter Crystalle. Ferner erwies sich dieser Niederschlag bei der chemischen Analyse zusammengesetzt aus etwas Kalk, viel Thonerde, fällbar aus salzsaurer Lösung durch Ammoniak und nicht wieder löslich trotz des sich bildenden Ueberschusses von Chlorammonium, und aus etwas Magnesia, in Verbindung mit Phosphorsäure (in ziemlich grosser Quantität) und Apfelsäure (sehr wenig). Demnach besteht dieser Bodensatz aus phosphorsaurem Kalk, Thonerde und Magnesia.

Sind diese Niederschläge immer in ihrer Beschaffenheit constant? Ich zweifle daran, denn sie können vollkommen durch den Boden, auf welchem die Pflanze wächst, verändert werden. Ich habe die zu dieser Untersuchung dienenden Pilze auf thonigem Boden gesammelt, woraus sich genugsam die reichliche Menge Thonerde, welche ich darin fand, erklären lässt, während ich Amanita bulbosa hauptsächlich auf beholzten Haiden suchte, wo der Boden am wesentlichsten kieselig ist. Es scheint mir nicht wunderbar, dass auch auf vorwaltend thonigem Boden der Kalk zum grossen Theile durch Thonerde ersetzt wird und umgekehrt.

In der Fortsetzung der Analyse der Flüssigkeit, von welcher das Mycetid getrennt war, fällte ich mit Bleiacetat. Nachdem ich den Alkohol abdestillirt hatte, filtrirte ich und trennte das überflüssige Blei mit Schwefelwasserstoff. Ich konnte alsdann eine grosse Menge Chlorkalium, das beim Erkalten nach der Concentration auscrystallisirt, constatiren; es ist jedoch viel weniger darin enthalten als in der vorhergehenden Art. Bei allen diesen Versuchen begleitet färbende Materie alle Producte, die Salze ausgenommen, die man leicht reinigen kann. Diese färbende Materie ist schön safrangelb. Der Bleiniederschlag mit Schwefelwasserstoff nimmt zwar einen grossen Theil derselben mit sich, doch bleibt auch die Flüssigkeit noch schön gelb und man findet sie in allen folgenden Producten ebenso schön, wenn auch nicht so reichlich.

Nachdem ich die getrocknete Masse mit kochendem Alkohol behandelt hatte, trennte ich beim Erkalten den Zucker davon, dann durch Verdampfen der filtrirten alkoholischen Flüssigkeit eine scharfe, saure, wenig bittere, safranrothe Materie. Dieser Stoff nähert sich am meisten dem Amanitin von Letellier; er unterscheidet sich nur davon durch seinen scharfen, sauren Geschmack und durch seinen ein wenig an Tabak erinnernden, aber nicht reizenden Geruch. Es entsteht daraus im Contact mit Säuren eine crystallinische Masse. Ich zweifle jedoch, wie ich schon früher gesagt habe, ob die sich darin bildenden Crystalle einem alkaloidischen Salze angehören, weil die Menge der Asche, welche sie zurücklassen, sehr beträchtlich ist und weil die Crystallform an diejenige der entsprechenden Kaliverbindungen erinnert. Indem ich dieselben Verfahren, wie bei der Darstellung des giftigen Princips der vorhergehenden Art, anwendete, schied ich aus dieser Verbindung eine syrupsartige Masse, die durch Jodquecksilber-Jodkaliumlösung, Jod-Jodkaliumlösung, Tannin, Bleiacetat gefällt wurde, aber keine freien alkalischen Reactionen auf geröthetes Lakmuspapier, noch auf Veilchensyrup gab. Sie gibt auch nicht die Reactionen des Bulbosins mit Schwefel- und Salpetersäure, wodurch sie sogleich, ohne gefärbt zu werden, crystallisirt. Ausserdem röthet sie Eisenchlorid anstatt es zu bräunen. Ich glaube, dass sich ein Alkaloid darin finden wird, aber aus den von mir angegebenen Gründen vermag ich nicht tiefer in diese Frage einzugehen. Da ich es nicht in derselben Reinheit wie das Bulbosin erhielt, ziehe ich vor, um nicht falsche Vermuthungen aufzustellen, die ich später berichtigen müsste, darüber zu schweigen [1]).

Nachdem ich darauf den Bleiniederschlag, welchen ich erhielt, als ich Bleiacetat zu der Flüssigkeit gegossen hatte, woraus das Mycetid abgeschieden war, prüfte, bekam ich nach dem Zersetzen desselben durch Schwefelwasserstoff, Filtriren und Erwärmen eine Flüssigkeit, welche mir deutliche Spuren von Phosphorsäure, viel Apfelsäure und keine Spur Citronensäure lieferte. Die Flüssigkeit gab nämlich mit Ammoniak neutralisirt, durch Chlorcalcium gefällt und nach zuvoriger Filtration von Neuem durch Alkohol niedergeschlagen, ein Präcipitat, das, in sehr wenig Chlorwasser gelöst, neutralisirt und selbst bis zu leichter alkalischer Reaction mit Ammoniak

---

[1]) Es liegt auf der Hand, dass nach diesen Untersuchungen Boudier's selbst die Natur des giftigen Princips des Fliegenschwammes nicht mit Sicherheit feststeht. Die Annahme eines Alkaloides, die durch das Amanitin Letellier's der Mehrzahl der Forscher vorschwebte und dieselben beim Gange ihrer Analysen beeinflusste, ist allerdings durch Boudier's Reactionen einigermaassen sichergestellt; ob aber in diesem das toxische Princip gegeben ist, scheint völlig unentschieden. Ich muss darauf hinweisen, dass drei verschiedene Forscher, deren Arbeiten Boudier entgangen sind, zu dem entgegengesetzten Resultate gelangt sind. Es sind dies:

1) Apoiger (Repertorium für die Pharmacie 3. Reihe VII, 289. 1851). Dieser Forscher, welcher bekanntlich zuerst die Bernsteinsäure im Fliegenschwamme nachwies, bezeichnet als giftigen Stoff eine in Aether leicht, in Wasser etwas schwerer lösliche crystallinische Säure, neben welcher eine flüchtige, in Verbindung mit Schwefelsäure faulig urinös, in concentrirtem Zustande für sich höchst aasartig riechende Pflanzenbasis existirt. Die Säure wurde durch Behandeln des Pilzsaftes mit neutralem essigsaurem Bleioxyd, Zersetzen des Präcipitats mit Schwefelwasserstoff, Eindampfen und Ausziehen des Extracts mit Aether erhalten. Die gleichen Cryställchen bildeten sich durch Aetherbehandlung des mit basischessigsaurem Bleioxyd in dem durch Destillation auf die Hälfte reducirten Filtrate erhaltenen Niederschlages. Apoiger tödtete damit ein Kaninchen, das unter Symptomen der Erstickung starb. (Nach der Vermuthung Buchner's durch Einbringung des Giftes in die Luftröhre!) Das Alkaloid wurde erhalten aus dem Filtrate vom Niederschlage mit basischessigsaurem Bleioxyd, nachdem ein Drittel abdestillirt und der Rückstand bis zur Extractconsistenz eingedampft war, wobei die saure Reaction fortbestand, durch Sättigen mit Ammoniak, Fällen mit Gerbsäure, Zusammenreiben des noch feuchtem Niederschlages mit Kalkhydrat im Verhältniss zur angewandten Gerbsäure, Ausziehen mit 90% Alkohol, Sättigen mit SO^3, Verdunsten, Extrahiren mit einer Mischung von 1 Th. Aether und 2 Th. Alkohol, Verjagen des Alkohols und Aethers und Destillation mit Barythydrat im Wasserbade. Apoiger erhielt 10 Tropfen des Anfangs stapeliaähnlichen, später mehr coniinartig riechenden, nur sehr schwach alkalisch reagirenden Destillats.

versetzt, nicht gefällt wurde, als ich es kochen liess, aber mit Alkohol eine Fällung gab, wie es die Apfelsäure thut. Diese Abwesenheit der Citronensäure ist bemerkenswerth. Wahrscheinlich ist die Apfelsäure theilweise in diesem Pilze frei vorhanden und nur in schwacher Quantität in Verbindung mit Kalk oder Thonerde, wie wir im Vorhergehenden gesehen haben.

In den durch Behandlung mit Aether erhaltenen fetten Stoffen constatirte ich Agaricin, eine amorphe Substanz, ein nicht flüchtiges gelbes Oel (reichlicher als in Amanita bulbosa) und ein aetherisches Oel von ganz verschiedenem Geruche.

---

2) Kussmaul und Bornträger (Verhandlungen des naturhistorisch-medicinischen Vereins zu Heidelberg I. p. 18. 1857). Diese Autoren suchen ebenfalls das giftige Princip in einer Säure. Nach ihnen gibt mit Wasser destillirter Fliegenschwamm ein farbloses, wasserhelles, schwach sauer reagirendes Destillat von unangenehmem Pilzgeruche; durch Sättigen der Flüssigkeit mit Barytwasser und Abdampfen bilden sich concentrisch strahlige, durch Umcrystallisiren vollkommen farblos zu erhaltende Crystalle. Die aus dem Barytsalze durch Destillation mit SO^3 abgeschiedene, penetrant, den flüchtigen Fettsäuren einigermassen ähnlich riechende Säure wirkt schon zu 1 Tropfen auf Kaninchen giftig. Nach Kussmaul waren die Erscheinungen wie bei der Vergiftung mit dem Fliegenpilz. Auch wird noch die Beobachtung eines Schülers von Walz angeführt, dass das wässrige Destillat des Fliegenschwammes toxisch wirke, das alkalische nicht.

3) J. A. Kaiser (cf. dessen schon oben citirte Dissertation). Nachdem die durch basisch-essigsaures Bleioxyd von allen Säuren befreite Flüssigkeit von dem überflüssig zugesetztem Blei befreit worden, dampfte Kaiser dieselbe ein und erhielt einen schmutzigbraunschwarzen, noch sauer reagirenden Syrup. Aus diesem Rückstande versuchte Kaiser mittelst Alkohol das Amanitin Letellier's auszuziehen, indem er das Ganze in einem Glaskölbchen, mit Blase verbunden, stehen liess; es setzte sich eine tiefschwarzbraune Schicht ab, auf der die gleichgefärbte Flüssigkeit stand. Durch Destillation des Filtrates wurde ein dunkel schwarzbrauner Syrup von saurer Reaction als Rückstand und ein faulig riechendes, alkalisch reagirendes und mit ClH Nebel bildendes Destillat erhalten. Letzteres gab mit SO^3 schwefelsaures Ammoniak und mit Salzsäure und Platinchlorid vollständig reinen Platinsalmiak, enthielt somit kein Alkaloid. — Ferner destillirte Kaiser den eingeengten Saft mit Kalkhydrat und erhielt ein blassgelbes Destillat von penetrantem ammoniakalisch fauligem Geruch; sowie durch nochmalige Destillation des filtrirten Rückstandes im Glaskolben ein mehr faulig, nicht so ammoniakalisch riechendes vollkommen klares Destillat: weder die Destillate noch das Filtrat vom Kalkniederschlage enthielten ein Alkaloid. Kaiser schliesst nach wiederholten Untersuchungen: Der Fliegenpilz enthält höchst wahrscheinlich kein Alkaloid.

(H.)

Die durch Einäscherung des ganzen Pilzes gefundenen Salze sind: kohlensaures, schwefelsaures, phosphorsaures, kieselsaures und salzsaures Kali, Natron, Kalk, Thonerde (reichlich), Magnesia (Spuren) und Eisen in beträchtlicher Menge.

Die Analyse des Fliegenschwamms ergibt also folgende Bestandtheile:

1. Vegetationswasser.
2. Cellulose.
3. Eiweissstoff.
4. Viscosin.
5. Mycetid.
6. Zuckerstoff.
7. Gerbstoff oder eine ziemlich ähnliche Substanz.
8. Freie Apfelsäure ziemlich reichlich.
9. Eine unbestimmte Substanz, welche vielleicht ein Alkaloid enthält.
10. Eine färbende Materie (in Aether unlöslich).
11. Agaricin.
12. Einen fetten festen Stoff.
13. Ein nicht flüchtiges Oel.
14. Ein aetherisches Oel.
15. Apfelsauren Kalk (wenig).
16. Phosphorsaure Thonerde und Kalk.
17. Chlorkalium (weniger reichlich).
18. Durch Einäscherung erhaltene Salze, nämlich: kohlensaures, schwefelsaures, phosphorsaures, kieselsaures und salzsaures Kali, Natron, Kalk, Thonerde, Magnesia und Eisen.

Wahrscheinlich würde diese Art mit Kali destillirt auch Ammoniak geben.

Wir sehen, dass ich keine Citronensäure fand und als Ersatz derselben Apfelsäure antraf. Ich führe ferner an, dass ich keine Fumarsäure erkennen konnte, die schon in dieser Art nachgewiesen war und dass ich besonders darüber sehr erstaunte, in diesen beiden Analysen keine Spuren von Mannit gefunden zu haben, eine Substanz, die so reichlich in dem Champignon vorhanden ist. Die Efflorescenzen, welche man auf getrockneten Pilzen bemerkt, sind bestimmt Zucker, wie er sich auf Obst findet, dem die Pilze sich hinsichtlich ihrer Zusammensetzung nähern.

Ich constatire, dass die Efflorescenzen die Fehling'sche Lösung reducirten und dass sie, in etwas absolutem kochendem Alkohol, gelöst, beim Erkalten amorphe Körperchen gaben, wie sie dem Zucker der schon angegebenen Arten eigenthümlich sind und keineswegs die bemerkenswerthen Crystallisationen des Mannits, welche uns Agaricus campestris bietet. Ich konnte auch in diesen beiden Arten keinen crystallisirbaren Zucker constatiren, obschon ich ihn in Boletus edulis fand.

Ich experimentirte an Thieren mit jeder der von mir in Amanita bulbosa und muscaria gefundenen Substanzen und keine ergab mir giftige Eigenschaften, ausser dem Bulbosin und dem complexen Stoffe (Amanitin) der Amanita muscaria; ich muss jedoch, wie ich schon oben gesagt habe, diese Experimente wiederholen. Vielleicht sind die aetherischen Oele, die ich nicht in hinreichend grosser Quantität, um damit zu experimentiren, erlangen konnte, einem Theile der zu beobachtenden Zufälle nicht fremd, besonders bei der zweiten Art.

Da ich mir von dem Unterschiede der giftigen und essbaren Pilze Rechenschaft geben wollte, sah ich mich veranlasst, die Analyse der beiden am häufigsten als Speise verwendeten Arten zu machen, nämlich des wild gewachsenen Agaricus campestris und des Boletus edulis.

3. Agaricus campestris.

(Agaricus edulis Bull.)

Zu dieser Analyse dienten mir wilde Champignons, die ich selbst in einem Park bei Montmorency sammelte und welche zu der Spielart mit langen und knolligen Stielen gehören.

Ich beobachtete, dass der Saft dieser Art im Aroma und besonders in der Farbe nach den Spielarten bemerkliche Abweichungen zeigte. Er war bei der Varietät, deren Analyse ich gebe, von schönem Goldgelb, später von Orangegelb, bräunte sich oder ging je nach dem Alter der Pilze in's Violett-Schwarze über, dagegen sah ich ihn in einer anderen cultivirten Spielart, die beim Abschneiden sich röthete, blass gelbroth, nach und nach dunkler werdend und endlich dieselbe Farbe wie die vorhergehende bei ihrer Entwickelung annehmend. Der Geruch ist, wie ich schon angab, bei den cultivirten Pilzen viel schwächer. Ferner bemerkte ich, dass der Saft der jüngeren Pilze die Fehling'sche Lösung nicht reducirte, während dies bei älteren der Fall war. In allem Uebrigen ist dieser Saft dem der vorhergehenden Arten ähnlich.

Was am meisten bei der Analyse dieser Species in Erstaunen setzt, ist die darin befindliche Menge von Mannit; dieser kommt darin in der That so reichlich vor, dass die Abkochung des zur Syrupsconsistenz abgedampften Saftes beim Erkalten in eine crystallinische Masse übergeht. Ich habe denselben erhalten: 1) Durch das Verfahren von Braconnot, d. h. durch die Einwirkung von siedendem Alkohol auf fast trockenes Extract; er crystallisirt alsdann beim Erkalten, ist aber gefärbt und muss von Neuem mit Alkohol gereinigt werden, 2) einfach durch Auflösen des Extracts in gleichem Gewicht kalten Wassers, wobei man sich eines Glasstabes bedient, um nicht die vorhandenen Crystalle zu zerbrechen. Man lässt absetzen; der Mannit, welcher sich nicht leicht in der concentrirten Extractflüssigkeit löst, fällt nieder; man decantirt und trocknet, indem man ihn auf doppeltes Fliesspapier setzt. Ich bekam ihn auf diese Weise noch gelb, in langen Nadeln mit viereckiger Basis; eine einmalige Lösung in kochendem Alkohol lieferte ihn vollkommen weiss, beim Erkalten in prächtigen, seidenartigen Büscheln crystallisirt. Wenn man das Extract mit Alkohol kochen lässt, schlägt sich anfangs unreiner Traubenzucker nieder, den man in dieser Art noch nicht angegeben hat, dann crystallisirt der Mannit, und die Anwendung dieser Mischung hat ohne Zweifel Braconnot veranlasst, seinen Pilzzucker als gährungsfähig zu bezeichnen.

Bei dieser Art entwickelt sich beim Abdampfen der zuckerhaltigen Flüssigkeit nach zuvoriger Fällung der Säuren durch Bleiacetat und des überschüssigen Bleis durch Schwefelwasserstoff eine beträchtliche Menge Ammoniak, wodurch das Product einen sehr unangenehmen urinösen Geruch erhält.

Es ist ausserdem im Rückstande des abgedampften Alkohols, der zum Ausziehen des Zuckerstoffs diente, eine Materie, die sich beim Erkalten in eine weiche Masse verwandelt; es bildet sich darin eine körnige, sehr feine Crystallisation, die unter dem Mikroskope aus fast durchsichtigen und gleich dicken Körnchen besteht. Es war mir unmöglich, sie rein zu erhalten und demnach sie genau zu bestimmen. Ich bemerke indess, dass sie in Wasser und Alkohol löslich ist.

Um die von mir angewendeten Methoden nicht zu wiederholen, gebe ich allein eine Aufzählung der von mir gefundenen Producte:

1. Vegetationswasser.
2. Cellulose.
3. Eiweissstoff.
4. Viscosin? Ich erhielt es nicht, aber ich glaube, dass es in sehr kleinen Mengen vorhanden sein muss.
5. Mycetid.
6. Traubenzucker.
7. Mannit (sehr reichlich).
8. Gerbstoff oder ein ähnliches Princip.

9.	Citronensäure	frei und gebunden. Die letztere ist reichlich genug vorhanden, um zu crystallisiren, wenn man Ammoniak zu der sauren Lösung hinzufügt.
10.	Apfelsäure	

11. Eine färbende Materie.
12. Eine stickstoffhaltige Substanz, die bei der Concentration der zuckerhaltigen Flüssigkeiten Ammoniak entwickelt.
13. Eine noch nicht bestimmte Substanz, die sich reichlich in dem oben besprochenen alkoholischen Rückstande fand; es ist der Stoff, welcher beim Erkalten in durchsichtigen Körnchen sich abscheidet.
14. Agaricin.
15. Eine fette, halbfeste, gelbe Materie.
16. Ein nicht flüchtiges Oel von derselben Farbe.
17. Ein aetherisches Oel.

18. Phosphorsaure Salze
19. Apfelsaure Salze
20. Citronensaure Salze

} von Kalk und Thonerde. Letztere Basis ist reichlich vorhanden. Ich konnte die Anwesenheit von Citronensäure in den durch Alkohol gleichzeitig mit dem Mycetid niedergeschlagenen Salzen erkennen.

21. Chlorkalium; verhältnissmässig weniger reichlich als in den beiden vorhergehenden Amaniten.

22. Durch Einäscherung erhaltene Salze: kohlensaures, schwefelsaures, phosphorsaures, kieselsaures und salzsaures Kali, Natron, Thonerde in ziemlich grosser Menge und Eisen; Magnesia konnte ich nicht constatiren.

Diese Analyse bezieht sich auf wilde Arten. Ich stellte eine vergleichende Studie mit der cultivirten Species an und bekam einen merklichen Unterschied in der Menge des Eiweissstoffes, der sich viel reichlicher in dieser letzteren findet, die auch viel weniger fette Materie und aetherisches Oel, aber ausserdem eine beträchtlichere Quantität Kalk und eine geringere Thonerde enthält. [1])

---

[1]) Eine ganz neue Analyse über den Champignon und einige andre essbare Pilze ist von Kohlrausch in dessen auf Seite 36 citirter Dissertation veröffentlicht, aus der ich zur Vergleichung mit Boudier's Angaben über Agaricus campestris und die Zusammensetzung der Pilze überhaupt die Hauptsachen mir mitzutheilen erlaube. Von neuen, bisher in Pilzen nicht entdeckten Substanzen isolirte Kohlrausch das Cholesterin, und zwar in Morchella esculenta. Mannit fand er in allen von ihm untersuchten Pilzarten, nämlich in Tuber cibarium, Helvella esculenta, Morchella esculenta und conica und im Champignon. Gährungsfähiger Zucker ist dagegen nicht in allen, z. B. nicht in den Trüffeln vorhanden, dagegen sehr reichlich im Champiguon. Kali ist überall in höchst bedeutenden Mengen dem Natron gegenüber vertreten, Phosphorsäure reichlich, am wenigsten reichlich im Champignon, wo nach Kohlrausch Schwefelsäure und Chlor prävaliren. Es ist dies übrigens nur ein scheinbarer Widerspruch gegen Boudier, da eiumal Boudier die Chlormenge im Champignon mit denen von Amaniten vergleicht, Kohlrausch mit Trüffeln, Morcheln und Lorcheln, andrerseits auch, wie der Letztre richtig hervorhebt, grade hier Differenzen des Bodens in's Gewicht fallen. Im Trüffel konnten bestimmbare Mengen Chlor nicht nachgewiesen werden. Genaueres zeigen die folgenden Tabellen:

4. Boletus edulis Bull.

Diese Art bot mir als bemerkenswerth ausser einer grösseren Menge Viscosin die Anwesenheit eines crystallisirbaren, gährungsfähigen Zuckers, den ich in dicken, kurzen, prismatischen Crystallen von der Form des Rohrzuckers erhielt. Ich bekam diesen Zucker ziemlich leicht, indem ich die Flüssigkeit mehrere Tage sich selbst überliess, aus welcher ich die Säure mit Bleiacetat gefällt, das überflüssige Blei niedergeschlagen hatte, die ich dann filtrirte und zur Syrupsconsistenz abdampfte. Der Zucker zeigte sich am folgenden Tage unter der Form

---

I.

In 100 Theilen bei 100° getrockneter Substanz enthält:	Stickstoff	daraus berechnete Proteinsubstanzen	Fett (mit Einschluss des Cholesterins)	Cellulose	Mannit	Gährungsfähigen Zucker	Asche
Tuber cibarium	5,60	35,00	2,94	37,89	vorhanden	—	8,69
Helvella esculenta	4,21	26,31	2,25	6,89	5,59	0,94	9,03
Morchella esculenta	5,63	35,18	2,39	6,79	6,15	—	9,42
Morchella conica	5,80	36,25	1,52	6,20	9,65	0,48	8,97
Agaricus campestris	4,16	20,63	1,79	7,39	4,93	7,13	5,31

II.

In 100 Theilen Asche enthält	Kieselsäure	Schwefelsäure	Phosphorsäure	Eisenoxyd	Thonerde	Kalk	Kali	Natron	Chlor	Magnesia	Mangan
Tuber cibarium	1,14	1,17	32,96	0,51	1,11	4,95	54,21	1,61	—	—	—
Helvella esculenta	2,09	1,58	39,10	1,00	0,80	0,78	50,40	2,30	0,76	1,27	—
Morchella esculenta	0,87	2,89	39,03	1,86	1,32	1,59	49,51	0,34	0,89	1,90	Spuren
Morchella conica	0,09	8,35	37,18	0,46	0,46	1,73	46,11	0,36	1,77	4,34	—
Agaricus campestris	1,42	24,29	15,43	1,16	0,47	0,75	50,71	1,69	4,58	0,53	Spuren

Bemerkt werden muss, dass im Handel vorkommende getrocknete Waare unbekannten Ursprungs zu den Analysen von Kohlrausch gedient hat. (H.)

dicker, prismatischer, vollkommen ausgebildeter Crystalle, die ich durch wiederholte Crystallisation reinigte.

Gelöst und in Contact mit Bierhefe bei 25° gebracht, begann nach einigen Stunden reichliche Entwickelung von Gasblasen, die ich als Kohlensäure erkennen konnte. Ferner löst der Zucker sich nicht merklich in kochendem absolutem Alkohol, aber ein wenig in Alkohol von 80°. Er crystallisirt alsdann, nicht beim Erkalten wie der Mannit in schönen seidenartigen Büscheln, sondern erst nach einigen Tagen in derselben Form kurzer und ziemlich dicker Crystalle. Sein süsser Geschmack ist gewiss stärker als der des Mannits und des Traubenzuckers; er schien mir indess geringer als der des Rohrzuckers. Letzteres liegt vielleicht an der kleinen Menge, welche ich beschmecken konnte. Er reducirt kalische Kupferlösung nicht. — Der Saft des Pilzes ist von heller Olivenfarbe, stark riechend und fällt die Fehling'sche Lösung sehr gut. Er gährt leicht, wenn man ihn sich selbst bei angemessener Temperatur überlässt und hat sonst alle Kennzeichen der übrigen Pilzsäfte.

Ich fasse nun die Substanzen, welche ich in diesem Pilze entdecken konnte, im Folgenden zusammen:

1. Vegetationswasser.
2. Cellulose.
3. Eiweissstoff.
4. Viscosin (ziemlich reichlich).
5. Mycetid.
6. Traubenzucker.
7. Crystallisirbaren gährungsfähigen Zucker.
8. Tannin oder eine analoge Substanz.
9. Citronensäure.
10. Apfelsäure.
11. Agaricin.
12. Fette feste Materie.
13. Nicht flüchtiges Oel.
14. Eigenthümliches aetherisches Oel, vom Geruche des Pilzes.
15. Ein färbender Stoff.
16. Chlorkalium (wenig reichlich).

17. Phosphorsaurer Kalk.
18. Phosphorsaure Thonerde.
19. Apfelsaure Salze derselben Basen, jedoch weniger reichlich.
20. Aus der Asche erhaltene Salze: kohlensaures, phosphorsaures, kieselsaures und salzsaures Kali, Natron, Kalk, Thonerde und Eisenoxyd, dieses letztere in grösserer Menge als in den anderen Arten.

Diese verschiedenen Analysen liefern den klaren Beweiss, dass die Pilze nicht sämmtlich in ihrer Constitution identisch sind. Abgesehen von einigen Substanzen, die ihre Grundlage zu bilden scheinen, variiren sie in einer merklichen Weise, besonders hinsichtlich des Zuckers, der Säuren, der toxischen Principien und der Mengenverhältnisse der erhaltenen Salze. Obgleich meine Analysen schon eine ziemlich lange Liste von Stoffen geben, so bin ich doch überzeugt, wie ich schon sagte, dass sich noch eine grössere Anzahl darin finden lässt. Bei allen diesen Arten konnte ich bisher nicht dahin gelangen, alle Producte frei zu machen, die sich in den zuckerhaltigen und salinischen Massen finden, welche man durch Abdampfung der Flüssigkeiten erhält, aus denen man durch Bleiacetat die Säuren niedergeschlagen hat.

Untersuchungen über den Milchsaft der Lactarii.

Ich reihe diesen Analysen die folgenden Beobachtungen in Betreff der Lactarii an. Diese Pilze weichen hauptsächlich von den anderen durch den in ihnen enthaltenen Milchsaft ab. Dieser Saft, dessen Differenzen hinsichtlich des Geschmackes und der Farbe, die vom reinen Weiss bis zum mehr oder weniger dunklen Gelb, ja selbst bis zum Roth wechselt, schon allen Mycologen bekannt sind, zeigte mir auch beträchtliche Unterschiede in den beiden einzigen von mir untersuchten Arten.

Man muss den Milchsaft immer als eine eiweisshaltige Flüssigkeit ansehen, in welcher feste oder flüssige Harze in feinster Vertheilung suspendirt sind. Ich bemerkte, dass der Grad dieser Vertheilung auf die Schärfe des Saftes einen sehr bedeutenden Einfluss ausübt. So ist der Saft, wenn die Kügelchen, wie bei Lactarius controversus (Taf. II. Fig. 10), Lact. plumbeus u. s. w. weniger als 0,0001 Mm. im Durchmesser haben, von ausserordentlicher Schärfe, während im Gegentheil bei Arten wie Lact. deliciosus, Lact. serifluus (Taf. II. Fig. 11) u. s. w., wo die Körnchen 0,0002 Mm. und mehr im Durchmesser haben, die Schärfe viel geringer oder Null ist. In Lact. serifluus sind sie augenscheinlich flüssig, weil sie ohne Beihülfe von Wärme sich zu kleinen öligen Tropfen vereinigen. Die kleinen Körnchen zeigen stets die Brown'sche Molecularbewegung; ich bemerkte, dass dieselbe durch Zusatz eines Tropfen Alkohol sofort aufhört.

Die Analyse zeigte mir, dass der durch sorgfältiges Sammeln der aus den Rissen oder Schnitten von Lactarius controversus und plumbeus ausfliessenden Thränen erhaltene Saft von weisser Farbe war, aus Wasser, Eiweiss, etwas gummiartiger Substanz, vielleicht Mycetid, bestand und ein Harz in Suspension hielt, das nach den Arten verschieden ist und die Schärfe der Pilze verursacht, die nicht, wie alle Autoren angeben, von einem sehr flüchtigen Stoffe herrührt.

Das Harz in Lact. controversus ist bernsteingelb, und crystallisirt in kleinen moosartigen Büscheln oder in kleinen warzigen Gruppen; die Crystalle sind blätterartig unter ganz bestimmter Form, am häufigsten lanzettenförmig. Dasselbe reagirt sauer auf Lakmuspapier, ist löslich in Alkohol, aus welchem es durch Wasser, nicht in zarten Körnchen, wie man sie im Safte bemerkt, sondern in sehr dünnen und sehr grossen blätterigen Crystallen niedergeschlagen wird. Die Flüssigkeit ist milchig, hat aber wegen dieses crystallinischen Niederschlags nicht die undurchsichtige Weisse des Saftes selbst, oder diejenige, welche die Harze insgemein unter den nämlichen Umständen geben. Die Luft wirkt mit der Zeit auf das Harz ein; doch bedarf es einer mehrmonatlichen Einwirkung, ehe eine Veränderung sich bemerklich macht. Alsdann verliert es seinen scharfen Geschmack und seine alkoholische Lösung crystallisirt verschieden, indem sie beim Verdampfen weisse dendritische Crystalle gibt. Der Geschmack des frisch bereiteten Harzes ist sehr scharf, wenn man dasselbe längere

Zeit über in fein pulverisirtem Zustande auf die Zunge bringt; durch Wasser gefällt schmeckt es kaum scharf, was ohne Zweifel im Zusammenhang mit der verschiedenartigen Crystallisation steht. Die alkoholische Lösung des Niederschlages erhält den ursprünglichen Geschmack wieder, woraus deutlich hervorgeht, dass der verschiedene Grad der Feinheit der Molecüle einen Einfluss auf letzteren ausübt. Kochende Essigsäure löst das Harz auf, ohne es merklich zu zersetzen; es scheidet sich aus dieser Solution in grossen Crystallblättern ab, die in kochendem Alkohol löslich sind. Es löst sich in alkalischen Solutionen, mit welchen es amorphe, weisse Verbindungen bildet, die ganz das Aussehen von Seife haben.

Der Milchsaft von Lactarius plumbeus enthält ein differentes Harz. Anfangs ist seine Farbe nicht gelb, sondern mehr olivengrün, der des Hutes sich nähernd; an der Luft wird sie mehr oder weniger schwarz. Er schien mir nicht sauber zu crystallisiren und seine alkoholische Lösung gab mir durch freiwilliges Verdunsten eine braungrüne amorphe Masse. Sein Geschmack ist noch schärfer als der des vorhergehenden, von dem er durch Farbe und wenig deutliche Crystallisation abzuweichen schien.

Der Milchsaft der Lactarii fliesst ziemlich leicht aus, besonders in der Nähe der Lamellen, wenn man diese Pilze in frischem Zustande zerschneidet oder zerbricht; man erhält indess nur sehr wenig und selten liefert ein Pilz im guten Zustande mehr als 14 — 15 Tropfen. Die grössten Exemplare geben nicht am meisten; ich machte vielmehr die Bemerkung, dass die Ausbeute bei jüngeren reichlicher ist. Der in einem Rohr oder Porzellanschälchen gesammelte Saft coagulirt rasch, was besonders bei Lact. plumbeus der Fall ist. Er verliert stets seine weisse Farbe und nimmt die des in ihm enthaltenen Harzes, jedoch in schwächerem Grade an. Man muss sorgfältig das Auspressen des Pilzes zum Zwecke der Beschleunigung des Ausfliessens des Milchsaftes vermeiden, denn man würde dadurch nicht allein nicht mehr, sondern ihn auch weniger rein und mit Pilzsaft gemischt erhalten.

Ich bemerkte, dass wenn man den Saft (nicht den Milchsaft) von Lact. plumbeus kochen lässt, er anfangs gelb, in

Contact mit der Luft schnell roth, darauf braun und nach der Abkochung ganz schwarz wird, so dass dann der Saft, indem das Eiweiss beim Coaguliren den Farbstoff an sich zieht, ganz wie mit Kohlenpulver gemischt aussieht. Da ich die Analyse dieser Species nicht ausgeführt habe, so weiss ich nicht, welche Substanz an dieser Zersetzung Schuld ist; ich mache diese Angabe nur, weil sie mir von Interesse zu sein scheint.

Dies sind die Beobachtungen, die ich über die in diesen verschiedenen Pilzen enthaltenen unmittelbaren Principien zu machen Gelegenheit hatte. Man sieht, dass ich dahin gelangt bin, einige neue Stoffe und einige andere, welche darin noch nicht gefunden waren, anzugeben. Ich bedaure sehr, dass der Mangel des ursprünglichen Materials und die Zeit mir nicht erlaubte, meine Untersuchungen der giftigen Stoffe weiter zu verfolgen, wie ich mich denn auch in Anbetracht der Schwierigkeit und der Ausdehnung des Gegenstandes an eine kleine Zahl von Pilzarten halten musste, um meine Analysen so vollständig wie möglich zu geben.

Anatomische Kennzeichen der Pilze vom toxicologischen Gesichtspunkte aus.

Wir sahen im Vorhergehenden, dass ich ein Alkaloid in Amanita bulbosa entdeckte und dass es mir unmöglich war, es hinreichend zu studiren, um characteristische Kennzeichen desselben in einem Vergiftungsfalle constatiren zu können; vielleicht gelange ich später dahin, augenblicklich bin ich dazu ausser Stande. Dies ist jedoch kein Grund in einem Falle von Pilzvergiftung die Aufsuchung des Giftes ausser Acht zu zu lassen, wenn man nicht die Art selbst, die den Unglücksfall herbeiführte, vor Augen hat. Gibt es auch keine chemischen Kennzeichen, durch welche man in den Entleerungen jeder Art das Gift nachzuweisen im Stande ist, so besitzen wir doch ein Mittel, um, wenn auch nicht mit Sicherheit, so doch wenigstens mit sehr grosser Wahrscheinlichkeit die Abtheilung, welcher die giftige Art angehört, und bisweilen diese Art selbst bestimmen zu können. Dieses Mittel besteht in der Anwendung des Mikroskops.

Ich habe mich wiederholt überzeugt, dass die Pilze vollkommen das Kochen und sogar bis zu einem gewissen Punkte den Verdauungsprocess aushalten, ohne dass die Beschaffenheit ihres Gewebes sich verändert. Die Sporen insbesondere widerstehen vollständig, unter allen Bedingungen, dem Kochen in reinem oder mit fetten Stoffen gemischtem Wasser und selbst der Verdauung; ich konnte bei der grössten Aufmerksamkeit keinen Unterschied zwischen den Sporen frischer und gekochter Pilze finden. Meine darauf bezüglichen Untersuchungen sind an Agaricus campestris, Lactarius deliciosus, Russula emetica, Amanita bulbosa und muscaria und Boletus edulis angestellt. Ich fand hier die Sporen stets von derselben Form, der nämlichen oder doch fast gleichen Dicke, derselben Farbe, ja ich kann beinah sagen mit den nämlichen Tröpfchen im Innern (Tafel I. Fig. 7 und 12), obgleich der Zelleninhalt ja bekanntlich äusserst verschieden ist. Was das Pilzgewebe betrifft, so wird Form und Dicke der Zellen in keiner Weise verändert (T. I. Fig. 6 und 12), aber diese behalten nicht die Turgescenz, die ihnen im normalen Zustande eigenthümlich ist; alle sind mehr oder weniger welk, in verschiedener Weise faltig und zeigen im Innern eine grosse Anzahl sehr zarter, gelblicher Körnchen, wahrscheinlich die Folge theilweiser Coagulation des Eiweiss in der Hitze. Es ist immer leicht ihre Beschaffenheit und ihre Form zu erkennen. Die Basidien selbst sind weniger verändert (T. I. Fig. 7 und 13), vollkommen kenntlich und behalten ihre Sporenstiele. Sie sind stets mehr mit Körnchen gefüllt als im frischen Zustande, auch kann man bemerken, dass viele Tröpfchen, die sie enthalten, sich zusammengeballt haben und dicker als im normalen Zustande erscheinen. Man unterscheidet aber selbst noch in diesem Falle sehr kleine Körnchen in ihnen. Die ersten gehören ohne Zweifel den fetten Materien, die zweiten den coagulirten Eiweissstoffen an. Was die Milchsaft führenden Gefässe anlangt, die einige Abtheilungen der Gattung Agaricus darbieten (T. II. Fig. 6 und 8), so kann man bemerken, dass der Milchsaft sich keineswegs im Contact mit Wasser in Millionen Körnchen zertheilt hat, vielmehr in der Nachbarschaft der Gefässe dicke abgeschlossene

Tröpfchen bildet und auch ihr Inneres in der Form der nämlichen zu einer compacten Masse vereinigten Körnchen erfüllt. Aus dieser Verschmelzung oder Vereinigung der harzigen Molecüle erklärt sich, wie ich schon bemerkte, das Verschwinden des scharfen Geschmackes dieser Pilze. Ihr in Wasser unlös liches Harz hat nicht dieselbe Einwirkung auf den Organismus, wenn es zu relativ beträchtlichen Mengen vereinigt und von den Wandungen des Gefässes selbst eingeschlossen erscheint, als wenn es, gut emulgirt und im Zustande äusserst feiner Vertheilung, sich gleich nach dem Zerreissen derselben auf der Darmschleimhaut ausbreitet.

Man wird im Folgenden sehen, dass der feinere Bau des Pilzgewebes merkliche Unterschiede bei den einzelnen Arten darbietet und dass das mikroskopische Studium derselben vom toxikologischen Gesichtspuncte aus vom höchsten Interesse ist, da dieses das einzige Mittel, welches sich bis jetzt angeben lässt, um die in den Magen eingeführten Arten zu diagnosticiren, bildet. Wie gross diese Unterschiede auch sein mögen, so betreffen sie doch im Allgemeinen nur ganze Gruppen von Pilzen, was zu Gunsten der Abtheilungen, in welche die botanischen Autoren die Gattung Agaricus zerlegt haben, spricht, aber auch die specifische Unterscheidung vom toxikologischen Gesichtspuncte aus schwieriger macht.

Ich werde nur meine Beobachtungen über Agaricus campestris und die hauptsächlichsten giftigen Arten mittheilen. Bei dem Champignon (Agaricus campestris, Lin., Agaricus edulis, Bull.), den ich als Ausgangspunkt der Vergleichung wähle, finde ich den Stiel aus Fäden bestehend, welche von gleichförmigen länglichen Zellen gebildet sind. Diese Fäden erscheinen sehr selten verästelt, aneinander gedrängt, kaum verfilzt und lassen sich leicht in der Längsrichtung trennen, woraus sich die faserige Consistenz des Stieles erklärt (T. I. Fig. 2). Bei ihrem Eintritt in den Hut werden die Fäden lockerer, ästiger, sie verfilzen sich untereinander, ihre Zellen sind turgescenter (T. I. Fig. 1), aber sie behalten dieselbe Form. Wegen ihrer Verfilzung können sie nicht getrennt werden, ohne dass eine grosse Anzahl zerreisst. Die Fäden, welche nach dem äusseren Theile des Hutes zu endigen, sind steril; die Zellen werden sehr dünn (T. I. Fig. 3) und bilden durch ihre Verfilzung eine sehr zarte, aber im Verhältniss zur Zartheit der Fasern selbst resistente Lage. Diese Lage, die die Epidermis ersetzt, lässt sich in diesem Pilze, so wie bei einer grossen Anzahl anderer Arten, leicht abheben, während dies bei anderen nur schwer oder gar nicht zu bewerkstelligen ist. Die sich gegen die inneren Theile des Hutes endigenden Fäden tragen die Fructificationsorgane. Man sieht sie wie bei allen Agaricusarten in das Innere der Lamellen eindringen und dort bei Beendigung ihrer Entwickelung sich gegen die Wände derselben einbiegen, wo dann gleichzeitig ihre Zellen plötzlich an Länge abnehmen, so dass sie eben so breit wie lang erscheinen. Sie sind alsdann sehr an einander gedrängt und bilden so ein subhymeniales Gewebe (T. I. Fig. 4 und 7), welches sich vom eigentlichen Parenchym durch die Kürze seiner Zellen, welche die Basidien tragen, unterscheidet. Diese sind aneinandergereiht und bilden die Wände der Lamellen oder das eigentliche Hymenium.

Die Basidien haben beinah alle dieselbe Form in den damit versehenen Pilzen, sie stellen am häufigsten eine mehr oder weniger verlängerte Keule dar (T. I. Fig. 4), im frischen Zustande mit Körnchen angefüllt, die in den sehr jungen, oder vielmehr in denjenigen, welche bis zur Vollendung ihrer productiven Entwickelung gelangt sind, fehlen, und bei vollkommener Ausbildung in 4 Sporenträger, die jeder eine Spore tragen, endigen. In der in Frage stehenden Art fand ich nur zwei, dies aber hauptsächlich nur in cultivirten Exemplaren, die demnach als im mässigen Grade atrophisch angesehen werden können.

Die Sporen (T. I, Fig. 5) sind oval, ungefärbt, gelblich, rosa oder purpurbraun und endigen an der Basis, welche die dünnste Partie derselben darstellt, mit einer seitwärtsstehenden sehr kleinen Spitze (Hilus), die den Anheftungspunkt des Sporenträgers bildet. Sie messen bei der Varietät mit braunen Lamellen in der Länge 0,0083 bis 0,0100 Mm., in der Breite 0,0058 bis 0,0065 Mm. In der Spielart, deren Analyse ich oben gab, fand ich sie etwas kleiner, sie hatten durchschnittlich 0,0075 Mm. Länge auf 0,0050 Mm. Breite. Sie sind im Innern mit Körnchen angefüllt, die, weil sie sich nicht durch die Hitze vereinigen, nicht von fetter Beschaffenheit zu sein scheinen; einige darunter sind gewöhnlich grösser als die andern.

So erschien mir der Bau dieser Art und aller ihrer Spielarten. Sehen wir nun, worin die Unterschiede des innern Baus der häufigsten giftigen Species bestehen.

Nehmen wir eine Amanita, z. B. Amanita bulbosa, so findet sich sofort bei der Untersuchung, dass der Stiel aus zwei Arten Zellen, von denen die einen sehr dünn, zu langen Fäden vereinigt, die anderen breiter, cylindrisch und isolirt erscheinen, darbietet. Diese beiden Zellenarten lassen sich noch besser im Hute unterscheiden, wo sie, weniger gedrängt als im Stiel, grösser und turgescenter werden (T. I, Fig. 9 und 12). Die feinen Fäden behalten überall ihren geringen Durchmesser und sind mehr als bei den vorhergehenden Arten verästelt. Die grossen Zellen haben eine beinah cylindrische Form, gewöhnlich etwas an der Basis, die bisweilen blindsackförmig endigt, verschmälert. Sie bilden stets den Schluss einer Ramification der Fäden, die mehr oder weniger, aber immer sehr leicht angeschwollen sind, und scheinen sich in den Lücken des Filzgewebes zu entwickeln.

Das Gewebe der Oberhaut des Hutes verhält sich ebenso wie bei Agaricus campestris. Es besteht aus feinen, verästelten, vollkommen durch einander gemischten Fäden (T. I, Fig. 10); grosse Zellen trifft man darin nicht an, nur in dem Theile, der an das Fleisch des Hutes selbst grenzt, werden die Zellen grösser.

Das Hymenium und das subhymeniale Gewebe (T. I, Fig. 11 und 13) sind in allen Punkten ähnlich, die Sporen allein weichen unter einander ab. Farblos, bei der weissen Varietät rundlich (T. II, Fig. 2) oder bei den Varietäten citrina und phalloïdes (T. I, Fig. 1) kurz birnenförmig, haben sie bei allen diesen Spielarten eine sehr deutliche und grade Spitze (Hilus). Sie sind 0,0100 bis 0,0115 Mm. lang und 0,0085 bis 0,0100 Mm. breit. Diese Beschreibung des Baus der Amanita bulbosa passt auf alle Arten dieser Gattung, mit Ausnahme der Sporen, welche, wie ich schon bemerkte, bei den einzelnen differiren. In der Form ähnlich bei Amanita pantherina, sind sie oval und ein wenig kleiner bei Am. rubescens; rundlich und kaum zugespitzt bei Am. vaginata; oval und ein wenig dicker mit seitwärts gerichteter Spitze bei Am. muscaria, wo die Länge 0,0100 bis 0,0150 Mm. und die Breite 0,0080 bis 0,0085 Mm. beträgt (T. II, Fig. 3). Obgleich diese Unterschiede gering sind, erscheinen sie doch, wie man sieht, erheblich genug, um in einem Vergiftungsfalle Notiz davon zu nehmen.

Untersuchen wir jetzt die Russulae und Lactarii, die ja auch Vergiftungszufälle hervorrufen können, so finden wir, dass bei allen Russula-Arten, welche bekanntlich keinen erheblichen Milchsaft führen, rundliche, recht dicke Zellen in grosser Anzahl und daneben schlanke, denen der Amanita ähnliche Fäden vorkommen. Die rundlichen Zellen ersetzen die länglichen dieser Abtheilung, aber sie sind viel zahlreicher und scheinen die letzten Theile der Fäden zu bilden, welche plötzlich angeschwollen sind und die Lücken des Gewebes ausfüllen. Man findet hie und da einige birnenförmige Zellen darin, deren schmälerer Theil sich an Fäden schliesst, was meine vorhergemachte Angabe zu bestätigen scheint. Die grosse Anzahl der dicken Zellen ist die Ursache der zerbrechlichen Consistenz der Arten dieser Abtheilung. In den scharfen Russulae bemerkte ich ausserdem das Vorhandensein sehr deutlicher Milchsaftgefässe, obgleich in viel kleinerer Anzahl als in den Lactarii. Man kann sie stets von den Gefässen dieser letzteren durch ihre sehr kurze Verästelung, die sich meistens in sehr geringer Entfernung von ihrem Anfange endigt (T. II, Fig. 4), unterscheiden, oft sieht man sie nur als lineäre, mit Milchsaft angefüllte Zellen mit oder ohne die Anfänge einer Verästelung. Dieser Eigenthümlichkeit und vielleicht ihrer weniger grossen Häufigkeit muss man die scheinbare Abwesenheit des Milchsaftes zuschreiben.

Ich glaube einer der Ersten zu sein, der die Anwesenheit dieser Gefässe in den Russulae mit scharfem Geschmacke constatirt. Es ist dies ein wichtiges Factum, weniger, weil es diese Gattung den Lactarii nähert, die man stets als nah verwandt betrachtet hat, als weil es zu beweisen scheint, dass die Schärfe in diesen beiden Abtheilungen der Gattung Agaricus von einem eigenthümlichen Safte herrührt, der von dem eigentlichen Safte verschieden und in besonderen Gefässen eingeschlossen ist.

Bei dieser Abtheilung hat mir das Hymenium keine Eigenthümlichkeiten dargeboten, die Sporen sind bei allen mituntersuchten Arten rundlich, sehr selten glatt und viel häufiger warzig, variirend von 0,0070 Mm. bis 0,0100 im Durchmesser, weiss oder gelblich gefärbt, im Allgemeinen der Farbe der Lamellen bei den einzelnen Arten entsprechend (T. II, Fig. 5).

Das Gewebe der Lactarii ist dem der Russulae sehr nahe verwandt. Jedoch sind die Zellen etwas kleiner, die Milchsaftgefässe länger und zahlreicher, sich bis in die Nähe des Hymeniums ausdehnend, wo sie aus diesem Grunde viel häufiger sind; sie durchdringen es manchmal und erscheinen wie kleine Blasen (Lactarius vellereus T. II, Fig. 6). Diese Gefässe können mikroskopisch nur an leicht getrockneten oder gekochten Exemplaren gut gesehen werden. Untersucht man sie frisch, so ist die Fülle des Milchsaftes und seine Diffusion hinderlich, sie deutlich zu erkennen. Man hat behauptet, dass Lact. deliciosus wegen seines orangengelben Saftes diese Gefässe am leichtesten zeige, aber ich habe sie auch hier nie abgetheilt oder sich anastomosirend gefunden. Die schlanken Fäden erschienen mir immer dicker und turgescenter (T. II, Fig. 7 und 8).

Das Hymenium bietet ausser den dasselbe durchsetzenden Milchsaftgefässen nichts Bemerkenswerthes dar. Die Sporen stehen denen der Russulae sehr nahe, sind weiss, rundlich und beinah immer warzig (T. II, Fig. 9). Lactarius deliciosus zeigt sie etwas oval, 0,0100 bis 0,0115 Mm. lang und 0,0085 bis 0,0100 Mm. breit.

Man sieht, dass diese Abtheilung der vorhergehenden ziemlich verwandt ist, die Abwesenheit von Milchsaftgefässen oder, wo diese vorhanden sind, die Kürze ihrer Ramification bilden beinah die einzigen Unterschiede, welche die Russulae darbieten.

Es würde zu weitläuftig sein, alle Unterschiede im feinsten Bau der Pilze überhaupt oder auch nur sämmtliche Abtheilungen der Gattung Agaricus zu verfolgen. Das Studium derjenigen Gruppen, die am häufigsten zu Vergiftungen Anlass geben, schien mir das wichtigste zu sein; meine Absicht war nur nachzuweisen, dass die mikroskopischen Beobachtungen bei Vergiftungsfällen von grossem Werthe und Nutzen sein können; indem man die im Erbrochenen [1]) sich findenden Pilztrümmer oder die Reste der Mahlzeit untersucht, wenn man nicht im Stande ist, sich Stücke oder Abfall der in Rede stehenden Schwämme zu verschaffen.

Hat das Erbrechen kurz nach der Zeit der Einführung stattgefunden, so ist es nach meiner Ansicht immer möglich, einige Stückchen des Pilzgewebes und einige Sporen aufzufinden. Das Gewebe ist bekanntlich schon ziemlich schwer zu verdauen, besonders, was auch Andre darüber sagen mögen, bei den jungen Exemplaren, wo es im Allgemeinen derber und fester als bei den ausgewachsenen ist; die Sporen widerstehen, wie ich mich überzeugte, auch sehr gut dem Verdauungsprocesse und ihre ungeheuere Anzahl, die gewiss bei einem einzigen Pilze mehrere Millionen übersteigt, macht das Auffinden derselben, ungeachtet wiederholter Waschungen, denen die Pilze vorher unterworfen waren, leicht. Kann man zu diesen Untersuchungen botanische oder anatomische Studien der Trümmer und Abfälle der Art, die die Vergiftung hervorriefen, hinzufügen, so wird man so bestimmt, wie es bisher nicht möglich war, die Pilzspecies, welche den Unglücksfall herbeiführte, feststellen können, wenn man auch vollständige Exemplare nicht mehr vor Augen hat.

Wären solche z. B. nicht mehr vorhanden und fände man in einem Ragout oder in ausgebrochenen Massen, oder im Stuhlgange Theilchen, die die anatomischen Kennzeichen und die feinen Fäden und grosse längliche Zellen, wie sie die Amaniten characterisiren, haben, und träfe man ferner in der nach Durchpressen durch nicht sehr dichte Leinwand erhaltenen Flüssigkeit (falls die Materien flüssig sind, oder falls man sie durch Verdünnung mit Wasser in einen liquiden Zustand gebracht hat) bei der mikroskopischen Untersuchung auf kurze, birnenförmige oder rundliche Sporen mit einer sehr deutlichen

---

[1]) Es sind hier auch die Stuhlgänge zu untersuchen, sowie im Falle einer gerichtsärztlichen Section der Darminhalt. (H.)

Spitze und von der Grösse derjenigen von Amanita bulbosa an, so läge eine grosse Wahrscheinlichkeit für die Vergiftung mit dieser Species vor und diese würde zur Gewissheit werden, wenn man in den Abfällen und anderen Trümmern nur einzelne Stückchen fände, die die Farbe des Pilzes und einige andere dieser Art zukommende Charactere zeigten.

Bei den Russulae und Lactarii kann man meiner Ansicht nach nur die Gattung mit Gewissheit erkennen, da die Sporen gewöhnlich keine deutlichen Unterschiede darbieten.

Ich will bemerken, dass die Analysen mit grosser Behutsamkeit gemacht werden müssen und dass man sehr vertraut mit dem mikroskopischen Bau des Pilzes sein muss, um mit Bestimmtheit die Sporen von Leucocyten und anderen organischen Körperchen von verschiedener Beschaffenheit, die sich in dem Gewebe befinden, unterscheiden zu können, dass es ebenso einer grossen Kenntniss der cryptogamischen Gewebe bedarf und dass man seine Ansicht nur auf eine Reihe concludenter Beobachtungen stützen darf; aus einer einzigen Spore kann man auf eine Vergiftung nicht schliessen, da man nicht selten in den Ausleerungen jeder Art auf andere Sporen verschiedener Species stösst, welche gewiss unabsichtlich eingeführt worden sind. So habe ich verschiedentlich, aber immer einzeln, in diesen Massen Sporen von Helminthosporium gefunden, welche hinlänglich leicht zu erkennen sind, um keinen Zweifel bei dem Beobachter aufkommen zu lassen.

Ich bestehe besonders desshalb auf eine Reihe concludenter Beobachtungen, weil ich glaube, dass darin das einzige Mittel, die Nützlichkeit dieser Untersuchungen zur Anerkennung zu bringen, liegt, da die Beschränkung auf eine oberflächliche Prüfung unbestimmte, unsichere und selbst trügliche Resultate liefern kann. [1])

---

[1]) Die Nützlichkeit der mikroskopischen Untersuchung, ja deren Nothwendigkeit macht sich besonders für medicoformensische Fälle geltend. Absichtliche Intoxicationen mit giftigen Schwämmen gehören zu den grössten Seltenheiten, sind aber in der That vorgekommen. Wir wollen nicht an den alten Kaisermord erinnern, der nach Einigen dadurch verübt sein soll, dass Agrippina Fliegenpilze zu dem Kaiserpilze mengte, sondern an einen bei Galtier (Traité de toxicologie. T. II. p. 573) erwähnten Französischen Criminalfall, wonach eine Frau Riche ihre drei Stiefkinder mittelst eines Pilzragouts vergiftete und zu 15 Jahren Ketten-

strafe verurtheilt wurde. Ich glaube, darauf aufmerksam machen zu müssen, dass, wenn der mikroskopische Befund im Stiche lassen sollte, für den Gerichtsarzt sich zur Abgabe eines concludenten Gutachtens in der Symptomatologie einzelner Pilzvergiftungen Momente von höchstem und **für sich allein** massgebenden Werthe finden. Das Auftreten choleriformer Erscheinungen in Folge einer Mahlzeit nach Ablauf von mehr als 10 Stunden charakterisirt die Vergiftung durch den am häufigsten Ursache von Intoxication werdenden Giftpilz, die **Amanita bulbosa**, so auffallend, wie kaum ein anderes Phänomen bei irgend einer Vergiftung durch vegetabilische Stoffe. Für andre deletere Pilze ist dies weniger der Fall. (H.)

Viertes Capitel.

Mittel, um die giftigen Principien aus den Pilzen zu entfernen. — Einwirkung des Essigs. — Modificationen, welche Hitze und Trocknen bei den Pilzen hervorbringt.

Die Anstellung von Versuchen zur Entfernung oder Neutralisirung der giftigen Eigenschaften der Pilze ist, wie wir schon bemerkten, beinahe eben so alt wie die ersten durch diese Gebilde herbeigeführten Vergiftungen.

Schon Plinius erwähnt den Essig, Dioscorides räth, die Pilze mit wilden oder möglichst herben Birnen und in Ermangelung derselben mit Blättern oder Zweigen des Birnbaums zu kochen [1]; doch zieht er Aromatica wie Origanum, Satureja u. s. w. vor. Wie gewöhnlich haben alle späteren Schriftsteller ihm nachgeschrieben, und immer blieb man in Verlegenheit, wie man das giftige Princip entfernen oder zerstören könne, weshalb auch die meisten älteren Autoren den Rath gaben, sich der zweifelhaften Arten überhaupt zu enthalten. Es ist jedoch, wie ich schon sagte, bekannt, dass gewisse Völker, wie Russen, Polen und Ungarn, welche eine grosse Menge von Pilzen consumiren und sogar dafür gelten, dass sie alle Arten, mit seltenen Ausnahmen, essen, die Schwämme vor dem Kochen oder Trocknen in mit Essig oder Salz versetztem Wasser maceriren und abbrühen lassen.

Paulet, später Orfila (1815. 1ste Auflage der Toxicologie) wiesen die auflösende Wirkung des Essigs nach; Bulliard, Letellier, Pouchet veröffentlichten Versuche, aus

[1]) Das bei diesem Verfahren etwa Wirksame dürfte auf das Vorhandensein von Gerbsäure in den herben Birnen oder Birnstielen zurückzuführen sein. Zu bezweifeln ist nur, dass die Schmackhaftigkeit des Gerichtes dabei erhalten bleibt. (H.)

denen hervorgeht, dass Wasser allein mit Beihülfe von Hitze und wiederholter Waschungen das deletere Princip entfernen kann [1]) und dass der Genuss von Amanita bulbosa und muscaria, wenn sie dieser Behandlung unterworfen wurden, keine schädliche Wirkung auf Thiere ausübt. Jedoch erst 1851 zeigte Gérard bestimmt durch positive Erfahrungen die Möglichkeit, zu diesem Resultat zu gelangen.

§. I. — Einwirkung des Essigs.

In einer 1851 an den Conseil d'hygiène et de salubrité gerichteten Denkschrift beweist dieser Gelehrte, der sich nicht scheute an sich selbst und seiner Familie sein Verfahren experimentell zu erproben, dass Amanita bulbosa und muscaria, Agaricus venenosus, Agaricus emeticus, Agar. perniciosus, Boletus chrysenteron, Lycoperdon giganteum [2]) ihre giftige Wirkung vollständig verlieren, wenn man dieselben, nachdem man die grossen Exemplare in acht und die mittleren in vier Stücke geschnitten hat, in Wasser maceriren lässt, dem 2 — 3 Löffel voll Essig oder 2 Löffel voll Küchensalz auf das Liter Wasser zugesetzt sind. Wahrscheinlich geben andere Säuren, besonders Salzsäure dasselbe Resultat. Gérard fand nach verschiedenen Versuchen diese Quantität für 500 Gramm frischer Pilze erforderlich. Hat man weder Essig noch Salz, so muss man das Wasser ein oder zwei Mal erneuern. Man lässt die Pilze zwei volle Stunden maceriren, wäscht sie dann in vielem Wasser, legt sie darauf von Neuem in

---

[1]) Es wurde schon bemerkt, dass nach J. de Seynes die Bauern bei Genolhac den Pilz auf diese Weise geniessbar machen (cf. S. 31). (H.)

[2]) Von den hier genannten Pilzen können nur die drei ersten als sicher giftig gelten. Agaricus venenosus ist ein Synonym von Amanita phalloides, das der Verfasser auf eine besondere Varietät zu beziehen scheint. Von Ag. emeticus und Ag. perniciosus (Synonym von Ag. torminosus) wird noch weiter unten die Rede sein. Boletus chrysenteron Bull. entspricht wohl unserm Bol. subtomentosus L., der wohl bloss wegen des Blauwerdens verdächtigt ist, übrigens namentlich in verschiedenen Gegenden Oesterreichs gegessen wird; auch Lenz, der sicher auch den Boletus chrysenteron von Berkeley in Händen gehabt hat, da er dessen Kriterium ausdrücklich aufführt (nach Berkeley werden bei demselben verwundete Stellen roth, bei B. subtomentosus gelb), erklärt ihn nach seinen Erfahrungen für essbar. Ueber die Ungiftigkeit von Lycoperdon giganteum herrscht wohl nur eine Stimme. (H.)

reines Wasser und lässt sie ¼ oder besser ½ Std. kochen, nimmt sie dann heraus, wäscht sie ab, lässt sie abtropfen und wischt sie mit trockener Leinwand ab, um sie dann nach Belieben zuzubereiten.

Gérard stellte in Gegenwart der Mitglieder des Conseil d'hygiène et de salubrité Versuche an und ass einmal 500 Gramm Fliegenschwamm und einige Tage später 70 Gramm von Amanita bulbosa, ohne dadurch irgendwie belästigt zu werden, nur machte sich im Halse ein Gefühl von Schärfe, wie es dem Fliegenpilze eigenthümlich ist, bemerkbar. Dieses den Gelehrten schon bekannte Gefühl wurde besonders von Bulliard hervorgehoben [1]), Die Mitglieder der Commission, welche die Pilze auch beschmeckten, nahmen es gleichfalls wahr; es musste speciell, wie ich eben sagte, Amanita muscaria zugeschrieben werden, weil es nicht durch Amanita bulbosa hervorgerufen wird. Wir haben gesehen, dass die bei der chemischen Behandlung von mir erhaltene Materie, welche nach meiner Ansicht das Alkaloid enthält, sehr scharf ist. Sollte das Alkaloid vielleicht die Ursache des scharfen Geschmacks sein? Wäre dies der Fall, so liesse sich das in Frage stehende Factum mit der schon ausgesprochenen Ansicht vereinigen, dass in dieser Amanita ihr giftiges Princip in der Cellulose innigst gebunden ist, weil es ungeachtet der eliminatorischen Behandlung nicht vollständig daraus entfernt werden konnte.

Diese Versuche Gérard's sind, wie mir scheint, concludent und von sehr grossem Gewichte. Das Verfahren kann beim Eintritt einer Hungersnoth für Arme, ausserdem auch für Liebhaber, die das Pilzsammeln nicht verstehen, von bedeutendem Nutzen sein. Ich wiederholte die Versuche mit Amanita bulbosa, und Thiere, welche ich mehrere Tage hindurch mit

---

[1]) Dass grade dies Symptom bei den bei uns wachsenden Fliegenpilzen fehlt, haben wir bereits oben hervorgehoben. Es ist uns jedoch fraglich, ob nicht das Phänomen fälschlich als ein örtliches aufgefasst wurde und nicht vielmehr die Erscheinungen im Halse auf entfernte Wirkung des Giftes im Fliegenschwamm zu beziehen sind. Solche halten wir für möglich, da, wie wir weiter unten sehen werden, das toxische Princip des Fliegenpilzes in seiner Wirkung dem Atropin sich nähert, das den Beginn toxischer Wirkung ja auch durch Empfindungen in der Kehle andeutet. (H.)

den auf diese Weise ihres giftigen Princips beraubten Pilzen fütterte, blieben gesund. Ich bin gewiss der Erste, der jedem mit der Pilzkenntniss nicht Vertrauten die Anwendung dieses Mittels anräth, wenn die Noth ihn dazu treibt, sich dieser Speise zu bedienen, doch mache ich dem Gérard'schen Verfahren den Vorwurf, dass es den einzelnen Arten viel von dem eigenthümlichen Aroma, ausserdem aber insbesondere den grössten Theil der löslichen nahrhaften Principien, hauptsächlich das Mycetid, wegnimmt.

Ich machte die Bemerkung, dass, wenn man einen Pilz in reinen Essig taucht oder ihn mit dieser Säure tränkt, er rasch abstirbt, wenn es gestattet ist, diesen Ausdruck zu gebrauchen; er welkt, wird weich und gibt einen grossen Theil seines Saftes ab, er geht mit einem Worte zu Grunde. Dieselbe Wirkung tritt, jedoch viel geschwinder, bei Behandlung mit Aether, Chloroform, Terpenthinöl und andern Agentien ein. Die Einwirkung des Essigs, so verdünnt er auch sein mag, ist augenscheinlich; er begünstigt den Austritt des Saftes aus der Pflanze. Deshalb erscheint das gesäuerte Wasser, welches zur Maceration der Pilze diente, stark gefärbt, wie es Cadet de Gassicourt, eines der Mitglieder der zur Verfolgung der Gérard'schen Versuche eingesetzten Commission, sehr richtig bemerkte, während dies bei dem durch Abkochen der macerirten Pilze erhaltenen Liquidum nur im geringen Grade der Fall ist. Giesst man diese beiden Flüssigkeiten weg, wobei besonders die erste in Betracht kommt, welche den grössten Theil des Pilzsaftes enthält, in dem, wie wir im vorhergehenden Capitel sahen, die gummiartigen und nährenden Stoffe sich in Lösung befinden: so ist es gewiss, dass die Pilze von ihrem Nahrungswerthe und demnach von ihrem Nutzen viel einbüssen, weil sie dann nur noch als nährendes Princip die allerdings sehr eiweisshaltige, aber bekanntlich der Verdauung starken Widerstand entgegensetzende Cellulose darbieten.

Bei diesen Versuchen besteht die Wirkung des Essigs mehr darin, den Austritt des Saftes aus den Zellen zu erleichtern, als, wie man behauptet hat, das Gift aufzulösen. Kochendes Wasser thut dasselbe, wie die Experimente von Bulliard, Letellier, Pouchet, sowie auch verschiedene von mir angestellte Versuche beweisen, jedoch weniger rasch als das besprochene Verfahren, das ungeachtet seiner Mängel sich bis jetzt als das einzige angeben lässt, durch welches man das giftige Princip sicher entfernen kann.

Die Neutralisation des Giftes ist schwieriger, weil zu einer solchen fast nothwendig die Kenntniss des toxischen Princips gehört. Wir haben gesehen, dass ungeachtet meiner Untersuchung und der Entdeckung eines Alkaloids in Amanita bulbosa, ich nicht, wie ich beabsichtigte, dahin gelangen konnte, alle Kennzeichen desselben anzugeben, und dass ich in Amanita muscaria ebenfalls ein Alkaloid vermuthe, doch da ich es nicht isolirte, darüber noch nichts Genaueres mittheilen kann. Es ist mir augenblicklich unmöglich, mit absoluter Gewissheit Substanzen zu bezeichnen, die im Stande sind, die giftigen Principien der Pilze zu neutralisiren, um so mehr, als diese Principien zahlreicher sind als man bis jetzt glaubte, da sie ja in den einzelnen Arten verschieden zu sein scheinen. Demungeachtet ist es stets nützlich für den Fall einer Vergiftung Mittel, die die Folgen modificiren können, zu kennen; ich erwähne hier in erster Linie das Tannin und besonders das Jod-Jodkalium, welches wahrscheinlich leichter in die Circulation eingeht; beide fällen die Alkaloide im Allgemeinen, und auch wie wir gesehen haben, die der Amaniten im Besonderen. Das Tannin, welches durch Galläpfelaufguss weniger wirksam ersetzt werden kann, wurde schon von Chansarel angeführt, aber einfach als Fällungsmittel der Gallerte (Mycetid), die er als das giftige Princip der Pilze ansah, ein Irrthum, der übrigens bald Berichtigung fand [1]).

§. II. Einwirkung der Hitze und des Trocknens.

Wenn der gegenwärtige Zustand unserer Kenntnisse uns auch nicht gestattet, ein untrügliches Verfahren zur Neutrali-

[1]) Da Boudier im folgenden Capitel bei der eigentlichen Behandlung der Pilzvergiftung noch genauer auf die Antidote eingeht, so versparen wir einige Bemerkungen darüber auf diesen Abschnitt und wollen hier nur hervorheben, dass die Behandlung der Pilze mit Birnstielen u. s. w. beim Kochen von Seiten der Alten bereits eine allerdings nur auf Empirie gegründete antidotarische Verwerthung des Tannins darstellt. Lenz hat darauf auch den Vorschlag basirt, man solle nach einem Pilzgerichte einige Tassen starken Eichelkaffees trinken, dessen Ge-

sation der Gifte der Amaniten und der andern narkotischen oder narkotisch-scharfen Pilze anzugeben, so besitzen wir dagegen ein solches, welches wenigstens in den meisten Fällen für die eigentlich scharfen Arten, wie Lactarii und Russulae, besonders für die ersteren ausreicht, in der Anwendung der Hitze. Ich redete davon schon im vorhergehenden Capitel, als es sich um die Analyse des Milchsaftes und die Auseinandersetzung der Mittel, diese Pilze in einem Vergiftungsfalle nachzuweisen, handelte und ich vervollständige hier meine Angaben. Wir haben gesehen, dass ich nicht mit der allgemeinen Ansicht der Autoren übereinstimme, dass das scharfe Princip durch Hitze oder blosses Trocknen zerstört werde, obschon ihre Wirkung ja sich nach dem Kochen nicht mehr bemerkbar macht. Ich habe auch gezeigt, dass dieses Princip einem Harze angehört, welches in einer besonderen Flüssigkeit suspendirt ist, die in dem ganzen Pilze mittelst eigenthümlicher Gefässe circulirt und die grösste Aehnlichkeit mit dem Milchsafte verschiedener Phanerogamen darbietet.

Wenn wir nun den Geschmack der scharfen Arten nach dem Kochen prüfen, finden wir ihn fast ganz verschwunden und das Mikroskop zeigt gleichzeitig, dass ihre Gefässe den Milchsaft in eine gleichförmige Masse zusammengeflossen und mit coagulirten Eiweisskügelchen verbunden enthalten. Diese Arten können dann, wie die Erfahrung lehrt, wenigstens grösstentheils ohne Gefahr genossen werden.

Ich bemerke noch, dass ich mit scharfen Lactarii (Lact. controversus) im getrockneten Zustande oder nach zuvorigem Kochen und Trocknen Versuche anstellte. Das Pulver derselben, mit concentrirtem Alkohol behandelt, gibt beim Verdampfen eine Substanz, welche, in Wasser auflöslich, das Harz mit wenig fetter Materie vereinigt zu Boden fallen lässt. Dieses Harz hat eine sehr hervortretende Schärfe, was ziemlich deut-

---

nuss allerdings nicht zu den besonderen Annehmlichkeiten gehört. Auch Phöbus (Deutschland cryptogamische Giftgewächse p. 9) hat bereits im Jahre 1838 auf den Gebrauch des Gerbstoffs hingewiesen. Chansarel wandte das Tannin als Antidot zunächst an und will durch eine Auflösung von ½ Drachme Tannin in 2 Pfund Wasser oder durch eine Abkochung aus ½ Unze Galläpfel, 2 Pfund Wasser und einer genügenden Menge Schleim mehrere Fälle von Vergiftung geheilt haben. (H.)

lich den Beweis liefert, dass es nicht zerstört, sondern allein in seinem physikalischen Zustande modificirt ist.

Aus allem Vorhergehenden darf man nicht mit Sicherheit schliessen, dass alle scharfen Russulae oder Lactarii, selbst nach starkem Kochen, ohne Gefahr zu geniessen seien; jedoch ist dies allerdings sehr wahrscheinlich. Ich bin weit davon entfernt, alle Arten studirt zu haben und obgleich meine Beobachtungen, wie ich glaube, eine gewisse Bürgschaft darbieten, so wäre es doch immerhin möglich, dass einige Arten ausser ihrem Harze ein eigenthümliches Gift, welches zu Intoxicationen Veranlassung geben könnte, enthalten. Nur ein aufmerksames Studium der Art kann in Vergiftungsfällen den Weg zeigen, welchen man einschlagen muss, um die Principien zu entdecken, denen die durch dieselben hervorgebrachten Erscheinungen zugeschrieben werden müssen. Ich will dieses Capitel nicht schliessen, ohne den in solchen Fällen zu Hülfe gerufenen Personen eine genaue Untersuchung der Species, eine sorgfältige Beschreibung derselben und sogar die Angabe der Zubereitungsweise zu empfehlen, welche letztere, wie wir vorher gesehen haben, einen grossen Einfluss auf ihre Wirkung auszuüben im Stande ist; denn alle diese Beobachtungen können von grosser Wichtigkeit für das einzuschlagende Heilverfahren sein.

Fünftes Capitel.

Symptome der Vergiftung durch Amanita bulbosa und muscaria, die scharfen Lactarii und Russulae. — Veränderungen der Gewebe durch diese Pilze. — Vergiftung durch ein Gemenge dieser verschiedenen oder ihnen ähnlicher Arten. — Heilverfahren in Vergiftungsfällen. — Toxische Symptome und Veränderungen durch gewisse niedere Pilze. —

Wir gelangen jetzt zu dem Studium des eigentlich medicinischen Theils, zu der Wirkung der giftigen Pilze auf unseren Organismus.

Man kann aus den vorhergehenden Capiteln ersehen, dass diese Wirkung den Alten bekannt war und dass deshalb die Römer diesen Gewächsen den Namen „Fungi" beilegten [1]). Ich habe ferner bemerkt, dass die Gefahr der durch dieselben verursachten Zufälle zu allen Zeiten nach Heilmitteln suchen liess, dass jedoch diese Forschungen beinahe ganz fruchtlos geblieben sind. Ich will nicht auf die ersten Begriffe, die die Gelehrten im Alterthum und im Mittelalter darüber hatten, noch auf die Störungen, welche der unmässige Genuss der Pilze überhaupt im Organismus bewirken kann, zurückkommen. Diese Störungen, welche man bei den gewöhnlichsten und unschädlichsten Speisen beobachtet, gehören nicht zu meinem Thema. Doch ist es gut, in Acht zu behalten, dass die Pilze im Allgemeinen schwer zu verdauen und viele Species lederartig und demnach für schwache Magen nicht leicht zu vertragen sind. In diesem Falle beschränken sich die Erscheinun-

[1]) Vergleiche meine Bemerkungen über die Etymologie des Wortes „fungus" auf S. 7. (H.)

gen auf eine Indigestion, die im Allgemeinen gleich nach Entfernung der Pilze gehoben ist [1]).

Werden hingegen die Zufälle durch giftige Arten verursacht, so entwickeln sie sich mit einer solchen Intensität und Regelmässigkeit, dass ihre Diagnose keinen Schwierigkeiten unterliegt, und dass die Heilmittel, welche man als die wirksamsten betrachtet, ohne Zögerung und augenblicklich in Gebrauch gezogen werden müssen.

§. I. Symptome der Vergiftung durch Amanita bulbosa.

Diese deletere Wirkung der Pilze beabsichtige ich hier zu besprechen und werde mit derjenigen Art, welche die grössten Gefahren bedingt und am häufigsten Unglücksfälle hervorruft, mit **Amanita bulbosa**, beginnen. Diese Species [2]) umfasst

---

[1]) Es dürfte hier auch des sog. Fungismus (Schwammdyskrasie) zu gedenken sein, gewissermassen einer chronischen Vergiftung durch Pilze, welche nicht zu den eigentlich giftigen gehören. Dieselbe sollte auf dem fortgesetzten Genusse von Pilzen beruhen und sich durch das Auftreten von Febris intermittens mit consecutiven multiplen Abscessen mit Neigung zu Gangrän manifestiren. Es ist diese Krankheitsspecies basirt auf eine in Rust's Magazin, XVI, 115 und 116 mitgetheilte Krankengeschichte, wonach zu Osiek eine Mutter mit 4 Kindern in der angegebenen Weise erkrankte und 2 Kinder rasch zu Grunde gingen. Der behandelnde Arzt glaubte das Uebel davon herleiten zu müssen, dass die betreffende Familie sich 2 Monate lang ausschliesslich von Pilzen, und zwar von Steinpilzen (Boletus edulis) genährt hatte und der Ehemann, der seine Beköstigung auf dem herrschaftlichen Hofe bekam, von der Erkrankung verschont blieb. Schon Phöbus hebt hervor, dass hier wahrscheinlich noch viele andere unhygienische Verhältnisse obgewaltet haben, z. B. bezüglich der Wohnung. Sicher aber ist es, dass in vielen Gegenden die Pilze allgemein zur Nahrung dienen und im Herbste das ausschliessliche Nahrungsmaterial ausmachen, ohne dass einer der Bewohner von einer solchen Schwammdyskrasie irgend Etwas verriethe. (H.)

[2]) Diese Species wird bei uns gewöhnlich als Amanita oder Agaricus phalloides bezeichnet. So bei Krombholz, Phoebus, Lenz, Harzer u. A. Diese Fries'sche Benennung ist in Deutschland gebräuchlicher als die von Boudier adoptirte Bulliard'sche. Es hat übrigens kaum eine Pilzspecies so viele Synonyme wie diese, besonders seitdem sich einige Mycologen darin gefallen haben, sie in verschiedene Species zu zerlegen, die aller Wahrscheinlichkeit nach nur Varietäten sind. Hierher gehören die Benennungen Ag. citrinus, Ag. viridis, Ag. virescens, Amanita venenosa, Am. candida, Am. virosa u. verschiedene andere, die u. a. bei Phöbus zusammengestellt sind. Erwähnt werden muss die Paulet'sche Bezeichnung Hypophyllum albo-citrinum, weil diese bei deutschen Schrift-

verschiedene Varietäten oder selbständige Arten, von denen die hauptsächlichsten folgende sind: Am. verna (oronge-cigue blanche von Paulet); Am. citrina (oronge-cigue jaunâtre von Paulet); Am. phalloïdes, Bull. (oronge-cigue verte von Paulet). Alle sind im höchsten Grade giftig [1]). Besonders sind die erste und die zweite wegen ihrer Achnlichkeit mit dem Champignon am meisten zu fürchten [2]).

Die Wirkung dieser Pilzart ist seit langer Zeit bekannt. Vor mehr als zwei Jahrhunderten schrieb J. Bauhin: Mox enim nauseabundo stomacho vomitus infestabat, hinc vertiginem sentiens, prostratis tandem viribus, membrisque refrigeratis, soporosus jacuit, non sine mortis periculo; u. s. w. Ihre Wirkungen haben sich seit Bauhin's Zeit nicht verändert. Fragt man die Autoren, welche Beobachtungen, die mit Sicherheit auf diese Pilze zu beziehen sind, mitgetheilt haben, so wird

stellern zu Missverständnissen geführt hat; nicht allein diese Species, sondern eine ganze Reihe von Paulet der Gattung Hypophyllum untergeordnete Arten scheinen zu der in Frage stehenden Pilzart zu gehören. Die französischen Bezeichnungen Agaric. bulbeux, Amanite verte, Amanite bulbeuse, Agaric. vénéneux gehören hieher, Italienisch heisst der Pilz pratajuolo falso oder malefico, offenbar wegen seiner Aehnlichkeit mit dem gewöhnlichen pratajuolo, dem Champignon. Als wesentliche Charactere trägt dieser Pilz zuerst die allgemeinen der Amaniten; der Hut ist weiss, gelblichweiss oder grünlichweiss, mit einzelnen Fetzen in der Mitte, 2 — 4″ breit, trocken, bei nasser Witterung klebrig, der Rand weiss, nicht gefurcht (Unterscheidungsmerkmal von Amanita pantherina, dessen Warzen zahlreicher und persistent sind); Lamellen weiss; Stiel bis 4″ hoch, unten knollig, bis 2″ dick, von der schlaffen, zum Theil verwachsenen Volva umgeben (bei der Varietät A. verna soll die Volva frei sein), mit häutigem, schlaffem, blassem Ringe, Fleisch weiss, nie röthlich werdend (Unterschied von Am. rubescens). Ich bin übrigens geneigt, auch Am. mappa Batsch als eine kleinere Form der A. phalloides anzusehen. (H.)

[1]) Ausser den angeführten Spielarten giebt es noch eine mit braunem Hute, Agaricus sinuatus Schumacher, die toxikologisch noch nicht in Betracht gekommen ist. (H.)

[2]) Daher auch die grosse Zahl der Vergiftungen mit der in Rede stehenden Art. Die Unterscheidung von dem Champignon ist übrigens nicht schwer, wenn man sich an die Kriterien erinnert, welche ich oben angegeben habe, vor Allem an die Farbe der Lamellen, die beim Champignon rosaroth, im Alter braun, bei der Amanita immer weiss sind und an den soliden, an der Basis nur wenig verdickten Stiel des ersteren, während der giftige Pilz nur in sehr jungen Exemplaren solide ist, später von der Spitze ausgehend bis zur Wulst sich aushöhlt. Der Champignon besitzt einen Ring, dagegen keine Warzen auf dem Hute, und hat einen entschieden angenehmen Geruch und Geschmack. (H).

man von der constanten Aehnlichkeit der Vergiftungserscheinungen überrascht. Ich werde mich nicht dabei aufhalten, sie sämmtlich wiederzugeben; es würde dies unnütz sein, weil sie immer in den Schriften, welche über Pilze handeln, Aufnahme finden und weil die medicinischen Berichte und Journale jedes Jahr einige neue enthalten. Ich begnüge mich damit, eine einzige Vergiftungsgeschichte in extenso zu geben, welche, dem Journal de chimie médicale entnommen, bei Orfila (Toxicologie générale. 5me edition. Paris, 1852, t. II, p. 671) sich findet, weil grade diese in schlagender Weise die Gefahr der Wirkung des Pilzes schildert [1]).

„Die Baronin Boyer und ihre Tochter, erstere 40, letztere 20 Jahr alt, die seit einigen Tagen im Dorfe Saitry bei Corbeil wohnten, sammelten unvorsichtiger Weise eine Pilzart, welche dem gewöhnlichen Champignon sehr ähnlich ist und sich davon nur durch ihren schlankeren Wuchs, den gelbgrünlichen Ueberzug des Hutes und die starke Anschwellung des unteren Stieltheiles, so wie durch das Vorhandensein einer Scheide an letztrem, die im jugendlichen Zustande den ganzen Pilz umschliesst, unterscheidet. Es ist dies Agaricus bulbosus, eine höchst gefährliche Species, die selbst von Insecten [2]) gemieden wird und nur im Schatten des Waldes wächst. Die Mahlzeit der genannten Damen bestand fast ausschliesslich aus diesen Pilzen. Einige Stunden nachher wurde Fräulein Boyer von Schwindel ergriffen und klagte ihrer Mutter, ihr sei zu Muthe, als ob sie Opium genossen habe. Man gab ihr Kaffee und die Nacht verlief sehr ruhig bis 3 Uhr Morgens, wo sie unter Kolik und Erbrechen erwachte; man begnügte sich damit, ihr Thee zu bereiten und den Morgen abzuwarten. Ich wurde um 7 Uhr benachrichtigt; um 8 Uhr liess die Mutter, bei der sich dieselben Zufälle einstellten, wie bei der Tochter, diese ein Bad nehmen. Ihre Entleerungen enthielten schon keine Spuren von Pilzen mehr. Nichtsdestoweniger verschrieb ich sogleich eine Brechweinstein-Mixtur, in der Absicht, das im Verdauungskanal Zurückgebliebene zu entfernen; wobei

[1]) Der mittheilende Arzt ist Dr. Lionnet zu Corbeil; die erste Veröffentlichung findet sich in der Gazette des hôpitaux von 1846. (H.)

[2]) Dies ist, wie oben bemerkt, nicht der Fall. (H.)

ich ihnen empfahl nur einige Löffel voll davon zu nehmen, dann den Rest mit Wasser zu verdünnen und in dieser Weise innerlich anzuwenden. Einige Stunden später kehrte ich zurück, wo ich die Damen im Bette fand; sie erbrachen fortwährend, die Stuhlentleerungen waren dagegen weit seltener geworden.

Bis dahin hatten die Symptome nichts Beunruhigendes gezeigt. Die Zunge war weder trocken noch kühl, der Durst unerheblich; der Unterleib weder gespannt noch schmerzhaft; Extremitäten und Haut hatten ihre gewöhnliche Temperatur bewahrt, die Gesichtszüge waren kaum verändert, die Circulation erschien nahezu normal. Die Mutter hatte einige Mal Urin gelassen, bei der Tochter war diese Secretion vollständig unterdrückt. Das Bewusstsein schien vollkommen ungetrübt; die Gemüthsstimmung der Damen war heiter; sie sprachen mit mir von ihren Vergnügungen im Seebade, ihren Plänen, den Vorzügen und Unannehmlichkeiten ihrer neuen Wohnung u. s. w.; doch wurde diese von ihrer Seite angeregte Unterhaltung hin und wieder durch Erbrechungen gestört. Trotzdem würde ich keine ernste Besorgniss gehegt haben, wenn mir nicht das Bedenkliche des Zustandes durch analoge Fälle aus der Literatur bekannt gewesen wäre. Erst gegen 6 Uhr Morgens wurde ich ernstlich beunruhigt.

Der Durst wurde heftiger, es bedurfte grösserer Mengen kälterer Getränke, um ihn auf Augenblicke zu stillen, das Erbrechen war seltener, aber angreifender. Die Quantität des Erbrochenen schien die genossenen Flüssigkeiten zu übersteigen; auf jeden Brechact folgte Hinfälligkeit und bisweilen Ohnmacht, wobei der Kopf auf die Brust sank.

Die Reaction blieb aus; von diesem Augenblicke an zweifelte ich an ihrer Genesung. Die Extremitäten wurden kühl, die Sensibilität schien zu schwinden; ein mit Schmerz verbundenes Eingeschlafensein machte sich in den Beinen und Lenden geltend. Der Blick war unstät, Lippen und Zunge kühl und vollkommene Gleichgültigkeit gegen einander trat bei den Unglücklichen an die Stelle der frohen Aufregung vom Morgen. Abends 11 Uhr berathschlagte ich mit dem so erfahrungsreichen Dr. Petit, er schlug mir ausser den verordneten Mitteln vor,

30 Blutegel ad anum zu appliciren und Eiswasser, später Süssmandelöl zu geben, um die Reizung des Darmkanals zu mässigen. Während der Wirkung der Blutegel schienen beide Damen ruhiger, indess trat keine Besserung ein. Diese trügerische Ruhe wurde oft durch Seufzer und das Bedürfniss zu trinken oder zu erbrechen unterbrochen. Indess hörten die Erbrechungen am Morgen bei der Mutter auf, etwa 30 Stunden nach dem Genusse der Pilze; doch schien sie noch leidender zu werden und bat, man möge sie brechen lassen. Das Fräulein war ruhiger und erbrach fortwährend.

Im Laufe des Tages trat kein neuer Zufall ein, aber verschiedene der alten Symptome nahmen an Heftigkeit zu und die Gefahr schien drohender zu werden. Die Gleichgültigkeit der beiden Unglücklichen gegen einander hatte für die Umgebung etwas Schmerzliches.

Die Mutter hörte das Aechzen ihrer Tochter, die Tochter das der Mutter, ohne dass sie sich im Geringsten um einander kümmerten; sie richteten ihre schwachen Blicke nur auf uns, um Getränke zu verlangen. Nun wurden ihre Gedanken unzusammenhängend; bei der Tochter, die ausserordentlichen Muth und Ergebung bewiesen hatte, stellte sich Facies hippocratica ein; die Augen wurden trüber, der Puls nahm bedeutend an Frequenz ab, ohne unregelmässig zu werden, und sie hauchte ihren letzten Seufzer aus, indem ihre Lippen die Namen derjenigen, welche ihr theuer waren, flüsterten.

Piorry, der Morgens gerufen war, konnte erst Abends anlangen; das Fräulein war nicht mehr am Leben. Die Mutter, welche sich durchaus nicht mit ihrem armen Kinde beschäftigte, hatte hohle Augen; Lippen und Zunge waren kühl und violett, der olivenfarbige Teint erinnerte an Cholera; man fühlte kaum die Schläge der Radialarterien, auch der Bronchialpuls war kaum bemerklich; der Herzschlag wurde schwach, jedoch nicht unregelmässig, der Todeskampf zog sich noch bis 6 Uhr Morgens hin. Die unglückliche Mutter beschäftigte sich keinen Augenblick mit ihrer Tochter, deren verlassenes Lager sie doch bemerken musste, da nur eine Thür die beiden Zimmer trennte.

Ich glaubte diese Erzählung nicht durch Angabe der angewendeten Mittel unterbrechen zu dürfen, weil keins die geringste Besserung zur Folge hatte. Ich führe sie desshalb jetzt der Reihe nach an.

Zuerst einige Löffel voll verdünnter Brechweinsteinlösung, um die im Darmkanal enthaltenen Pilzreste zu entfernen, darauf Aethersyrup, aromatische Aufgüsse, Milch, eine Eiweisslösung, die sofort wieder ausgebrochen wurde, aromatische Aethermixturen; Bordeaux und Frontignan wurden nicht besser vertragen, Klystiere, trockene Einreibungen und Reiben mit Kampferspiritus, selbst Insolation und Senfteige führten keine Reaction herbei. Potio Riverii mit 10 Tropfen Laudanum versetzt wirkte gleich bei den ersten Löffeln voll eher schädlich als nützlich und wurde deshalb nicht damit fortgefahren. Das Erbrechen nahm seinen Fortgang, doch nicht bei der Mutter, wie wir schon oben sagten, die um die Brechmittel bat. Die Blutegel ad anum brachten keine bessere Wirkung hervor; nur 2 Mittel schienen etwas zu beruhigen, nämlich Eis innerlich genommen und erweichende Bähungen auf den Unterleib. Wir glaubten keinen Aderlass machen zu dürfen, weil die Reaction vollständig fehlte.

Eine der Dienerinnen, welche einige Stückchen von den rohen Pilzen genossen hatte, brach erst nach 16 Stunden 8 — 10 mal und wurde nicht ernstlich krank; bei der anderen, die von den gekochten gekostet und anfangs behauptete, nicht davon genossen zu haben, stellten sich die ersten sehr beunruhigenden Zufälle erst nach 48 Std. ein (Journal de chimie médic., année 1846)."

Diese Beobachtung lässt sich sehr gut auf alle Vergiftungsfälle mit Amanita bulbosa anwenden. Alle von Autoren citirten Fälle sind gleich oder höchst ähnlich, alle stimmen besonders auch in Bezug auf die Länge des Intervalls zwischen dem Genuss der Pilze und dem Eintritte der ersten Symptome: 9 Std. in minimo, meistens 10 — 12 Std., selten mehr, überein [1]). Zuerst erscheinen Schmerzen im Epigastrium, dann

[1]) Von Pflanzengiften ist kaum ein einziges vorhanden, das ein gleich langes Intervall zwischen dem Genusse des Giftes und dem Eintreten der Symptome hätte. Am nächsten steht unter diesen dem Pilzgifte der Amanita phalloides unzweifelhaft das Colchicin, das Gift

treten Nausea, Erbrechen, Durchfall, Beängstigungen, mehr oder weniger heftige Kolik hinzu und der Puls wird ausserordentlich klein. Hierauf zeigt sich Somnolenz oder richtiger sehr

der Herbstzeitlose (Colchicum autumnale L.), die nicht allein des bedeutenden Intervalles, sondern auch der übrigen Vergiftungserscheinungen wegen an die Vergiftung durch die in Frage stehende Pilzart eng sich anschliesst. Auch bei der Herbstzeitlose sind Koliken, Erbrechen die nächsten Erscheinungen, an die sich später die des Collapsus anreihen. Ich finde bei den Intoxicationen mit Colchicum keinen Fall, wo das Intervall länger als 13 Stunden war — die letztere Zeitdauer kommt einem Falle von Forest (Gaz. des hôp. 1867. 36) zu, wo Extract in Pillenform genommen war —, während bei den Pilzen die Erscheinungen bedeutend später eintraten; so bei der einen Magd in der mitgetheilten Krankengeschichte nach 48 Stunden, bei 17 Holzhauern, von denen Taglioni Toppetti (Relazione di alcuni viaggi Bd. I. p. 347. Florenz 1751; vgl. Gmelin's allgemeine Geschichte der Pflanzengifte p. 639) berichtet, dass sie an einem Mittwoch Pilze gegessen, erst am Freitag Morgen, in einem Vergiftungsfalle von Picco, durch Paulet als Intoxication durch Hypophyllum anguineum (nicht sanguineum, wie meist geschrieben wird) mitgetheilt, bei 4 Personen in 12, bei einer in 20 und bei einer anderen in beinahe 30 Stunden; in einem von Girard beobachteten Falle (vgl. Flandin, Traité des poisons, T. III. p. 465) bei 2 Personen nach 7, bei 1 nach 15 Stunden, bei 1 nach 30 Stunden; in einem Falle von Goudin bei 3 Personen in 19—20 Stunden, bei 1 in 29 Stunden (Union méd. 1852. 116. p. 466) u. s. w. u. s. w. Ich muss aber hervorheben, dass die Erkrankung auch eher statthaben kann und verweise in dieser Beziehung auf die Selbstversuche von Krombholz, wonach 2 Loth der grünlichen Varietät, welche gebraten genossen wurden, schon ½—3 Stunden später leises Zittern am Körper, Schwindel, Uebelkeit, Drücken und Kratzen im Munde und Schlunde bedingten. Wenn wir die Frage aufwerfen, wodurch der späte Eintritt der Symptome bedingt werde, liegt die Annahme am nächsten, dass erst in den unteren Parthien des Darmcanals, auf welchen sich die Wirkung vorzugsweise äussert, die Resorption des Giftes statthat. Letellier und Speneux, welche, wie ich oben anführte, ein narkotisches und ein scharfes Princip in diesen Amaniten statuiren, nehmen an, dass die durch letzteres gesetzte Entzündung die Resorption des ersteren verzögere. Vielleicht aber sind auch Erbrechen und Durchfälle als Ausdruck der Blutvergiftung anzusehen. Letellier's Amanitin wirkt seinen Versuchen zufolge bei subcutaner Application ziemlich rasch; nach den in den Ann. d'hyg. 2. sér. 53. Janv. 1867. p. 71 gemachten Mittheilungen bedingt es zu 0,1 Grm. bei Fröschen, zu 1 Grm. bei Kaninchen (innerlich zu 0,5 Grm.) nach 10 Min. bis ½ Std. Torpor, später Betäubung der Sinne, Sinken der Ohren, Paralyse oder Hemiplegie, Verlangsamung der Respiration, Tod im Coma oder nach leichten Convulsionen; locale Entzündungserscheinungen fehlen dabei. Bei Hunden habe ich nach Einverleibung mehrerer Pilze mit dem Futter die Erscheinungen in gleicher Langsamkeit wie beim Menschen auftreten sehen, so zwar, dass am Tage der Mahlzeit von Veränderung des Benehmens u. s. w. durchaus keine Rede war, bis sich am 2. Tage heftige Diarrhöen entwickelten, die in der darauf folgenden Nacht oder am Tage darauf zum Tode führten. Vgl. auch weiter unten Boudier's Angaben über das Verhalten der Mäuse gegen das Gift. (H.)

grosse Prostration, starker Durst, die verschluckten Flüssigkeiten werden sofort wieder erbrochen; dann folgen kalte Schweisse und Gesicht, Zunge und Finger erscheinen cyanotisch [1]). Die Urinentleerungen sind gewöhnlich selten [2]). Das Bewusstsein erhält sich, bis der Tod dem Leiden ein Ende macht [3]). Dieser tritt nach Verlauf von 2 — 4 Tagen, ja selbst

[1]) Das Gesammtbild der Vergiftung mit diesem Pilze erinnert an die Cholera, und einzelne der neuern Autoren namentlich heben diese Analogie sehr hervor, so z. B. Girard in der bei Flandin sich findenden Mittheilung (a. a. O. p. 457), wo auch die Beschaffenheit der Stühle selbst als ein die Aehnlichkeit erhöhendes Moment hervorgehoben wird. Die Stühle seiner 4 Kranken waren fast immer weiss wie Reiswasser und flockig. Gerade die Stühle aber bieten bei mikroskopischer Untersuchung in der Regel das beste Beweismittel für das Vorhandensein einer Pilzvergiftung, wie dies in einem früheren Capitel bereits erörtert wurde. In einzelnen Fällen sind die Stühle als schleimig und blutig bezeichnet; so z. B. in der Obs. I. von Galtier, die sehr wahrscheinlich auf unsre Pilze sich bezieht, wenn Orfila sie auch, wie den Fall der Baronin Boyer, zu den Intoxicationen mit Pilzgemengen zieht. Bei der differentiellen Diagnose der Pilzvergiftung und der Cholera glauben wir, dass das Hauptgewicht darauf zu legen ist, dass der Durchfall bei ersterer später als das Erbrechen auftritt; von Wichtigkeit sind auch die frühzeitigen und meist heftigen Schmerzen im Abdomen bei dieser Art der Pilzvergiftung. (H.)

[2]) Die Seltenheit der Urinentleerungen ist nicht auf Anurie zu beziehen. Wir werden weiter unten (S. 109) bei Gelegenheit des Leichenbefundes sehen, dass Maschka (Prag. Vierteljschr. 1855. 2. Bd. p. 137) bei dieser Intoxication die Harnblase stets gefüllt, fast bis zum Nabel reichend fand und hierin sogar ein charakteristisches Zeichen der fraglichen Vergiftung sieht. Bei Hunden konnte ich dies nicht immer verificiren; in einem Vergiftungsfalle, der ähnliche Symptome zeigte, aber von Russula emetica abgeleitet wird, bei Devergie (Méd. légale. 2. édit. T. III. p. 666) ist die Blase als „stark contrahirt, so dass sie nicht durchscheinend war, keinen Urin enthaltend" bezeichnet. Wäre das Symptom einigermaassen constant, so wäre damit ein weiteres Unterscheidungsmerkmal von der Cholera gegeben. (H.)

[3]) Ob wirklich das Bewusstsein bis zum Tode stets anhält, ist mir sehr zweifelhaft und harmonirt nicht mit allen Krankengeschichten. Ich verweise z. B. auf die bei Orfila und Galtier reproducirte Intoxication der Familie Guibert durch oronge-cigüe jaunâtre, wo es ausdrücklich heisst, dass von den 6 Vergifteten 5 an continuirlichem Stupor litten. Von Girard wird geradezu bei einer Vergifteten un peu d'aberration dans les facultés mentales erwähnt. — Von Symptomen, welche im Texte nicht angeführt sind, die aber den Arzt interessiren möchten, glaube ich hervorheben zu müssen: 1) Convulsionen, ausser partiellen, die verschiedener Art sein können, selbst Tetanus und Trismus. In Bezug auf das Vorhandensein solcher verweisen wir auf die bereits oben mitgetheilten Fälle von Picco (Intoxication durch Hypophyllum sanguineum), wo verschiedene der Erkrankten an sehr heftigen convulsivischen Paroxysmen litten; auf diejenigen von Maschka (S 109), wo der vierte Fall, ebenso wie der fünfte und sechste convulsivische Be-

später ein [1]), wenn keine heilsame Reaction sich geltend macht, die Zufälle aufhören und Wärme und Kreislauf sich wieder herstellen. Ein günstiger Ausgang wird unglücklicherweise sehr selten beobachtet und nur dann, wenn spontan oder künstlich herbeigeführtes Erbrechen das Gift aus dem Körper schafften, ehe es zur Wirkung gelangte, oder wenn die genossene Quantität nicht sehr beträchtlich gewesen war. Jedenfalls leiden die Kranken noch sehr lange an den Folgen der Vergiftung [2]).

Alle Autoren stimmen darin überein, dass diese Intoxication grosse Gefahr mit sich bringt und dass es zweckmässig ist, die zurückgebliebenen Pilze schleunigst durch alle zu Gebote stehenden Mittel zu entfernen. $^2/_3$ der Vergifteten gehen nach

wegungen der Extremitäten darbietet und die Kranken 5. und 6. unter convulsivischen Bewegungen der Extremitäten verschieden; endlich auch Taylor, der 1866 im Guy's Hospital Reports drei Fälle von Vergiftung mit Amanita citrina beschrieben hat, in deren einem das Vorhandensein von Convulsionen geradezu hervorgehoben wird. Girard's Patientin, die wir oben erwähnten, hatte ebenfalls Convulsionen, ebenso die schwerer Erkrankten in Goudin's Behandlung. 2) Blutungen. Wir werden beim Sectionsbefunde sehen, dass nicht selten Sugillationen in inneren Organen sich finden; äussere Blutungen sind — von den Darmblutungen abgesehen — nur sehr selten zur Beobachtung gelangt; in der Observation I. von Galtier wird Epistaxis erwähnt. 3) Ikterus. Am ausgesprochensten ist die gelbe Hautfarbe in dem Picco-schen Falle, wo übrigens nur eine der erkrankten Personen sie zeigt; ausserdem erwähnt delle Chiaje (Enchiridio di Tossicologia teorico. pratica. Napoli 1858. p. 142) eine von ihm beobachtete Intoxication mit Amanita bulbosa, in welcher nicht allein Anfänge der Gelbsucht (principio d'itterizia), sondern auch Schmerz in der Lebergegend sich zeigten. Auch Goudin berichtet von entschieden ikterischer Färbung der Haut und Conjunctiva. 4) Kopfschmerz, in einzelnen Fällen von grösserer Heftigkeit. 5) Pupillenerweiterung. Das Verhalten der Pupille ist zwar weder überall angegeben, noch vollständig constant, doch ist in der Mehrzahl der Fälle, wie dies besonders Maschka hervorhebt, Mydriasis vorhanden. Goudin nennt in einem seiner Fälle die Pupillen leicht contrahirt. 6) Sprachlosigkeit; in einem Falle von Picco 5 Tage anhaltend. (H.)

[1]) Der Tod kann auch früher eintreten. Von den 7 Fällen, welche Maschka beschreibt, endigten 2 in 12–13 Stunden, 2 in 17—18 Stunden, 1 in 16 Stunden und 2 in 66—68 Stunden nach der Pilzmahlzeit. In den 3 Fällen von Goudin trat der Tod 1mal nach 48, 1mal nach 78 Stunden (bei Kindern), 1mal 6½ Tag nach der Vergiftung ein. Von Girard's Patienten starb 1 nach 54 Stunden, 1 nach 81 Stunden, 1 nach 100 Stunden. In Taglioni Toppetti's Relazion starben von 19 Holzhauern über die Hälfte am 3. Tage. (H.)

[2]) Meist restiren noch längere Zeit Verdauungsbeschwerden, Gastralgie, blasses Aussehen u. s. w. (H.)

den von mir zusammengestellten Zahlen an der Intoxication durch diese Pilze zu Grunde und der grösste Theil der Geretteten verdankt, wie ich schon bemerkte, dem spontanen oder künstlich erregten Erbrechen, durch welches die eingeführten Pilze wieder entfernt werden, sein Leben [1]).

Die meisten Pilzvergiftungen werden durch diese Art oder durch eine Mischung derselben mit anderen herbeigeführt, und da fast alle ohne genaue Angabe der Species mitgetheilt werden, so glaube ich, dass man alle Intoxicationen als durch diesen Pilz verursacht betrachten muss, in denen die Symptome erst 10 Std. nach dem Genusse auftreten, weil die anderen Arten weniger Zeit zu Entwicklung derselben bedürfen [2]).

Ich war niemals Zeuge einer Intoxication durch diese

---

[1]) Ich habe es versucht, eine Reihe von Fällen zusammenzustellen und das Mortalitätsverhältniss zu berechnen. Balardini hat von 68 Pilzvergiftungen, welche innerhalb 20 Jahren in der Provinz Brescia vorkamen, 20 als tödtlich angegeben, was für die gesammte Pilzvergiftung also 1 Todesfall auf 2 Genesungen macht. Summirt man verschiedene Beobachtungen aus der Literatur, welche zweifelsohne Amanita bulbosa betreffen: so erhält man stets schlimmere Zahlen für diesen Pilz, dagegen bedeutend günstigere für den Fliegenpilz (vgl. später). Aber man muss hierbei im Auge behalten, dass viele milder verlaufende Pilzvergiftungen, in specie mit der fraglichen Species, nicht veröffentlicht wurden, und es ist z. B. anzunehmen, dass den 7 lethalen Vergiftungsfällen von Maschka noch einzelne andere günstig verlaufende zur Seite gestanden haben. Ich habe — ohne Rücksichtnahme hierauf — 25 Todesfälle auf 13 Genesungen, was ziemlich genau zu Boudier's Angabe stimmt. Richtig ist auch, dass die ohne ärztliche Hülfe Gebliebenen und Individuen, welche das Einnehmen von Brechmitteln verweigerten, am meisten zu Grunde gegangen sind. Nicht immer ist es gerade die bedeutendere Quantität der genossenen Pilze, welche eine schlimmere Prognose darbietet. In dem Falle von Goudin blieb ein Mann, der das Meiste genossen hatte, am Leben, während seine Ehefrau und zwei Kinder starben. Derselbe Fall ist merkwürdig durch den Umstand, dass die nämlichen Pilze (Amanita citrina), welche, in einer eisernen Pfanne mit Butter gebraten, das Unglück hervorbrachten, bei dem Vater der Frau, der sie zunächst 2 Stunden in Wasser kochte, dann abträufeln liess, sie durch Pressen vom Wasser befreite und nun erst briet, nur Diarrhöe ohne weitere Beschwerden hervorriefen (18). Eine Dosis lethalis der betreffenden Pilze lässt sich selbstverständlich nicht angeben. Mehrtägiges Unwohlsein wurde nach delle Chiaje bei 2 Neapolitanischen Graveurs durch 2 kleine Exemplare des Pilzes hervorgerufen und kaum mehr war es in Girard's Falle, was den Tod einer allerdings schwächlichen Frauensperson herbeiführte. (H.)

[2]) Umgekehrt darf man aber nicht glauben, dass, wenn die Symptome nach einem Pilzgerichte früher eintreten, diese nicht von der in Rede stehenden Pilzart herrühren können. In den Fällen 1. u. 2. von Maschka findet sich ein Intervall von nur 3 Stunden. (H.)

Amanita, jedoch bediente ich mich dieser Species oft, um kleine Thiere, insbesondere Mäuse damit zu vergiften, da andere grössere Thiere nicht leicht herbeizuschaffen sind. Ich bemerkte ebenfalls, dass das Gift nicht sofort wirkte; die ersten Erscheinungen äusserten sich im Allgemeinen, wenn ich ihnen Abends das Gift gegeben hatte, am folgenden Morgen.

Ich gab, was meine Experimente anbetrifft, der Maus vor jedem anderen Thiere den Vorzug, weil sie stets leicht herbeizuschaffen ist und es mir schien, dass sie sich durch ihre ausserordentliche Abwechselung in der Nahrung dem Menschen mehr näherte als Kaninchen und andere grössere, besonders grasfressende Thiere.

Im Anfange erschienen die Mäuse stets sehr unruhig, später wurden sie stiller; sie hatten immer Diarrhoe, selten zeigten sich convulsivische Symptome, eher eine starke Betäubung, es stellte sich Gleichgültigkeit gegen Speisen und eine grosse Schwäche ein, sie konnten nicht mehr auf den Beinen stehen, hielten bisweilen den Kopf gegen die unteren Extremitäten, als ob sie heftige Kolik hätten und starben gewöhnlich den folgenden oder zweitfolgenden Tag, nachdem sie das Gift bekommen hatten.

In allen Fällen fand ich bei der Section den Magen leicht entzündet, mit geringer dendritischer Injection und oftmals mit rothbraunen Flecken oder Streifchen, die Gedärme zeigten violette Flecken. Paulet, der eine grosse Anzahl Versuche mit Hunden angestellt hatte, nahm fast dieselben Veränderungen wahr, er fand beinah immer den Magen mit kleinen rothen Fleckchen besäet, die Schleim- und Muskelhaut der Gedärme häufig zerstört und livide rothe Fleckchen zeigend, die oft an der Aussenfläche sichtbar waren.

Bei dem Menschen finden sich die gleichen Veränderungen. Es zeigen sich Röthe, dendritische Injection und rothe Flecken in grösserer oder geringerer Ausdehnung auf der inneren Oberfläche des Magens und der Gedärme; Fälle von Gangraen sind zweifelhaft. Es kommen stets Sugillationen auf den allgemeinen Decken vor [1].

[1] Der anatomische Befund bei der Vergiftung durch diesen Pilz ist von Boudier, wie das in den Handbüchern der Toxikologie meist

Ich werde weiter unten die Hülfsmittel anführen, welche man bei diesen Vergiftungen benutzen kann und will dann

---

geschieht, nur nach älteren Beobachtungen, die dem heutigen Standpunkte der pathologischen Anatomie nicht Genüge leisten können, geschildert. Neuere Untersuchungen haben an diesem Bilde Viel geändert. Zuerst hat Goudin (a. a. O.) bei seinen Vergiftungsfällen eigentliche Entzündnng (Röthe, Ulceration u. s. w.) im Magen und Darmkanal nicht constatirt, dagegen eigenthümliche Malacie der Magenschleimhaut, die vielleicht aber auch, wie ich bemerken muss, als Leichenerscheinung aufzufassen ist. Besonders aber hat Maschka in seiner oben erwähnten Publication den Standpunkt unserer Kenntnisse über den Leichenbefund bei der Vergiftung mit Amanita bulbosa verrückt, indem er diesen in 7 Fällen, die der weissen Abart des genannten Pilzes (in Prag als weisser Täubling bezeichnet) ihre Entstehung dankten, ganz gleichartig fand. Als Haupterscheinungen werden hervorgehoben: 1) gänzlicher Mangel der Todtenstarre. 2) Erweiterung der Pupillen. 3) Grösstentheils flüssige Beschaffenheit des dunkel kirschbraun gefärbten Blutes, dem nur hie und da einige lockere, unter dem Finger gleichsam zerfliessende schmutzig gelbe Faserstoffcoagula beigemengt sind. 3) Zahlreiche Ekchymosen und Blutaustretungen sowohl in den serösen Häuten als parenchymatösen Organen. 4) Ausdehnung der mit Urin übermässig angefüllten Harnblase. Da Maschka in Versuchen an Thieren zu den nämlichen Erscheinungen post mortem gelangte so glaubt er dieselben als pathognomonisch bezeichnen zu können, auch hebt er mit Recht hervor dass die angebliche Gangrän im Darm bei Pilzvergiftung uberhaupt, wie sie von älteren Autoren angegeben werde, einfach auf jene Sugillationen bezogen werden müsse (wie dies ja auch bei andern Vergiftungen, z. B. bei der Vergiftung mit Phosphor) geschehen muss. Was die Abwesenheit der Todtenstarre anlangt, die etwas Auffallendes hat, da in Maschka s Fällen auch allgemeine Convulsionen bei Lebzeiten vorhanden gewesen waren, so haben wir hervorgehoben, dass sie vielleicht sogar für diese Art der Pilzvergiftung charakteristisch ist, da sie wenigstens bei Intoxicationen mit dem Fliegenpilze sehr rasch eintreten und mehrere Stunden anhalten kann, wie dies Kussmaul und Borntraeger früher darthaten. Indessen muss ich bemerken, dass ich mich selbst davon überzeugt habe, dass auch beim Fliegenschwamm nicht immer Todtenstarre so rasch und deutlich eintritt.

Endlich kann ich nicht umhin, auf die Fettdegeneration der Leber in den Fällen 4. 7 und 8 von Maschka hinzuweisen, die als Folge der Pilzvergiftung um so mehr anzusehen ist, da die betreffenden Individuen Kinder also wohl keine Alkoholconsumenten waren. Ich gebe des Sectionsbefundes wegen Maschka's Fälle (sämmtlich vom Sept. 1854) in extenso:

„1. u. 2. Fall. Der 4jähr. W M. und die 40jähr. A K. wurden den 8. Sept., nachdem sie 3 Std. vorher ein aus Schwämmen bestehendes Gericht genossen hatten, von einem heftigen Erbrechen und Durchfalle ergriffen. Der herbeigerufene Arzt fand die Hautdecken blass und kühl, jedoch ohne cyanotische Färbung; das Gesicht war blass und verfallen, das Auge tiefliegend, matt und glanzlos, Nase und Mund trocken, häufiges Erbrechen und zahlreiche Darmentleerungen einer gelblich weissen Flüssigkeit. Nach dem Erbrechen blieb stets ein brennendes Gefühl im Schlunde zurück, nach den Stuhlentleerungen aber stellten sich jedesmal krampfhaft zusammenziehende Schmerzen ein, welche sich bis

besonders bei denjenigen verweilen, welche nach meiner Ansicht den grössten Erfolg versprechen, da ich nicht bei jedem

---

in die unteren Extremitäten hinabzogen. Der Unterleib war nicht aufgetrieben, gegen Druck nicht empfindlich. Die Urinsecretion spärlich, der Puls der Radialarterie in den beiden Fällen nicht zu fühlen, jener der Karotiden schwach, sehr beschleunigt. Das Bewusstsein war nicht gestört, und sämmtliche Cerebralfunctionen gingen bis auf etwas Schwindel beim Aufsitzen regelmässig von Statten, auch bot die Stimme keine Veränderung dar. Trotz der ärztlichen Hülfeleistung, welche in Darreichung eines Brechmittels, Oelmixturen, schleimigen Getränken mit Obstsäuren bestand, erfolgte der Tod in beiden Fällen am Morgen des 9. Sept., somit ungefähr 17—18 Std. nach dem Genusse der Schwamme.

3. u. 4. Fall. Der 7jähr. J. K. und der 10jähr. K. J. erkrankten in der Nacht vom 8. auf den 9. Sept., nachdem sie am Abend zuvor gekochte Schwämme genossen hatten, unter den Erscheinungen von heftigen Unterleibsschmerzen, Erbrechen, Diarrhöe, und wurden am 9. Sept. um 6 Uhr Morgens in das allgemeine Krankenhaus überbracht.

J. K. lag unbeweglich, starr und sprachlos da, die Temperatur des Kopfes war erhöht, die Pupillen erweitert, Kinnbackenkrampf und zeitweiliges Zähneknirschen vorhanden, die Hautdecken waren kalt, an den unteren Extremitäten cyanotisch, die obern convulsivisch verdreht, der Unterleib meteoristisch aufgetrieben, kein Erbrechen, unwillkührliche Stuhlentleerungen von Fäcalstoffen, der Puls sehr frequent und fadenförmig. Es wurde ein Brechmittel versucht, der Kranke konnte aber nicht schlingen, ferner wurden spirituöse Einreibungen gemacht und ein Bad verordnet, jedoch ohne allen Erfolg. Der Kranke starb am selben Tage um 9 Uhr Morgens, somit ungefähr 12—13 Std. nach dem Genusse der Schwämme.

5. u. 6. Fall. Die 9jähr. K. C. und die 42jähr. J. C. erkrankten, nachdem sie am 7. Sept. Mittags sich Schwämme zubereitet und genossen hatten, am Abend desselben Tages an Erbrechen und Abführen und wurden am 8. Sept. im allgemeinen Krankenhause aufgenommen. Beide Individuen klagten über heftige Schmerzen im Kopfe und Unterleibe, die Temperatur des Kopfes war erhöht, die Pupillen erweitert, die Sprache stammelnd und sehr leise, der Unterleib empfindlich, die Hautdecken kühl, die unteren Extremitäten cyanotisch. Kein Erbrechen, dagegen überhäufige Fäcalstoffe enthaltende Stuhlentleerungen, der Puls sehr klein und frequent, die Kräfte waren sehr gesunken, so zwar, dass sich die Kranken kaum aufzusetzen vermochten. K. C. war überdies sehr unruhig, warf sich im Bette herum, und ward auch von convulsivischen Bewegungen der Extremitäten befallen. Ungeachtet der Anwendung von Bädern und der Darreichung eines Decoctum salep cum extracto opii et alumine crudo blieb der Zustand auch am 9. Sept. bei Fortdauer häufiger diarrhoischer Entleerungen derselbe. Am 10. Sept. Morgens traten Sopor und röchelnde Respiration hinzu, und die Kranken verschieden unter convulsivischen Bewegungen der Extremitäten ungefähr 66—68 Std. nach dem Genusse der Schwämme.

7. Fall. M. H. endlich erkrankte am 16. Sept. Mittags gleichfalls nach dem Genusse von Schwämmen und starb am 17. Sept. Vormittags, somit ungefähr 16—17 Std. später. Erbrechen, Diarrhöe und Unterleibsschmerzen waren auch in diesem Falle 3—4 Std. nach dem Genusse der Schwämme eingetreten, weshalb derselbe die Hülfe des allgemeinen Krankenhauses in Anspruch nahm. Daselbst aufgenommen,

einzelnen Pilze die fast identischen Vorschriftsmassregeln wiederholen will.

---

bot derselbe ein den früher beschriebenen Fällen ähnliches Krankheitsbild dar. Gesicht und Augen waren eingefallen, die Hautdecken kalt und cyanotisch, der Puls klein und frequent, das Erbrechen sowie Stuhlentleerungen, welche anfänglich sehr häufig gewesen sein sollen, waren bereits selten geworden, der Unterleib etwas empfindlich, die Urinsecretion, so wie auch in den früheren Fällen, spärlich. Nachdem mehrmals Convulsionen hinzugetreten waren und sich in den letzten Stunden ein soporöser Zustand hinzugesellt hatte, erfolgte der Tod.

Was den Leichenbefund anbelangt, so war derselbe in allen 7 Fällen, bis auf einige unwesentliche Abweichungen, so übereinstimmend, dass es, um Wiederholungen vorzubeugen, genügen wird, die pathologisch-anatomischen Erscheinungen derselben zusammenzufassen und gemeinsam aufzuführen.

Die Hautdecken waren in allen Fällen schmutzig weiss, hie und da in's Bläuliche übergehend, am Rücken, an dem Gesässe, so wie auch an der äusseren und hinteren Seite der unteren und oberen Extremitäten mit zahlreichen grossen Todtenflecken versehen, die Musculatur schlaff, nirgends straff gespannt. Die Gelenke waren bei allen vollkommen und leicht beweglich, von einer Todtenstarre keine Spur. Das Gesicht war eingefallen, die Augen tiefliegend, die Pupillen in den gesammten Fällen bedeutend erweitert, der Unterleib eingezogen. Die Hirnhäute waren, mit Ausnahme jener der 70jährigen A. K., wo sie getrübt erschienen, regelmässig beschaffen, feucht anzufühlen, ihre Gefässe mit flüssigem kirschbraunem Blute angefüllt. Der obere Sichelblutleiter enthielt im 1. und 3. Falle, bei dem Knaben W. M. und J. K. etwas wenig mürbes, leicht zerfliessendes, schmutzig gelb gefärbtes Faserstoffcoagulum, sonst durchgehends nur flüssiges kirschbraunes Blut. Das Gehirn selbst bot, bis auf eine bei der 70jährigen A. K. vorhanden gewesene Erweiterung der Seitenventrikel, sowohl in Beziehung auf Blutgehalt als Textur keinen regelwidrigen Zustand dar. Die Felsenblutleiter enthielten durchgehends nnr flüssiges Blut von der früher angegebenen Beschaffenheit. Die Schleimhaut der Zunge, des Kehlkopfes, der Luft- und Speiseröhre war dunkelroth von Farbe, fest, ohne Erosionen oder sonstige Veränderungen. Die Luftröhre enthielt im 4., 5. u. 6. Falle einen kleinblasigen, röthlich gefärbten Schaum, in den übrigen Fällen war ihre Schleimhaut mit einer dünnen Schichte röthlich grauen Schleims bedeckt.

Die Drosselblutadern enthielten in allen Fällen eine beträchtliche Menge dunklen, kirschbraunen, flüssigen Blutes. Die Lungen liessen in allen Fällen an ihrem serösen Ueberzuge zahlreiche, schwarzbraun gefärbte Ekchymosen wahrnehmen, welche von der Grösse eines Thalers bis zu jener eines Hanfkornes variirten und sowohl an der vorderen und seitlichen als auch an der hinteren Parthie derselben vorhanden waren. Aehnliche Ekchymosen wurden auch an dem Costaltheile des Rippenfelles in bedeutender Menge beobachtet. Auch in der dunkelroth gefärbten und eine ziemliche Menge dunklen flüssigen Blutes enthaltenden, sonst jedoch normal beschaffenen Substanz der Lungen kamen derartige Ekchymosen von verschiedener Grösse und namentlich im 5. und 6. Falle in bedeutender Menge vor. Der Herzbeutel, sowie auch der seröse Ueberzug des Herzens boten besonders im 4., 5. und 6., weniger in den andern Fällen zahlreiche hanfkorn- bis erbsengrosse Ekchy-

§. II. — Symptome der Vergiftung durch Fliegenschwamm [1]).

Amanita muscaria (Fliegenschwamm) ist ein fast ebenso gefährliches Gift wie **Amanita bulbosa**. Es sind zahl-

---

mosen dar, so zwar, dass namentlich im 5. u. 6, Falle der Herzbeutel wie mit Dintenflecken übersäet erschien. — Auch in der Musculatur des Herzens waren im 5. u. 6. Falle kleine Blutaustretungen bei sonst normaler Beschaffenheit der Muskelsubstanz vorhanden; die rechte Herzkammer, die beiden Vorkammern, sowie auch die Lungenarterie enthielten nebst vielem dunkelkirschbraunem flüssigen Blute auch einige lockere, schmutzig gelbe Faserstoffgerinnungen. Der Klappenapparat bot bis auf den 2. Fall, wo die zweizipflige und die Aortaklappen etwas verdickt erschienen, keinen regelwidrigen Zustand dar.

Die Leber liess in allen Fällen, sowohl in ihrem serösen Ueberzuge als auch in ihrer Substanz zahlreiche, in der Umgebung scharf geschiedene Ekchymosen von dunkelbrauner Farbe und der verschiedensten Grösse wahrnehmen. Da überdies im 3., 4. u. 5. Falle die **Substanz der Leber fettig entartet** war, so erhielt dieselbe durch diese zahlreichen Blutaustretungen ein eigenthümliches, gleichsam getiegertes Aussehen; die Gallenblase enthielt wenig bräunlich grüne zähe Galle, ihre Schleimhaut war nicht injicirt und nicht verdickt. Die Milz, deren Consistenz und Blutgehalt nichts Auffallendes darbot, zeigte an ihrer Oberfläche und in der Tiefe ihrer Substanz zahlreiche, jedoch sehr kleine Ekchymosen, und erhielt hierdurch ein gesprenkeltes Aussehen.

Der seröse Ueberzug des Magens und Darmkanals war feucht anzufühlen, normal beschaffen und zeigte keine Spur von Ekchymosen. Der Magen selbst war von Luft ausgedehnt und enthielt in den meisten Fällen nur eine sehr geringe Menge einer schwärzlichen geruchlosen Flüssigkeit, in der keine fremdartige Substanz mehr wahrzunehmen war, nur im 7. Falle, wo der Mageninhalt von derselben Beschaffenheit, jedoch in bedeutender Menge vorhanden war, wurden kleine Speisenreste bemerkt. Die Schleimhaut des Magens war mit einem dicken, zähen, von der enthaltenen Flüssigkeit röthlich-braun gefärbten Schleime bedeckt, unter derselben nur wenig injicirt, gerunzelt, nicht aufgelockert. Im 5. u. 6. Falle zeigten sich im Grunde des Magens einige hanfkorngrosse Ekchymosen, im 3. u. 4. Falle dagegen war die Schleimhaut gleichfalls am Fundus im Umfange eines Kupferkreuzers aufgelockert, roth gefärbt, leicht abstreifbar und mit ausgetretenem Blute unterlaufen. Die Nieren waren mässig gross, blutreich und zeigten im 3. u. 5. Falle sowohl im serösen Ueberzuge als in der Rindensubstanz einige sparsame hanfkorngrosse Blutaustretungen. Die Schleimhaut des Dünn- und Dickdarms war blass, sonst regelmässig beschaffen, der Darminhalt bestand aus einer gelblich-weissen, dünnen Flüssigkeit. Die Harnblase war in allen Fällen mit Harn vollgefüllt und meistentheils so ausgedehnt, dass sie fast zum Nabel reichte. Die Unterleibsblutgefässe enthielten eine beträchtliche Menge eines dunkelkirschbraunen flüssigen Blutes.“

[1]) Dieser Pilz bedarf einer weitläufigen Charakteristik nicht, wie der vorige, da er höchst bekannt ist. Auch die Synonymik ist sehr unbedeutend. Die Bezeichnung Agaricus muscarius deutet auf die in vielen Gegenden bekannte Eigenschaft des Pilzes, Fliegen zu tödten,

reiche Beobachtungen über Intoxication durch diese Art vorhanden, und nächst der Amanita bulbosa müssen die meisten Vergiftungen dieser Species zugeschrieben werden [1]. Da die Beobachtungen im Wesentlichen den oben gemachten

hin; daher auch die deutschen Bezeichnungen: Fliegenschwamm, Fliegenwulst, Fliegentod, Mückenschwamm, die Englische fly fungus, u. a. m. Bulliard's Benennung Agaricus pseudo aurantiacus gibt die Französische Bezeichnung fausse oronge wieder, welche den Pilz in Gegensatz zu der echten oronge, dem Kaiserpilz, mit welchem er öfters verwechselt ist, stellt. Die Italiener stellen ihn als ovolo malefico, falso oder rosso ebenfalls der Amanita caesarea gegenüber, in ähnlicher Weise wie die Amanita bulbosa als pratiolo malefico dem Champignon. Als Hauptkriterien dieser Species geben wir an: Hut roth, rothgelb oder gelblich, mit weisslichen schuppenartigen Warzen, 4—6" breit; Fleisch weiss, unter der Oberhaut von einem rothgelben Saume eingefasst, Stiel 3—6" hoch, ½—1" dick, knollig oder hohl, mit schlaffem, weissem Ringe, unter demselben glatt, am Grunde knollig verdickt, mit angewachsener schuppiger Wulst. Lamellen weiss oder gelb. Der Kaiserpilz (Amanita caesarea), der im nördlichen Deutschland fehlt, unterscheidet sich von dem Fliegenschwamme durch eine zähe, dicke, scheidige, nicht schuppige Wulst, durch viel grössere, minder zahlreichere, aber festere und hautartige Lappen auf dem Hute; durch den glatteren Stiel, dessen Durchschnitt am äusseren Umfange gelbes Fleisch zeigt; durch die rein gelbe Farbe der Lamellen, meist auch des Stieles und Ringes. (H.)

[1]) Mit Unrecht wird von einzelnen Schriftstellern die Gefährlichkeit dieses Pilzes geläugnet. Wenn z. B. Letellier sagt, il n'y a pas d'observation qui constate que la mort ait été causée par cette espèce seule, so wird dies durch eine Reihe von Beobachtungen, insbesondere solcher Fälle, wo einzig und allein narkotische Erscheinungen eintraten, widerlegt. Wir geben weiter unten eine derartige, weniger bekannte Beobachtung. Sicher ist es aber recht gut möglich, dass in Fällen, wo selbst angegeben steht, dass Fliegenpilze in einem Pilzgerichte vorhanden waren, auch andere giftige Pilze der Mahlzeit beigemengt waren, und so beargwöhne ich z. B. die schon im 2. Capitel erwähnten Beobachtungen von Vadrot über die Vergiftung mehrerer Französischer Soldaten in Russland, und zwar, weil die Erscheinungen in mehreren Fällen längere Zeit auf sich warten liessen, als es beim Genusse des Fliegenpilzes sonst der Fall ist. Es scheint, als ob Boudier gerade diese Fälle wesentlich zur Aufstellung seines Krankheitsbildes benutzt hat. Im Allgemeinen kann man übrigens sagen, dass die Vergiftung mit Amanita muscaria eine bessere Prognose zulässt, wie diejenige mit Amanita bulbosa. Selbst anscheinend sehr schwere Intoxicationen nehmen häufig ein sehr günstiges Ende, und namentlich scheinen Kinder viel besser sich von den Wirkungen des Pilzes zu erholen, so ein 3 bis 4jähriges Mädchen nach 2 Fliegenschwämmen (Wibmer, die Wirkung der Arzneimittel und Gifte I. p. 74), ja in einem Falle von Fricker ein 1¼ Jahr altes Kind (Med. Corr.-Bl. des Würtemb. ärztl. Vereins. Bd. X. No. 9. p. 65. 1840. Frank's Magazin II, 8) nach etwa 1 Pilze. Man sieht hieraus, wie übertrieben und wie weit von der Wahrheit entfernt die Angaben einzelner deutschen Bücher sind, wonach die Vergiftung mit dem Fliegenpilze fast stets tödlich sei. (H.)

Angaben entsprechen, so werde ich mich darauf beschränken die Wirkungsdifferenzen anzugeben. Dies sind: Das frühzeitigere Auftreten der Symptome, 3 — 6 Std. nach dem Genusse; dann ein Gefühl von Zusammenziehen der Kehle, das Amanita bulbosa nicht verursacht. Die deutliche Schärfe des Fliegenschwamms bedingt sicher diese Erscheinung und führt auch wahrscheinlich das bisweilen vorkommende Erbrechen herbei, durch welches die Gefahren der Wirkung vermindert werden; wird der Pilz nicht wieder ausgebrochen, so nimmt das Leiden zu, die Stuhlentleerungen sind meistens blutig und oftmals treten furibunde Delirien ein, die dieser Species eigen zu sein scheinen [1]). Die Schriftsteller geben an, dass die auf

[1]) Boudier stellt in seiner Charakteristik der Fliegenschwammvergiftung, wie er dies später auch noch ausdrücklich hervorhebt, die Schärfe der Wirkung voran. In dieser Beziehung vermag ich den Anschauungen nicht beizutreten, und muss bei der in meinem Handbuche der Toxikologie geäusserten, dass grade die eigentliche narkotische Wirkung das Charakteristische für diesen Pilz sei, stehen bleiben. Es gibt eine ganze Reihe von Beobachtungen, wo dieser Pilz rein narkotische Erscheinungen hervorrief, und wo von einem Ergriffensein des Tractus nicht die Rede ist. Ich erinnere z. B. an den von Lenz (Die Schwämme. 3. Aufl. p. 15) erzählten Fall, wo eine Russische Magd eine gute Portion eines eingesalzenen Fliegenschwammes verzehrte und danach eine 2 Tage lang dauernde Betäubung eintrat, bei welcher die Pupillen doppelt so weit waren wie gewöhnlich, und wo am 3. Tage Besserung erfolgte. Galtier (Traité de Toxicologie. T. II. p. 566) berichtet von einer Vergiftung durch die fausse oronge in der Familie des Arztes Dufour zu Montargis; die 20jährige Dienstmagd, welche am meisten von dem Gerichte, in welchem sich die Fliegenpilze befanden, gegessen hatte, wurde sehr rasch schwindlig, verfiel in Betäubung, wurde ein wenig übel, ihr Gesicht war roth, turgescent, der Puls gross, voll, undulirend; die 12jährige Tochter des Hauses erkrankte in der nämlichen Weise, jedoch ohne Nausea; der 11jährige Bruder derselben wurde wie betäubt und trunken. In dem oben erwähnten Falle von Fricker, wo das $1^1/_4$ Jahre alte Kind eines Bauern von einem rohen Fliegenschwamme genossen hatte, trat sehr rasch ein todesähnlicher Schlaf auf, in welchem die Pupillen erweitert, gegen Licht unempfindlich, das Gesicht aufgedunsen, blass, mit bläulichem Scheine um Augen, Nase und Mund, der Puls klein und irregulär war, hier und da leichte Zuckungen über den ganzen Körper und ein leichtes Verdrehen der obern Extremitäten sich einstellten. Auch Gmelin hat einen Fall, welchen er irrthümlich zu Agaricus torminosus stellt, nach Vicat, Histoire des plantes vénéneuses de la Suisse (das Original war mir nicht zugänglich) mitgetheilt, in welchem zwei Haushaltungen in Lausanne giftige Pilze mit Oronges verwechselt hatten, und wonach Zittern der Glieder, Wahnsinn, Ohnmachten, Zuckungen in dem Gesichte, Schlagflüsse u. s. w. sich einstellten; der Ausgang scheint hier überall trotz der anscheinenden Todesgefahr günstig gewesen zu sein. Diese Fälle erinnern schon sehr an die später zu besprechende Benutzung der Pilze

den Organismus hervorgebrachten Wirkungen nicht constant sind; nach meinen Untersuchungen hängt diese Inconstanz,

als Berauschungsmittel ostasiatischer Völkerschaften; noch mehr aber eine Reihe von Vergiftungen, in denen es zwar nicht mit Sicherheit ausgemacht ist, dass der Fliegenpilz sie verursachte, wo dies aber im höchsten Grade wahrscheinlich ist. Fälle, wie von Wolff (Rust's Magaz. Bd. 36. H. 1. p. 75), wo die Erscheinungen schon in ½ Stunde beginnen und in furchtbarem Geschrei, von heftigen convulsivischen Bewegungen begleitet, Trismus, Zittern bestehen, von Peddie (Edinb. med. a. surg. journ. Vol. 49. p. 200. 1837), wo das bei Vergiftung mit den eigentlichen Mydriatica (Atropin, Hyoscyamin) vorkommende Blausehen ½ Stunde nach dem Genusse von Pilzen sich zeigt, und die weiteren Symptome in Delirien, Convulsionen, Schläfrigkeit sich äussern, der ältere, bei Christison erzählte Fall von Gren, wo (angeblich nach dem Genusse von Agaricus campanulatus) schon 10 Minuten nach dem Beginne der Mahlzeit sich Verdunklung des Gesichts, Schwäche, Zittern, Verlust der Erinnerung und Schlaftrunkenheit einstellte, stimmen so genau zu den Beobachtungen in Kamtschatka u. s. w. einerseits, und reihen sich andererseits an die erwähnten Fälle von genau constatirter Fliegenpilzvergiftung, dass wir sie zu diesen zu stellen uns getrauen. Wahrscheinlich gehören auch hierher die Fälle von Mortehon (Bull. de la Faculté de méd. de Paris. T. 3. No. 6. p. 386. 1813. Frank's Magaz. IV. p. 545) u. a. m. Ich glaube, dass besonders dieser Pilz das beträchtlichste Contingent zu derjenigen Form des Mycetismus stellt, welche man als die narkotische bezeichnet, und bei welcher jede schmerzhafte Affection des Unterleibes fehlt.

Andrerseits lässt sich nicht läugnen, dass bei einzelnen Vergiftungen mit dem in Frage stehenden Schwamme auch Symptome irritativer Reizung bestehen. In mehreren der erwähnten Fälle besteht Brechneigung, in anderen Erbrechen, das ziemlich frühzeitig eintritt und öfters günstig auf den Verlauf der Intoxication wirkt. Ob es auf die Affection des Magens oder der Nervencentra zu beziehen ist, wage ich nicht zu entscheiden. In einem Falle bei Wibmer, wo ein 4jähriges Mädchen 2 Stück Fliegenschwämme (roh) ass, trat (nach 4 Stunden) neben Bewusstlosigkeit und Taumel Kolik ein, daneben Schäumen des Mundes, Aufgetriebensein des Unterleibes, aber kein Erbrechen. Lenz berichtet einen Fall, wo ein Thüringer Bauer behauptete, alle Pilze essen zu können, und auf die Fliegenschwämme aufmerksam gemacht, sich eine gute Portion briet und ass, worauf er „so gewaltig am Bauche aufschwoll, dass er, während er sich in einem jämmerlichen Zustand befand und immer nach Luft schnappte, noch tüchtig ausgelacht wurde." Auch in den Fällen von Wolff ist der Unterleib im höchsten Grade tympanitisch gespannt. Bei dieser Tympanites kommt es indessen in den meisten Fällen nicht zu Diarrhöen; bei einem Kranken Peddie's wird der Stuhl geradezu als regelmässig bezeichnet, in Wolff's Falle werden normale Fäces durch ein Klystier zu Tage gefördert; in den übrigen ist von Abnormitäten nicht die Rede. Die irritative Localaffection ist somit in diesen constatirten Fällen nicht bedeutend. Boudier will in dieser Beziehung noch auf die Constriction im Halse Gewicht legen. Ich habe darüber schon früher geäussert, dass gerade dieses Symptom einer doppelten Auslegung fähig ist und nicht ohne Weiteres als die grössere Schärfe des Pilzes beweisend angesehen werden kann. Auch bei anderen Vergiftungen fin-

wie ich schon bemerkte, vermuthlich von der Zubereitungsweise ab.

---

den sich, z. B. bei der Belladonna-Vergiftung, ähnliche, auf die entfernte Wirkung des Giftes zu beziehende Phänomene. Es fehlt übrigens (oder ist als unerheblich nicht angemerkt) in der Mehrzahl der oben angegebenen Fälle; eine der Kranken Wolff's, die sonst gar keine Irritationsphänomene zeigte, klagte über dieselbe; bei Mortehon hat einer der Kranken, bei welchem auch Erbrechen existirt, starke Dysphagie in Folge von Constriction des Pharynx.

Nun sind aber noch in der Literatur einige Fälle von angeblicher Fliegenpilzvergiftung vorhanden, welche ein ganz abweichendes Gepräge tragen. Dahin gehören vor Allem die Vergiftung der Fürstin Conti, dann ältere Beobachtungen, welche Paulet erzählt, endlich die mehrmals erwähnten Fälle von Vadrot. Die Fürstin Conti bekam 2 Stunden nach dem Diner, angeblich nach dem Genusse von Fliegenschwämmen, Brechneigung, Ohnmacht, Angst, blieb einige Zeit bewusstlos und in einem Zustande von Stupor; 27 Gran Brechweinstein, welche man anwandte, blieben ohne Wirkung. Durch ein starkes Tabacksdecoct bekam sie reichliche Entleerungen nach unten und oben, die Stühle enthielten Pilzreste und Blut, es zeigte sich Schmerz im Unterleibe, und die Erholung erfolgte nur langsam (Galtier, l. c. p. 566). Diesen Fall halte ich für eine wirkliche Fliegenpilzvergiftung, bin jedoch andererseits der Ansicht, dass die localen Symptome nicht auf Rechnung des Pilzes, sondern auf die der — wirkungslos gebliebenen 21 Gran Tartarus stibiatus kommen. Die Beobachtung von Paulet betrifft den bekannten Fall, wo eine Wäscherin im Holze von Romainville gesammelte Fliegenpilze mit Oel und Zwiebeln kochte und mit 2 Töchtern und einem Erwachsenen verzehrte; es traten bei ihr etwa nach 1 Stunde allgemeines Unwohlsein, Brechneigung, Ohnmachten, ein Gefühl von Constriction im Halse ein; eine Tochter erbrach die Schwämme, die andere erkrankte in gleicher Weise wie die Mutter, aber erst 7 Stunden nach der Vergiftung. Fieber, Coliken und lebhafte Schmerzen waren Anfangs nicht vorhanden und ein Brechmittel stellte die Kranken, von denen die Mutter einige Tage fieberte, wieder her. Auch diesen Fall bin ich geneigt, für eine reelle Fliegenpilzvergiftung zu halten, nicht allein der Constriction im Halse wegen, sondern insbesondere wegen des Mangels der Coliken u. s. w., obschon der Eintritt der Symptome bei der einen Tochter ein sehr verspäteter ist. Anderer Ansicht bin ich dagegen in Bezug auf die Fälle von Vadrot. Es wird uns von ihm berichtet, dass mehrere Französische Soldaten 2 Stunden von Polock in Russland Schwämme assen, die „deshalb für Fliegenpilze gehalten werden, weil die Sammler sie als Kaiserpilze ansahen." Von diesen Soldaten starben 4, welche kein Gegenmittel nehmen wollten, da sie sich noch 6 Stunden nach der Mahlzeit und noch länger recht wohl befinden. Erst des Abends begannen sie über Bangigkeit, Erstickungsgefühl, häufige Ohnmacht, brennenden Durst und heftiges Leibschneiden zu klagen; der Puls wurde klein, irregulär, der Körper bedeckte sich mit kaltem Schweisse; Nase und Lippen bekamen eine violette Farbe; es stellte sich heftiges Zittern ein, der Leib schwoll an, und eine profuse stinkende Diarrhoe kam hinzu. Bald wurden die Extremitäten kalt und livid, der Schmerz des Unterleibes immer heftiger; schliesslich trat Delirium und der Tod, bei einem 1 Stunde nach Eintritt in das Hospital, bei den übrigen in der Nacht ein. Auch

Den Umstand, dass der Genuss des Pilzes bisweilen Delirien herbeiführt, haben sich die Kamtschadalen in einer eigenthümlichen Weise zu Nutzen gemacht. Wie Krascheninikow (Histoire naturelle de Kamtschatka, p. 209) und nach ihm Murray, Langsdorf und alle Schriftsteller, welche die

---

bei 2 anderen schon früher erkrankten waren die Symptome heftig; sie hatten schwachen Puls, einen gespannten schmerzhaften Unterleib, partielle kalte Schweisse, stinkenden Athem und stinkende Stuhlgänge. Nachmittags trat Delirium ein, später 24stündiges Coma. Es kann keinem Zweifel unterliegen, dass hier Fliegenpilze mitwirkend gewesen sind; aber es ist auch sehr wahrscheinlich, dass hier noch andre Pilze mitspielten, und nach dem sehr späten Auftreten der Erscheinungen sind vielleicht Varietäten von Amanita bulbosa mehrbetheiligt. Aus äusseren Gründen ist übrigens schon Phöbus gegen die Glaubhaftigkeit, dass es in diesem Falle sich um Fliegenpilze handle, aufgetreten.

Uebrigens kann nicht behauptet werden, dass dem Fliegenpilze überhaupt die locale irritirende Wirkung abgehe. Bei Thieren kommt sicher Durchfall nach demselben vor, wie dies schon Lenz hervorhebt, der bei Kühen in der Umgegend von Schnepfenthal durch grosse Fliegenschwämme Anschwellung des Leibes und Durchfall bewirkt werden sah. In einem von Schlegel (Hufeland's Journal 1822. Febr. S. 30) mitgetheilten Falle fielen etwa 100 Stück Ziegen vom Genusse des Fliegenschwamms um und bekamen Blähungen. Krombholz, der wohl die meisten Versuche gemacht hat, hat bei der Mehrzahl Erbrechen und häufige Darmausleerung — daneben aber natürlicher Weise nervöse Symptome — gesehen.

Dass die Zubereitung des Pilzes Einfluss auf den Eintritt oder Nichteintritt der localen Erscheinungen beim Menschen habe, konnte ich bei Vergleichung der Krankengeschichten nicht constatiren.

Es lässt sich aus dieser Auseinandersetzung, welche darthut, dass wir von vielen Krankengeschichten nicht mit Bestimmtheit angeben können, ob es sich um reine Fliegenpilzvergiftung handle, erkennen, dass es fast unmöglich ist, richtige Angaben über Dauer der Affection, Eintritt des Todes und selbst über mehr oder minder ungewöhnliche Symptome zu machen. Als Kriterium gegenüber der Vergiftung mit Amanita bulbosa muss besonders ausser dem von Boudier richtig betonten frühzeitigen Auftreten der Erscheinungen (in einem Falle 10 Minuten, in mehreren weniger als 1 Stunde) der Verlust des Bewusstseins hervorgehoben werden, dass die Kranken nach ihrer Genesung von den Vorgängen wenig oder gar nichts wissen. Die Genesung folgt in der Regel rasch; doch können auch mehrere Tage, ja selbst Wochen lang anhaltendes Unwohlsein persistiren. So Zittern der Hände und des Kopfes, grosse Schwäche u. s. w. Wahrscheinlich gehört hieher der Fall von Raoul Leroy d'Etiolles (L'Union méd. 1857. 46), wo ein Mann nach einer schweren Pilzvergiftung zum grössten Theile Sensibilität und Motilität der unteren Extremitäten, auch des linken Armes, verlor, Lähmung der Sphincteren und Blase bekam, daneben auch Verdauungsstörungen, Gelbfärbung der Haut; vielleicht ist derselbe aber auch zur Vergiftung mit Pilzgemengen zu rechnen. Der Tod scheint schon nach 7—12 Stunden eintreten zu können; meist erfolgt er später. (H.)

Eigenschaften dieser Amanita besprochen haben, berichten, bereiten die Bewohner von Kamtschatka aus diesem Pilze ein Getränk, welches einen eigenthümlichen, oft von furibunden Delirien und starker Entwicklung der Muskelaction begleitenden Rausch verursacht. Die Berauschten fallen hin, schlafen ein und sind nach einiger Zeit der Ruhe vollkommen wiederhergestellt. Langsdorf bemerkt, dass diejenigen, welche sich dem Genusse dieses Getränkes ergeben, schliesslich wahnsinnig werden. Es wird dasselbe entweder aus dem Fliegenschwamm allein bereitet, oder durch einen Aufguss dieses Pilzes und der Blätter von Epilobium, oder durch Vermischen dieses Aufgusses mit dem Safte von Vaccinium uliginosum. Vielleicht haben diese beiden Pflanzen an der berauschenden Wirkung Theil; dass sie in der That vorhanden ist, kann man nicht läugnen, weil neue und glaubwürdige Beobachtungen sie bestätigen [1]) und sie sich fast in allen Vergiftungs-

[1]) Der eigenthümliche Gebrauch, welchen einige Ostasiatische Völkerschaften von dem Fliegenschwamme als Berauschungsmittel machen, wird von den meisten Autoren nicht völlig richtig dargestellt, so dass es zweckmässig erscheinen kann, denselben hier nach den Quellen zu verfolgen. Es ist dies um so mehr eine Nothwendigkeit, als neuerdings einzelne Autoren, wie z. B. Ebbinghaus in seinem oben citirten Buche das Ganze oder Einzelnes in den Mittheilungen als erdichtet („Jägerlatein" heisst es bei Ebbinghaus) angegeben haben, was bei den übereinstimmenden Zeugnissen einer Reihe von hochachtungswerthen Autoren durchaus unstatthaft ist. In der Regel wird — und so geschieht es auch von Boudier — für sie als erste Quelle Krascheninikoff angeführt; die von ihm redigirte Geschichte von Kamtschatka, von welcher mir ausser dem Russischen Original die Englische Uebersetzung vorliegt (History of Kamtschatka and the Kurilsky Islands. Glocester 1764) ist nach Krascheninikoff's eignen Beobachtungen und nach Steller's Papieren gearbeitet. Phöbus vermuthet, dass sie sich nur auf Steller's Erfahrungen, mit welchem Krascheninikoff als Student reiste, gründe und allerdings hat Steller schon 1738 das Factum in seinen Observationes erzählt; aber Krascheninikoff's Angaben sind viel weitläufiger als diejenigen, welche Steller's nach seinem Tode herausgegebene Beschreibung von Kamtschatka bringt. Uebersetzt lauten sie wörtlich:

„Bisweilen bedienen sich die Vornehmen bei Gastmählern eines Liqueurs, den sie aus einem grossen Schwamme bereiten, mit welchem die Russen Fliegen tödten. Sie bereiten ihn mit dem Safte von Epilobium (Weidenröschen). Die ersten Symptome sind, wenn der Liqueur auf einen Menschen wirkt, Zittern an allen Gliedern und in einer halben Stunde fängt er an zu rasen, wie ein Fiebernder; und je nach seinem Temperamente wird er entweder lustig oder melancholisch. Die Einen hüpfen, tanzen und singen, die Andern weinen und sind in furchtbarer Angst, da ihnen ein kleines Loch wie ein schauerlicher Abgrund und ein Löffel voll Wasser wie ein See vorkommt; Alles dies gilt nur von denjenigen, die im Uebermaasse trinken; kleine Quantitäten heben ihren Geist, machen sie munter, beherzt und lustig. Man sagt, wenn sie von diesem Gewächs gegessen haben, so behaupten sie, dass was für närrische Dinge sie auch thäten, sie darin nur den Befehlen des Pilzes gehorchten. Dieser Missbrauch ist sicher sehr gefährlich. Die Kamtschadalen nehmen von solchen Gelagen wenig Notiz, vielleicht macht die Gewöhnung es für sie weniger gefährlich. Einer unserer Kosacken beschloss diesen Pilz zu essen, gerieth davon aber, als er es ausführte, in Lebensgefahr. Ein Einwohner Kamtschatka's glaubte nach dem Genusse des Pilzes, er befinde sich am Rande der Hölle und solle hinuntergestürzt werden, und der Pilz beföhle ihm, er solle auf seine Kniee fallen und ein vollständiges Sündenbekenntniss ablegen, was er dann auch zu nicht geringem Vergnügen seiner Kameraden that. Ein Soldat der Garnison soll, nachdem er eine geringe Quantität genossen, einen grossen Weg ohne Anstrengung zurückgelegt haben, von einer grösseren Portion aber gestorben sein. Mein Dolmetscher trank etwas von dem Safte ohne es zu wissen und wurde danach so verrückt, dass er kaum abzuhalten war, sich den Bauch aufzuschlitzen, was ihm der Pilz, wie er sagte, befohlen habe. Die Kamtschadalen und die Koräken essen den Pilz, wenn sie Jemand umbringen wollen, und bei letzteren ist er so geschätzt, dass sie keinem derart Berauschten gestatten, auf die Erde zu uriniren, sondern ihm ein Gefäss geben, und dann den Urin trinken, der dieselbe Wirkung wie der Pilz hat. In ihrer Gegend wächst der Pilz nicht und sie müssen ihn aus Kamtschatka kommen lassen. 3—4 sind die mittlere Dose, wollen sie sich berauschen, so nehmen sie zehn. Die Frauen machen keinen Gebrauch von dem Pilze." (History of Kamtschatka p. 207.)

Bei Steller (Beschreibung von dem Lande Kamtschatka, herausgegeben von J. B. S. Frankfurt u. Leipz. 1774) heisst es S. 92 in Bezug auf den Pilz:

„Man findet auch unter der Sarana die giftige Wurzel von Napello, davon sagen sie, dass die Mäuse an ihren Festtagen sich damit besaufen und trunken machen, wie sie sich mit dem Muchamoor oder Fliegenschwamm, und die Kosaken mit Branntwein. — — Unter den Erdschwämmen ist der vergiftete Fliegenschwamm, auf Russisch Muchamoor, auf Itälmenisch Ghugakop genannt, in grossem und sonderlichem Werth; um die Russischen Ostroge ist dies zwar schon lange aus der Gewohnheit, hingegen um den Tigil und nach den Koräkischen Grenzen zu desto mehr in Gebrauch; sie trocknen diese Schwämme, essen solche ohngekäuet in ganzen Stücken, und trinken eine gute Portion kalt Wasser darauf; nach Verlauf von ½ Stunde werden sie davon toll und besoffen, und bekommen allerlei wunderliche Phantasieen. Die Koräken und Jukagiri sind dieser Speise noch mehr ergeben, und darauf dergestalt erpicht, dass sie ihn überall von denen Russen ankaufen; die sich aber aus Armuth keinen anschaffen können, fangen den Urin von denen Besoffenen auf und trinken ihn aus, werden davon ebenso rasend und noch toller und wirket der Urin bis auf den vierten und fünften Mann. Ohnerachtet ich dies in meinen Observationen von 1739 schon ausführlich berichtet, ist mir doch solches von jemand in Zweifel gezogen und widersprochen worden, und habe ich daher mehr aus Liebe zur Wahrheit als vor meiner Worte Autorität streitend, mich an dem Orte selbst um den Grund der Sache bemühet, und erfahren, dass es sich also verhalte, ohne daran zweifeln zu dürfen; über dieses wurde mir von glaubwürdigen Leuten sowohl unter der russischen und koräkischen Nation referirt, ja von dem Sin Bojarski Kukutov selbsten, so die Aufsicht über die Cassa-Rennthierheerde hat, dass die Rennthiere diesen Schwamm öfters unter andren, da sie grossen Appetit zu Schwämmen kriegen, genossen, niedergefallen und als Besoffene eine Zeit lang geraset, darauf in einen tiefen Schlaf gefallen. Wo die Koräken also ein wildes Rennthier antreffen, binden sie ihm die Füsse, bis es ausgeschlafen und der Schwamm seine Kräfte verloren, alsdann stechen sie solches erst todt; bringen sie solches im Schlaf oder der Tollheit um, so gerathen alle diejenigen, so dessen Fleisch essen, in eben solche Raserei, als ob sie wirklich den Fliegenschwamm genossen hätten."

Es ist schon aus dem Vorhergehenden ersichtlich, dass schon zu Steller's Zeiten die betreffenden Notizen als unglaubwürdig angefochten wurden und den Autor veranlassten, für sie mit Energie in die Schranken zu treten. Was übrigens die auffallende Geschichte von den Lustbarkeiten der Mäuse anlangt, so existirt der betreffende Glaube auch in neuerer Zeit, wie dies ganz ausdrücklich Adolph Erman (Reise um die Erde, durch Nordasien und die beiden Oceane in den Jahren 1828, 1829 und 1830. Berlin 1848. Bd. III. p. 61) erwähnt und darauf zurückführt, dass die Kamtschadalischen Sammelmäuse in ihre Baue neben Lilienknollen und Polygonumwurzeln auch einzelne Knollen von Aconitum camtschaticum schleppen.

Eine sehr ausführliche Abhandlung über den Genuss des Fliegenschwamms hat Langsdorf 1800 in den Annalen der Wetterauischen Gesellschaft für die gesammte Naturkunde (Bd. I. H. 2. p. 249) gegeben, und zwar auf Forschungen an Ort und Stelle gegründet. Nach 4 getrockneten Exemplaren, die er aus Kamtschatka mitbrachte und nach einer von Tilesius angefertigten Zeichnung meint er, dass der Fliegenschwamm von Kamtschatka einige Differenzen von dem hiesigen habe (nabelförmig gebuckelten Hut, nach unten stärker verdickten Stiel, vielleicht gelbliche Lamellen), die ihn zu der Aufstellung einer besondren Varietät A. muscaria β. camtschatica inducirten. (Solche Abweichungen kommen aber, wie schon Phöbus hervorhob, auch bei uns vor, und hat ausserdem Klotsch eins der von Langsdorf mitgebrachten Exemplare mit Sicherheit als A. muscaria erkannt.)

„Die Kamtschadalen sammeln sie gewöhnlich in den heissesten Monaten Juli und August und behaupten, dass diejenigen, welche auf dem Stengel und in der Erde von selbst vertrocknen, und auf der untern Seite des Schirms etwas pelzig oder sammetartig anzufühlen sind, bei weitem eine stärkere narkotische Wirkung äussern als diejenigen, welche man frisch sammelt und an einem Faden aufgehängt an der Luft trocknet. Die Grösse ist verschieden, es gibt deren von 1—1½ bis 5 Zoll im Durchmesser. Die kleineren, welche zugleich hochroth und mit vielen weisslichen Warzen bedeckt sind, sollen bei weitem narkotischer sein als die grösseren blassrothen und mit wenigen weissen Punkten bedeckten. — Seit die Kamtschadalen mit den Russen mehr in Verkehr gekommen, bedienen sie sich besonders des Branntweins, und überlassen den Gebrauch des Fliegenschwamms ihren umherstreifenden Nachbarn, den Koräken, für welche sie die Fliegenschwämme einsammeln und auf eine sehr vortheilhafte Art gegen Rennthiere austauschen. — Man geniesst den Fliegenschwamm gewöhnlich, indem man ihn getrocknet und dann gleich einem Bolus zusammengerollt ungekaut verschluckt, das Vorkäuen derselben soll, wie man sagt, schädlich sein, indem er dadurch Magenbeschwerden verursacht. Zuweilen werden diese Pilze auch frisch gekocht und in Suppen oder Saucen gegessen, da sie dann den gewöhnlichen essbaren Pilzen an Geschmack ähnlich sind, und auf diese Art gegessen weniger stark wirken, so dass man eine grössere Anzahl auf diese Weise bereiteter Pilze ohne Schaden und Nachtheil geniessen kann. Auch weicht man zuweilen den Fliegenschwamm in den Saft von ausgepressten Beeren ein, den man in der Folge als einen wahren berauschenden Wein nach Wohlgefallen trinkt. Der Saft der Blaubeeren (Vaccinium uliginosum) soll zu dieser Absicht der schicklichste sein, indem er die berauschende Wirkung erhöht und man folglich mit geringerer Quantität einen wirksameren Erfolg zu erwarten hat." — „Ein und dieselben Personen werden zuweilen von einem einzigen Pilze sehr stark und zu andern Zeiten nach dem Genusse von 12 bis zu 20 ganz und gar nicht angegriffen. Gewöhnlich ist ein einziger grosser oder 2 kleine hinreichend, sich einen fröhlichen Tag zu verschaffen. Das fleissige Nachtrinken von kaltem Wasser soll auch die narkotische Wirkung erhöhen. — Etwa ½, und zuweilen auch erst 1—2 Stunden nach dem Genuss fängt die narkotische Wirkung an, sich durch ein Ziehen und Zucken in den Muskeln, oder durch ein sog. Sehnenhüpfen zu äussern, nach und nach ein Schwindel vor den Augen, Taumel und Schlaf. In grösserer Menge genossen entsteht bei manchen Personen in diesem Zeitraume ein Erbrechen, die vorher unzerstückelten zusammengerollten Pilze werden alsdann aufgequollen, gross und gallertartig ausgebrochen, und wenn auch gleich kein einziger Pilz mehr im Magen zurückgeblieben, so dauert doch die Trunkenheit und Betäubung fort, und die Symptome nehmen selbst zu. Bei vielen andern entsteht selbst bei reichlichem Genuss niemals Erbrechen. Die Art des Taumels oder der Trunkenheit kommt insofern mit der des Weins und Branntweins überein, dass die berauschten Personen des Bewusstseins beraubt, und bei ihnen meist freudige, selten traurige Gemüthsbewegungen erregt werden. Das Gesicht wird roth, aufgedunsen, und strotzt gleichsam von Blut, und die Personen fangen an, viele unwillkührliche Handlungen mit Worten und Werken zu verrichten. In geringerem Grade entstehen Sehnenhüpfen, in höherem aber Zuckungen der Extremitäten; und dann hat es oft das Ansehen, als wenn diese Personen tanzten, und mit den Händen die sonderbarsten Pantomimen machten. Ebenso sind auch die Kopf- und Halsmuskeln in beständig convulsivischem Zustande; bei übermässigem Genusse entstehen wahre Convulsionen. Nach eigner Aussage fühlen sich die in geringem Grade intoxirten Menschen ausserordentlich leicht auf den Beinen, und sind alsdann für körperliche Bewegungen und Leibesübungen überaus geschickt. Die geringste Willenskraft äussert auf die in diesem Zustande sehr gereizten Nerven die stärkste Wirkung. Will Jemand über ein kleines Stäbchen oder einen Strohhalm weggehen, so macht er Schritte, als wenn es Baumstämme wären. — — Andere laufen oder gehen ganz unwillkührlich, ohne die Absicht der Bewegung zu haben, nach Orten, wohin sie gar nicht gehen wollen. Zuweilen kommt es vor, dass Personen in diesem Grade der Betäubung in Gräben, Bäche, Teiche unwiderstehlich getrieben wurden. — — Andere üben Muskelkräfte aus, zu denen sie zu anderer Zeit gänzlich ungeschickt waren. Augenzeugen haben uns die Thatsache bestätigt, dass eine Person in diesem Zustand einen Mehlsack von 120 Pfd. 15 Werste weit getragen hat, der sonst diese Last nur mit Mühe aufheben konnte. — — Die Koräken haben schon seit undenklichen Zeiten ausgefunden, dass der Urin nach dem Genusse des Fliegenschwammes stärkere narkotische Kräfte ausübe, als derselbe für sich genossen, und dass sich diese Wirkung selbst noch beträchtliche Zeit nach dem Genusse desselben äussere. Ein Mensch, der z. B. heute von einem Fliegenschwamme mässig berauscht war, und morgen seinen mässigen Taumel gänzlich ausgeschlafen hat und völlig nüchtern ist, wird nun durch den Genuss einer Tasse seines Urins bei weitem stärker berauscht, als er es gestern von den Pilzen war. Es ist daher auch gar nichts Seltenes, dass die Trunkenbolde nach dem Genusse dieser Giftpilze den Urin gleich eines köstlichen Liqueurs aufbewahren, und gelegentlich trinken. Die berauschende Wirkung erstreckt sich nicht nur auf diejenigen Personen, welche den Pilz selbst genossen haben, sondern auf jeden einzelnen, der denselben trinkt. Unter den Koräken ist es daher etwas ganz Gewöhnliches, dass der Nüchterne dem Pilzberauschten auflauert und ihm heimlich, wenn er sich seines Urins entledigt, eine Schaale unterhält, um in Ermangelung der Pilze doch auf diese Art einen begeisternden Labetrank zu erhalten. Zufolge dieser sonderbaren Wirkung nun haben die Koräken den Vortheil, mit einer geringen Anzahl Fliegenschwämme mehrere Tage lang den Taumel unterhalten zu können, denn gesetzt man hat deren den ersten Tag zwei für einen gewöhnlichen Rausch nöthig, so ist der Urin allein hinreichend, am folgenden Tage den Taumel zu unterhalten, am dritten Tage ist der Urin noch immer narkotisch, man trinkt also etwas von demselben, verschluckt dabei, wenn auch nur $^1/_2$ Fliegenschwamm und ist dadurch in den Stand gesetzt, nicht nur die Betäubung zu unterhalten, sondern auch am folgenden als am 4. Tage abermals einen starken Liqueur abzuzapfen." — — Es folgt nun nach Steller die Wirkung auf die Rennthiere, dann fährt Langsdorf nach eignen Erfahrungen fort: „die Koräken ziehen den Fliegenschwamm dem Branntwein des Russen bei weitem vor, und behaupten, dass man nach demselben niemals einem Kopfweh oder anderm Uebelbefinden ausgesetzt sei. In äusserst seltenen Fällen, dessen man sich keines einzigen Beispiels zu erinnern wusste, soll es sich wohl zugetragen haben, dass durch einen allzu übermässigen Gebrauch Personen sinn- und sprachlos unter Convulsionen nach 6—8 Tagen ihr Leben endeten. Der mässige Gebrauch soll aber niemals eine üble Folge gezeigt haben. Wenn wider Erwarten nach dem unmässigen Genusse des Fliegenschwammes ein Drücken im Magen, oder eine sonstige Beschwerde entsteht, so sollen 2—3 Löffel voll Fett, Thran, Butter oder Oel ein untrügliches Mittel sein, alle üble Wirkung zu beseitigen." Schliesslich erwähnt Langsdorf noch den Gebrauch des in Blaubeerensaft eingeweichten Fliegenschwammes als Medicament.

Endlich müssen wir noch Erman's gedenken, der an verschiedenen Stellen seines schon oben citirten Reisewerkes über den Genuss des Fliegenschwammes als Berauschungsmittel in Kamtschatka Auskunft gibt. So heisst es p. 323:

„Meine Begleiter hatten sowohl in den Wäldern, durch die wir am Morgen ritten, als auch jetzt am Fusse des nördlichen Baelarenberges mit grösstem Eifer Fliegenschwämme (muchamòr, d. i. die Fliegenpest) gesammelt. Jeder einzelne war ihnen durch seine hochrothe Farbe schon aus der Ferne aufgefallen, und hatte dann immer zu einem sehr auffallenden Stillstande unsere Karawane veranlasst. Sie bestätigten nun, was man mir schon in Tigilsk von den berauschenden Eigenschaften des Pilzes gesagt hatte, behaupteten aber, dass man ihn in Sedanka nicht ässe, sondern nur für die Korjaken sammle, die oft im Winter ein einzelnes Stück mit einem Rennthiere bezahlten. Der Muchamòr sei im Norden von Kamtschatka viel seltener, auch hätten die Korjaken dessen Eigenschaften nur dadurch kennen gelernt, dass das Fleisch von Rennthieren, welche dergleichen gefressen haben, ebenso berauschend wirke wie die Pilze selbst. Eben durch diese Erfahrung seien sie dann auch zur sparsamsten und vortheilhaftesten Benutzung dieses kostbaren Gewächses veranlasst worden, indem sie den Urin von Personen, denen ein Muchamòr zu Theil geworden ist, sammeln und ihn als ein noch sehr wirksames Rauschmittel ihrem Getränke beimischen."

Ferner p. 260: „Die Pflanzen waren auf einem Theile des Beetes durch weit sorgfältiger cultivirte Fliegenschwämme ersetzt worden. Diese gehörten der Frau des Tojon, die sie im Frühjahr aus dem Walde jung verpflanzt hatte und mir nun mit besonderer Genugthuung die Grösse ihres scharlachrothen Hutes und die zahlreichen, weissen Flecke auf demselben zeigte, die als Zeichen einer kräftigen Wirkung desselben gelten. Sie sprach mit freimüthigstem Enthusiasmus von ihrer Liebe für dieses Rauschmittel, auch bemerkte ich an ihr ein gläsernes Aussehen der Backen und kupferne Röthe der Backen, die von zu häufigem Gebrauche desselben herrühren dürften, obgleich ich sie bei vielen andern Pilzessern, die ich später gesehen habe, nicht bemerkte."

P. 304 sagt Erman: „Auf einer von jenen Waldblössen sammelten wir darauf zwanzig Fliegenschwämme, zur grössten Freude des älteren meiner Begleiter, der mir dabei wiederum als ein eifriger Anhänger dieses Rauschmittels dessen Kräfte und Vorzüge anpries. Die entschiedensten Wirkungen dieses Pilzes auf grasfressende Thiere bestätigte er aus eigner Erfahrung, denn man finde oft wilde Rennthiere, die einige Fliegenschwämme gefressen haben, so betäubt, dass man sie mit Stricken bände und dann lebend fortschaffen könne. Das Fleisch derselben berausche dann allerdings einen Jeden, der davon esse, jedoch nur dann, wenn man das Rennthier sehr bald nach der Einfangung schlachte." — — Er behauptet sodann, dass sich der Pilzrausch von der Wirkung des Branntweins gänzlich unterscheide, denn der erstere stimme den Kamtschadalen ganz friedlich und sanftmüthig, und doch hätten sie gesehen, dass der Branntwein auf die Russen entgegengesetzt wirke." Nach einigen Sätzen, worin er diese Differenz der Wirkung auf die sanftmüthige Gemüthsart der Kamtschadalen zurückführt, fährt der Autor fort: „Unzweifelhaft ist aber eine wunderbare Erhöhung der Körperkraft, die auch der Jelowkaer wieder als eine Wirkung des Pilzrausches rühmte. Bei der Heuerndte, sagte er, arbeite ich von Morgens bis Abends ohne Beschwerden, und mit dreien in die Wette, wenn ich einen Pilz gegessen habe. Von den verschiedenen Anwendungen des Muchamòr erklärte er die einfachste für die beste, bei welcher man denselben getrocknet und roh verschlinge und dann kaltes Wasser nachtrinke. Die Russen von Klintschewski, welche, wie er sagte, ganze Pferdeladungen des kostbaren Gewächses sammeln, bereiten dagegen durch Abkochung derselben mit Wasser einen Extract, dem sie durch Vermischung mit verschiedenen Beerensäften seinen äusserst widerlichen Geschmack zu benehmen suchen." In einer Note bemerkt Erman, dass die Einwirkung auf die Russen nach Krascheninikoff eine andre sei, was wohl davon herrühre, dass die Russen stets unmässig davon assen, und namentlich bis zu 10 Pilzen, während er die Kamtschadalen nie mehr als 2 davon essen sah.

Schliesslich lesen wir auf S. 112: „Obgleich wir uns keiner seltsamer Abenteuer zu rühmen hatten, belohnte sich doch unser alter Jäger mit den Genüssen eines Rausches. Er vertauschte nämlich sogleich

fällen durch diese Species mehr oder weniger deutlich zeigt (Paulet, Orfila, Roques u. s. w.). Es scheint, dass diese

---

nach unserer Ankunft einige von den Fliegenpilzen, die wir gesammelt hatten, mit getrockneten, von denen er sodann drei kleine Stücke (anderthalb Pilze) nicht ohne Mühe verschlang und mit Wasser herunterspülte. In frischem Zustande ist der Muchamòr so klebrig und von so lockerem Gefüge, dass man ihn kaum verschlucken kann, ohne ihn zu kauen. Der eckelhafte Geschmack desselben soll aber eben dadurch so störend werden, dass man es für unmöglich hält, eine wirksame Menge desselben auf diese Weise zu bewältigen. Die Selbstüberwindung, mit der man hier eine angenehme Aufregung erkauft, erscheint aber noch auffallender, wenn man sieht, wie sich diese erst lange nach dem Gebrauche des Rauschmittels und gewiss nicht ohne beschwerliche Uebergänge einstellt. So zeigte sich wohl eine Stunde, nachdem er die Pilze gegessen hatte, durchaus kein Einfluss auf die Stimmung unseres Freundes, und dann sagte er mir, dass er sich ruhig niederlegen und bis zum andern Morgen schlafen müsse, um theils im Traume, theils nach dem Erwachen am folgenden Tage die angenehmsten Dinge zu sehen."

Ueber die Art des Rausches finden wir auch noch einige Bemerkungen auf p. 324, indem Erman sich mit einem alten Manne unterhielt, der ihm ganz nüchtern schien und vernünftige Mittheilungen machte, obschon er versicherte, sich seit dem Tage zuvor mit Muchamòr berauscht zu haben, weshalb Erman das Mittel mit dem Hadji oder dem Homerischen νηπενθὲς vergleicht.

Es dürften diese Zeugnisse aus verschiedenen Zeiten, von den ehrenwerthesten Männern hinreichend durch ihre Uebereinstimmung beweisen, dass der Genuss des Fliegenschwammes als Berauschungsmittel keinem Zweifel unterliegen kann. Es existirt die Sitte aber nicht allein bei den Kamtschadalen und Koräken, sondern bei verschiedenen Nordasiatischen Völkerschaften (Samojeden, Ostjaken, Tungusen, Jakuten, Jukagiren), wie dies von Dr. Georgi (Beschreibung des Russischen Reiches. Königsberg 1800) angegeben wird. Auch Georgi bestätigt Alles, was auffallen kann, insbesondre die Wirkung des Urins, von dem u. A. berichtet wird, dass die Jukagirischen und tungusisch-lamutischen Schamane von solchem Urin vor ihren Begeisterungen einen sehr guten Schluck trinken. Hier findet sich auch die Notiz, dass die Berauschten bisweilen Hand an sich selbst legen, sich castriren, was namentlich der Fall sein soll, wenn Einer im Taumel den Coitus ausübt, was daher die Freunde des Berauschten möglichst zu hindern suchen. Auch die Jukagiren und Tschuktschen kaufen den Pilz von den Russen. Bei Falk (Beiträge zur topographischen Kenntniss des Russischen Reiches. II. Petersb. 1786 p. 280) findet sich die Notiz, dass er auch mit kleinen Fischen zusammen (poss) genossen werde, was vielleicht bei einzelnen Völkern Sibiriens der Fall ist. Auch spricht er die Vermuthung aus: die öftere Wiederholung des Genusses der Fliegenschwämme muss die Leute durchaus dumm und stumpfsinnig machen. Endlich wollen wir noch Oedman (Der königl. Schwed. Academie der Wissenschaften neue Abhandl. A. d. Schwed. Bd. V. Leipz. 1786. S. 243) erwähnen, der die Vermuthung ausspricht, dass die alten nordischen Kämpfer, die Berserker, sich durch den Genuss in kriegerische Wuth versetzten, und dass dieses zusammenhänge mit der Wanderung Odins und seiner Asen aus Sibirien in den Europäischen Norden. (H.)

Eigenschaft auf den Urin der Kamtschadalen nach dem Genusse dieses Getränkes übergeht, weil die Armen des Landes, die sich dasselbe nicht verschaffen können, den Urin der Berauschten trinken, um sich die nämlichen Freuden zu verschaffen. Welchem Principe muss nun diese Wirkung zugeschrieben werden? Dem giftigen Principe selbst oder dem aetherischen Oele? Ich bin darüber noch nicht im Reinen [1]). Diese Wirkung hat eine gewisse Aehnlichkeit mit der des Bilsenkrautes [2]).

Ich habe verschiedentlich Mäuse mit Amanita muscaria vergiftet und bei der Section keine Veränderung gefunden,

[1]) Es ist wohl kaum zu bezweifeln, dass das ätherische Oel hierbei nicht in Betracht kommen kann. Abgesehen davon, dass es in viel zu geringen Quantitäten vorhanden ist, dürfte es auch wohl nicht ungeändert den Blutkreislauf durchwandern. Andrerseits wissen wir ja, dass eine Reihe von toxischen Stoffen, nicht allein Alkaloide, sondern auch Stoffe, wie das Cantharidin, in den Urin in solcher Quantität übergehen, dass wir physiologische Reactionen damit zu erzielen im Stande sind. Vom Atropin ist dies ja am längsten bekannt. (H.)

[2]) In Bezug auf die Analogie der Wirkung dieses Pilzes mit anderen Giften müssen wir die auch von Boudier hervorgehobene, zuerst von Vogt und Krombholz befurwortete mit dem sog. Mydriatica (Belladonna, Strammonium, Hyoscyamus) als die auffallendste betrachten. Weniger begründet ist die von Ascherson mit Opium, wogegen sofort die bei der Opiumvergiftung fehlende Pupillenerweiterung, die in sehr vielen Krankengeschichten erwähnt wird, spricht. Einzelne zeigen auch, wie die Asiatischen Fälle, die Steigerung des Bewegungstriebes, das mit Delirien abwechselnde Coma, in gleicher Weise wie die fraglichen Solaneen. Auch das Constrictionsgefühl im Halse, wenn dasselbe eben als entfernte Erscheinung aufgefasst wird, kann eine Analogie der Vergiftung mit Belladonna u. s. w. abgeben. Auch die Versuche an Thieren reden dieser Analogie das Wort. Was solche betrifft, so hat zweifelsohne Krombholz am meisten in dieser Richtung geleistet. Seine Versuche beziehen sich auf Katzen, Hunde, Finken, Tauben, Natter, Laubfrosche und Hecht, die theils durch Abkochungen, theils durch den ausgepressten Saft (bei Tauben und Fröschen subcutan applicirt) getödtet wurden. Kleinere Dosen wurden überstanden. „Bei kleiner Gabe oder sehr verdünnter Flüssigkeit blieben die Zufälle nur auf einem geringen Grade stehen, die Thiere wurden traurig, ihr Aussehen verrieth Missbehagen, Bei den meisten erfolgte Erbrechen oder häufige Darmausleerungen, oder beides zugleich, wonach die Thiere binnen $^1/_2$ bis 1 Stunde sich vollständig erholten.. Nur bei grösseren Gaben oder concentrirter Flüssigkeit folgten die heftigeren Zufälle, am schnellsten und heftigsten traten sie auf die Einspritzung ins Zellgewebe ein. Als beständige Erscheinungen wurden ermittelt: Unruhe, Streben zu entfliehen, oder wenigstens den Ort zu wechseln, Furcht, allgemeines Zittern, Schwindel, Trunkenheit, Trübung der Hornhaut (?), vermindertes und bald ganz aufgehobenes Sehvermögen, hervorgetriebene Augäpfel, endlich Stumpfheit aller Sinne, schweres,

welche von den bei Amanita bulbosa angeführten abweicht. Der Leichenbefund beim Menschen nach Vergiftung mit Fliegenpilzen weist indess eine mehr oder weniger intensive Röthe der inneren Magenschleimhaut, mit mehr oder minder ausgedehnten gangränösen Flecken und im höheren oder geringeren Grade Meteorismus des Magens und der Gedärme, welche dieselben Veränderungen zeigen, nach. Man fand auch die Schleimhaut der letzteren theilweise zerstört [1]).

---

gegen das Ende hin aber sehr langsames mühevolles Athmen, Unvermögen sich in der natürlichen Stellung zu erhalten, Zuckungen der Halsmuskeln, der Augenlider, sehr bald eintretende Lähmung, besonders des Hintertheils und der hinteren Extremitäten. Weniger beständig waren: die vermehrten und unwillkürlichen Evacuationen und der Speichelfluss. Am wenigsten constant war eine der Betäubung vorhergehende Erhöhung der Empfindlichkeit, Wasserscheu und heftiger Durst." In ähnlicher Weise geben Roques und Paulet die Resultate ihrer Versuche; die von Hartwig angestellten Experimente sind, wie schon Phöbus hervorhob, mit zu kleinen Dosen gemacht, um Autorität zu besitzen. Hervorheben muss ich noch, dass die relativ grosse Immunität, welche Kaninchen gegen die Mydriatica besitzen, für den Fliegenpilz nicht existirt. (H.)

[1]) Als Leichenbefund bei Thieren gibt Krombholz an, bei aller Ueberfüllung der arteriösen und venösen Blutgefässe und der rechten Herzhälfte mit schwarzem Blut, bei einzelnem Extravasat im Gehirn oder Rückenmark, bedeutende Röthe der Bindehaut, Hyperämie der Respirationsorgane, der Diploë, der Sinus, des Rückenmarkes, der Nieren, Mesenterien, Muskeln, Hautdecken und Leber, Klebrigkeit und Schwärze des Blutes, grössere Röthe des Schleimhautsystems, Hervorgetriebensein der Augen, Zusammengezogensein und Leere des Darmcanals, Ueberfüllung der Gallenblase mit Gallenflüssigkeit. Als weniger constant hebt er hervor: Glanz der Augen, Röthung der harten Hirnhaut am Grunde der Hirnschale, der Mundhöhle und Speicheldrüsen; Aufgetriebenheit des Bauches, seröse Extravasate in den Höhlen. — — Ueber die Todtenstarre haben wir bereits S. 109 uns ausgesprochen.

Es hielt schwer, ein Beispiel für den anatomischen Befund bei der Fliegenpilzvergiftung zu finden. Boudier hält sich an die Angaben von Vadrot, deren Unzuverlässigkeit wir oben darthaten. Noch am besten constatirt ist die Todesursache in einem von Krombholz mitgetheilten Falle, wo ein alter Taglöhner eine wässrige Abkochung von vier Fliegenpilzen als Hausmittel gegen Oedema pedum genommen hatte; hier waren Haut, Conjunctiva, Hirn, Rückenmark, Lungen, Leber, Nieren und Nebennieren blutreich; das ganze Venensystem von dickem, schwarzem Blute strotzend, in den Hirnhöhlen und Schädelhöhlen viel Serum, in Schlund, Speiseröhre, Magen und Dünndarm etwas Röthung. Phöbus' Ansicht, dass die Resultate dieser Section etwas zweideutig seien, da der alte Mann anderweitig krank war, kann ich nicht theilen, da ich nicht weiss, welche der Erscheinungen mit dem Oedem in Zusammenhange gestanden haben soll; doch ist nur der in Wasser lösliche Bestandtheil der Pilze genommen, daher der Befund für die Intoxication mit ganzen Pilzen nicht maassgebend. Ich gebe daher hier die oben-

Wir haben im Vorhergehenden gesehen, dass dieser Pilz rascher wirkt als Amanita bulbosa, dass er schärfer und

---

erwähnte Krankengeschichte von Wolff (Rust's Magazin Bd. 36. H. 1. p. 75, die ich nach dem oben darüber Gesagten für eine Fliegenpilzvergiftung halte:

Am 9. Sept. 1827 spät Abends, genoss der 40jährige Arbeitsmann A. K nebst seiner 35 Jahre alten Frau, zwei Knaben von 13 und 8, und einem Mädchen von 6 Jahren ein Gericht Schwämme, welche die Kinder des Nachmittags im Walde gesucht und in Abwesenheit der Eltern blos grob zerschnitten, mit Wasser und Salz gekocht hatten. Als die Eltern nach Hause kamen und sich mit den Kindern zum Essen setzten, war es bereits so finster, dass sie die Farbe und Beschaffenheit der Schwämme durchaus nicht erkennen konnten; der Geschmack derselben soll aber durchaus nicht scharf, sondern angenehm und gut gewesen sein. Der Vater und die Kinder assen sehr viel von diesem ihre einzige Speise ausmachenden Gerichte, die Mutter, welche an einem Wechselfieber litt, genoss nur wenig davon.

Schon eine halbe Stunde nach dem Essen fingen die Kinder an, furchtbar zu schreien und bei dem Vater trat dasselbe $^1/_4$—$^1/_2$ Stunde später ein. Das Geschrei, welches bei allen von heftigen, convulsivischen Bewegungen begleitet war, so dass die Kinder aus den Betten auf den Fussboden stürzten, rief die Nachbarn herbei, welche sich darauf beschränkten, der Frau, die am wenigsten krank war, Milch einzuflössen, worauf sich Erbrechen bei ihr einstellte und sie mehr zu sich zu kommen schien. Auch dem Manne wurden $1^1/_2$ Tassen Milch, aber ohne allen Erfolg gegeben Die convulsivischen Bewegungen und das Geschrei der Kranken hörten etwa nach 2 Stunden auf, worauf sie mit Schaum vor dem Munde, fest zusammen gebissenen Zähnen in einem völlig bewusstlosen Zustande liegen blieben. Die Frau, welche am wenigsten gelitten und immer ihr Bewusstsein behalten hatte, gab an, dass ihr der Hals wie zusammengeschnürt, der Kopf eingenommen und die Zunge wie gelähmt gewesen sei, so dass sie trotz aller Anstrengung durchaus nicht habe sprechen können. Uebrigens hatte sie doch nur eine sehr dunkle Vorstellung ihres ganzen Zustandes zurückbehalten, während der Mann und die Kinder nach ihrer Wiederherstellung durchaus nichts von alledem wussten, was mit ihnen vorgegangen war.

Erst am 10. früh wurde Wolff durch eine Nachbarin von dem ganzen Vorfalle in Kenntniss gesetzt. In dem Hause des K. angekommen, fand er das jüngste Kind bereits gestorben und die Frau bleich, sehr schwach, mit zitternden Händen und Füssen, übrigens aber bei völligem Bewusstsein. Der Mann und die beiden Knaben lagen ganz bewusstlos da. Sie hatten die Zähne fest zusammengebissen, röthlichen Schaum vor dem Munde, die Pupillen erweitert, die Bindehaut des Auges etwas geröthet, das Gesicht bei allen leicht aufgetrieben und schwachbläulich von Farbe. Bei beiden Kindern war der Unterleib im höchsten Grade tympanitisch gespannt, die Farbe der Haut aber überall normal und nirgends rothe oder blaue Flecken zu entdecken. Bei dem Manne war die Auftreibung des Unterleibes geringer, obgleich ebenfalls bedeutende Härte und Spannung statthatte. Der Puls war klein, sehr zusammengezogen, mitunter kaum fühlbar. Bei dem Manne folgten die Schläge gleichmässig — etwa 90 in der Minute —, bei den Kindern liess sich Aussetzen derselben um den dritten oder vierten Schlag wahrnehmen. Die Kranken lagen ganz ruhig, ohne einen Laut von sich zu

etwas weniger gefährlich ist, weil er Erbrechen hervorruft, ehe eine vollständige Verdauung desselben stattgefunden hat.

---

geben; nur selten war ein plötzliches Zusammenfahren bei ihnen zu bemerken.

Es wurde den Kranken, nachdem die Zähne gewaltsam von einander entfernt worden waren, eine Auflösung von Brechweinstein in Wasser beigebracht; es bedurfte aber 36 Gran dieses Mittels und eines beständigen Reizens des Schlundes mit in Oel getauchten Federn, um bei dem Manne und dem ältesten Knaben reichliches Erbrechen zu bewirken, welches durch vielen Grützschleim mit vieler Butter unterhalten wurde. Im Anfange wurde dadurch blutiger Schleim und nachher grosse Quantitäten gekauter, aber noch völlig unverdauter und deutlich erkennbarer Schwämme ausgeleert. Nach mehrmaligem Erbrechen schien einiges Bewusstsein zurückzukehren, wenigstens öffneten die Kranken die Augen und schluckten das Beigebrachte besser. Bei dem jüngern Knaben war indess durchaus kein Erbrechen zu bewirken; es wurden ihm daher (was auch bei den andern geschah) mehrere reizende Klystiere gegeben, die viele, aber natürlich aussehende Fäces und eine Menge Winde entleerten. Da indessen demnach bei ihm weder bedeutende Besserung, noch auch nur einmal Wiederkehr des Bewusstseins zu bemerken war, so wurden ihm 15 Tropfen kaustischen Salmiakgeistes in Grützschleim gegeben. Weil dieses Mittel auffallend gute Wirkung zu thun schien und besonders regelmässiger Pulsschlag und Wiederkehr des Bewusstseins bei dem Knaben sich einfand, so wurde es auch den beiden älteren Kranken zu 24 und 16 Tropfen gereicht. Als hierauf immer mehr und mehr Besserung eintrat, wurden blos noch schleimige, ölige Getränke angewendet, worauf die Kranken am folgenden Tage, eine sehr grosse Mattigkeit und ein Gefühl ven Schwere im Kopfe und Zerschlagenheit in den Gliedern abgerechnet, als wieder hergestellt betrachtet werden konnten. Bei allen dreien blieb jedoch ein eigenthümliches Zittern der Hände und des Kopfes zurück, welches sich nebst der grossen Schwäche erst nach einigen Wochen verlor. Bemerkenswerth erscheint es, dass der K., ein starker robuster Mann von 40 Jahren sich seit jener Zeit nie wieder völlig erholte, abmagerte und ein halbes Jahr nachher an einem lentescirenden Fieber starb. Die Section konnte nicht gemacht werden.

Am 11. wurde das bei Wolff's Ankunft bereits todt gefundene 6jährige Mädchen secirt. Es war von gracilem Körperbau, sehr weisser Hautfarbe und scrofulösem Habitus. Die linke Seite des Kopfes war aufgetrieben und dunkelblauroth gefärbt, gleich dem behaarten Theil des Kopfes, dem linken Seitenbein, dem Schuppentheil des Schlafbeins, der Wange, der linken Seite des Halses, dem linken Arme und dem linken Oberschenkel. Auch die linke grosse Schamlefze war aufgetrieben und geröthet. Sonst waren die Gesichtszüge ruhig, Augen und Mundhöhle geschlossen, die Zähne fest zusammengebissen und die Zunge in ihrer natürlichen Lage hinter denselben. Die Bindehaut der Augen war etwas entzündet, die Hornhaut getrübt, die Pupille stark erweitert. Aus der Nase war etwas blutiges Serum gelaufen, vor dem Munde röthlicher Schleim. Der Unterleib fand sich sehr stark aufgetrieben, die äusseren Bauchdecken aber durchaus nicht missfarbig. Aus dem offenstehenden Schliessmuskel des Afters waren einige grüngefärbte Excremente abgegangen. Der Rücken zeigte die gewöhnlichen Todtenflecke; blaue, violette oder rothe Flecke liessen sich aber, die oben

Es sind diese Wirkungsdifferenzen beider Amaniten ein weiterer Beweis für die Verschiedenheit der in ihnen enthaltenen toxischen Principien, die ich schon im dritten Capitel hervorhob [1]).

erwähnte ganz gleichmässige Färbung der linken Körperhälfte abgerechnet, nirgends wahrnehmen. Die innere Fläche der äusseren Kopfbedeckungen war bleich und blutleer, die Gefässe der harten Hirnhaut zeigten keine besondere Blutüberfüllung, blos die Vena meningea media enthielt mehr Blut als im normalen Zustande. Im grossen, sichelförmigen Blutbehälter war nach hinten etwas schwarzes, dünnflüssiges Blut. Zwischen der harten und weichen Hirnhaut schien eine Gasentwicklung stattgehabt zu haben, denn die erstere war bedeutend gespannt und fiel auf gemachte Einstiche zusammen. Die grösseren Venen der weichen Hirnhaut enthielten viel Blut und das feinere Gefässnetz erschien wie injicirt. Das Gehirn selbst war von völlig normaler Beschaffenheit; in den Ventrikeln desselben befand sich nur eine höchst geringe Quantität Wasser und die Plexus choroidei waren zusammengefallen und bleich. Die Blutbehälter an der Basis des Schädels enthielten ziemlich viel dünnflüssiges Blut, auch fand sich hier etwas gelbliches Wasser vor, welches, wie man bei abhängiger Kopflage des Leichnams deutlich sehen konnte, durch das grosse Hinterhauptsloch aus der Rückenmarkshöhle hervordrang. Die ganze Quantität des auf diese Weise entleerten Wassers mochte 1 Unze betragen.

Weder der Schlund, noch die Luft- und Speiseröhre waren entzündet.

Das Parenchym der Lunge enthielt mehrere Tuberkeln und war stellenweise lederartig verhärtet; Blutüberfüllung oder Entzündung liess sich übrigens nirgends in ihr wahrnehmen. Im Herzbeutel waren 2—3 Drachmen Wasser; das Herz selbst war welk und schlaff; seine rechte Hälfte enthielt etwas Blut, die linke war leer.

Der Magen war bleich von Farbe und ungeheuer ausgedehnt; an seiner kleinen Curvatur ein bläulicher Fleck von der Grösse eines Silbergroschens wahrzunehmen. Beim Aufschneiden entwich eine Menge nicht besonders übelriechender Luft; im Magen selbst fand sich eine sehr grosse Quantität nicht verdauter, sondern ganz wohl erhaltener und deutlich erkennbarer Schwämme. Die Tunica intima des Magens war in der dem Pylorus zugekehrten Hälfte von ganz gleichmässig rosenrother Farbe, von eigentlicher Entzündung, dunkleren Flecken, Erosionen u. s. w. fand sich indessen keine Spur; die inneren Magenwände waren blos sehr dick, mit zähem Schleime überzogen. An den dünnen Gedärmen, aber nur auf der äusseren Fläche, zeigten sich hier und da rothe Flecke von der Grösse eines Viergroschenstücks, wo das Gefässnetz sehr deutlich hervortrat und wie injicirt erschien. Im Innern waren die dünnen Gedärme durchaus nicht entzündet, sondern mehr zusammengezogen, so dass ihr Lumen verengt erschien und die sogenannte valvulae Kerkringii an vielen Stellen sehr stark hervorragten. An den dicken Gedärmen, Leber, Milz, Pankreas, sowie an den extra Peritoneum gelagerten Eingeweiden, liess sich nicht die geringste Abnormität entdecken. In der Gallenblase war sehr viele dünnflüssige, grüne Galle. (H.)

[1]) Grade wegen dieser Wirkungsdifferenz, welche ich in den vorhergehenden Noten noch ausführlicher erörtert habe, habe ich bereits

§. III. Symptome der Vergiftung mit den scharfen Russulae und Lactarii [1]).

Wenden wir uns nun zu der Besprechung der Wirkungen der scharfen Russulae und Lactarii, die wir wegen ihrer Uebereinstimmung zusammenfassen wollen: so muss ich zuerst bemerken, dass eine grosse Anzahl dieser Pilze wirklich unschädlich sind und ohne Gefahr gegessen werden können, wie scharf sie auch sein mögen, z. Lactarius acris [2]) und

in meinem Handbuche der Toxikologie (Berlin, 1862. p. 386) es ausgesprochen, dass ein bestimmtes, allen giftigen Species zukommendes Pilzgift anzunehmen unstatthaft sei, eine Anschauung, die durch Boudier's chemische Studien im vollsten Maasse bestätigt ist. (H.)

[1]) Die Untergattung Lactarius oder Galorrheus, Milchblätterpilz, characterisirt sich botanisch durch ungleiche, häufig gablige, angewachsene, milchende, an der Schneide scharfe, hinten verschmälerte Lamellen und fast kuglige, grosse, warzige, weissliche Sporen (Taf. II. fig. 9); fleischigen, später niedergedrückten Hut, mit mehr oder weniger eingerolltem Rande. Der Schleier fehlt. Die Untergattung Russula, Taeubling, Zellblätterpilz hat steife, nicht milchende Lamellen, mit scharfer Schneide, grosse, runde und warzigstachelige Sporen (cf. Taf. II. fig. 5), und entbehrt ebenfalls des Indusiums. (H.)

[2]) Die Bezeichnung Agaricus acris (Lactarius acris) ist vieldeutig, da Bulliard's A. acris mehrere Species umfasst, wie dies bereits Fries und Phoebus nachgewiesen haben, nämlich A. controversus, A. piperatus Scop. und noch eine dritte. Bei Agaricus acris Bolt., wird die anfangs weisse Milch roth; doch ist dies Phänomen nicht constant; er wird characterisirt durch einen fleischigen, unregelmässigen, schliesslich trichterfömigen, klebrigen, dunkelgrauen Hut, einen anfangs soliden, später hohlen, halbexcentrischen, blassen, nach unten verschmälerten Stiel, ziemlich gedrängte, blassgelbe Lamellen, die wie der Milchsaft roth werden. Dieser Pilz, den ich hier noch nicht gefunden habe, steht dem Ag. theiogalus und Ag. chrysorrheus Fries am nächsten und scheint überhaupt selten zu sein. Wahrscheinlich ist hier der Agaricus (Lactarius) piperatus Scop. gemeint, den wenigstens andre Französische Autoren, z. B. J. de Seynes, ohne Weiteres als A. acris Bull. bezeichnen. Das ist der auch bei uns so häufige Pfefferschwamm oder Pfefferling, dessen Milch allerdings höchst scharf, etwa so scharf wie Arum maculatum ist, der aber, wie Boudier richtig bemerkt, gut gekocht, ohne Besorgniss genossen werden kann. Als Kriterien dieses Milchblätterpilzes führen wir die folgenden an: der Pilz ist in allen Theilen weiss, der Hut compact, im Alter trichterförmig, regelmässig, ohne Zonen, glatt der; Stiel gedrungen, dick, solid; die Lamellen herablaufend, dicht, hin und wieder gabelig, die Milch weiss, reichlich vorhanden, sehr scharf. Das Fleisch nimmt gekocht eine bläulich schwarze Farbe an. Es werden auf diesen Pilz zwei alte Vergiftungsgeschichten zurückgeführt, nämlich von Botalli und Micheli; die Symptome waren Erbrechen, Durchfall, Leibschmerzen, Ohnmachten, und waren in wenigen Stunden beseitigt. Phöbus hat bereits nachgewiesen, dass in dem letzten Falle es sich nur um Indigestion handelte und ausserdem die Beschreibung des Pilzes mehr

controversus [1]), vorausgesetzt jedoch, dass man Sorge getragen hat, sie stark zu kochen, damit ihr Milchsaft vollständig die von mir angeführten Veränderungen erleidet. Diesem Umstande sind, wie ich glaube, die so beträchtlichen Differenzen zuzuschreiben, die man bei der Anwendung dieser Arten wahrnimmt. So sind die Russula emetica, rubra, sanguinea von Krapf und vielen anderen Mycologen als sehr gefährlich bezeichnet. Bei Krapf selbst stellten sich bedenkliche Zufälle nach dem Genusse dieser Pilze ein und Roques sagt, dass er ein leichtes Unwohlsein verspürte, nachdem er einige Stücke der rohen Pilze gekostet habe. Paulet und Letellier halten sie für unschädlich. Im Allgemeinen, besonders in der Gegend von Paris werden sie zu den verdächtigsten Schwämmen gezählt [2]). Diese Differenz kann darauf beruhen, dass man entweder die Pilze nicht vollständig gekocht oder nicht dieselben Species versucht hat [3]). Letztere sind in der That

---

zu dem Ag. lateritius passt; auch im ersten Falle ist die Bestimmung des Pilzes, über den übrigens trotz der sehr deutlichen Charaktere die älteren Autoren gar keine constante Ansichten äussern, wie ihn z. B. der anonyme Verfasser des Trattato dei funghi (Roma, 1792) mit „un latte croceo" ausstattet, nicht richtig.

Im Uebrigen wird dieser Pilz in verschiedenen Gegenden gegessen; es ist der peperone oder peveraccia der Italiener, die vache blanche oder eauburon (eaubroun) in den Vogesen, chavane bei Orleans. Der Angabe von Lenz, dass die Kühe ihn gern fressen, gegenüber behauptet delle Chiaje, dass sie danach mager werden. (H.)

[1]) Agaricus controversus, ebenfalls zu den echten Pepperlingen gehörend, d. h. einen centralen Stiel und unveränderliche Lamellen besitzend, characterisirt sich durch den weissen, häufig roth gefleckten, jung am Rande filzigen und ungerollten Hut, einen weissen Stiel und meist blassrothe oder röthlich gelbe, zahlreiche dünne Lamellen. Die Lamellen von Ag. piperatus sind dichter, schmaler und dichotomisch. Die Französischen Autoren stimmen darin überein, dass der Pilz im gekochten Zustande unschädlich ist, und vielfach von den Landleuten gegessen wird. (H.)

[2]) Die Frage über die Giftigkeit der Russulae ist entschieden die schwierigste im Gebiete der Giftpilze, besonders in Folge der botanischen Verwirrungen. Die Botaniker haben eine grosse Menge von Species aufgestellt, vorzüglich nach der Farbe, die insgesammt mit grösster Wahrscheinlichkeit als Varietäten einer einzigen Art, die man als Agaricus integer L. bezeichnen kann, und deren wesentliche Charactere der nicht oder doch erst bei stärkerer Zersetzung schwarz werdende Hut, das Fehlen einer käsigen Bedeckung, sowie der Furchung am Rande, endlich der kahle Stiel sind. Die Farbe des Hutes variirt ungemein; sie ist bald roth, bald violett, bald grün, auch weiss, und danach hat man einen Ag. luteus, ruber, sanguineus, rosaceus,

in diesen beiden Gruppen so verwandt und theilweise so schwierig zu unterscheiden, dass es eines gründlichen botani-

---

virescens aufgestellt. Von diesen sollen nun einzelne essbar, andere dagegen sehr giftig sein, ohne dass man indess bis jetzt im Stande ist, bestimmte Varietäten als unschädlich oder schädlich zu characterisiren Der Pilz, um den es sich handelt, wird meist als Täubling bezeichnet; doch darf man sich nicht darauf verlassen, dass die von den Schriftstellern als Vergiftungen durch Täublinge bezeichneten Intoxicationen alle von diesem Pilze herrühren, da in einzelnen Gegenden auch die Amanita bulbosa mit diesem Namen belegt wird (Maschka). Die schlechten Sorten hat man auch als Brech- oder Speitäubling benannt, woher auch wohl der Name „Speiteufel" abzuleiten ist. Auch Bläuling, Röthling, Brätling, sind in deutschen Gegenden Namen für den Pilz, der in Frankreich als Verdet, Ver-bonnet, Palomet u. s. w. benannt und zum Theil gegessen wird. Einzelne Abarten, namentlich Ag. virescens, werden gradezu als excellente Speise bezeichnet, z. B. von Vittadini und den Milanesen. Mit den Angaben von Boudier, dass auch in den Russulae ein Harz vorhanden sei, harmonirt es gut, dass man diejenigen Russulae als giftig bezeichnet, welche in rohem Zustande einen sehr scharfen Geschmack darbieten, während man diejenigen für essbar erklärt, denen ein solcher Geschmack mangelt. Uebrigens muss ich bemerken, dass einzelne Exemplare ausser der Schärfe auch entschieden bitter schmecken. Wenn man früher meinte, dass die mit weissen Lamellen versehenen Russulae als scharf, die mit gelben als mild zu bezeichnen seien, so ist dies Merkmal nicht durchgreifend. Am besten vermeidet man sie natürlich alle.

Hinsichtlich der Angaben über die Giftigkeit der Russula integra, welche uns die Literatur liefert, glauben wir Folgendes hervorheben zu müssen. Man isst dieselben in Oesterreich, Böhmen, Russland, Frankreich (nach Badham dort Agaricus virescens Schoeff, A. ruber und A. heterophyllus), im Dép. des Landes soll sogar Badham's Angabe zufolge die ersterwähnte Varietät künstlich gezogen werden, nach J. de Seynes Ag. alutaceus in den Cevennen, wo der Pilz oft Monate hindurch mit dem Hallimasch als Hauptmahlzeit dient; Italien (Vittadini), vielleicht auch in England (Badham, Cooke). Zuerst verdächtigt sie Krapf und zwar nach eigenen Erfahrungen, die wir hier in extenso mittheilen:

„Im August 1760 brachte meine Köchin zu Triest rothe Täublinge nach Hause, welche sie auf Anrathen des dortigen Marktaufsehers als gute und schmackhafte Schwämme gekauft hatte, und von welchen er selbst einen Theil mit nach Hause getragen. Sie wurden mit Oel, Salz, gehackter Petersilie, gestossenem Pfeffer und Zwiebeln auf die in Welschland gewöhnliche Art für mein ganzes Haus zubereitet. Ich war damals noch der irrigen Meinung zugethan, dass das Gift der schädlichen Schwämme durch Baumöl und Pfeffer entkräftet werde. Da es mir damals an Kenntniss der giftigen Schwämme noch fehlte, und ich zugleich ein grosser Liebhaber dieses Gewächses war, so ass ich ohne Bedenken einen stärkeren Antheil als alle meine Hausgenossen gegessen hatten. Eine Viertelstunde darauf überfiel mich plötzlich eine grosse Schwäche und beschwerliche Beängstigung des Magens, die immer stärker wurde und mich zwang, vom Tische aufzustehen und am offenen Fenster frische Luft zu schöpfen und mich durch selbe zu erholen. Kaum aber hatte ich einige Minuten am Fenster gestanden, so ward

schen Studiums bedarf, um sie richtig bestimmen zu können, was oftmals selbst für Leute vom Fach nicht leicht ist.

---

ich von einem so starken Schwindel eingenommen, dass ich weder zu stehen, noch zu sitzen vermochte, sondern von Andern unterstützt, in das Bett getragen werden musste. Zugleich fing ich an, mich heftig zu erbrechen, womit eine so schmerzhafte Empfindung verbunden war, als ob der Magen nur an einem Bindfaden hinge, der alle Augenblicke abreissen wollte. Unmöglich ist es mir, diesen Schmerz mit genugsam deutlichen Worten auszudrücken. Eiskalte Schweisstropfen flossen von meinem Angesichte und eine Ohnmacht folgte der andern, welche durch mich sonst erquickende wohlriechende Geister noch vergrössert wurde; selbst der Essig, den ich sonst so gerne roch, war mir unerträglich. Mein Puls ging schnell, war aber so schwach, dass man ihn kaum merkte. Mein Bauch war zu gleicher Zeit aufgetrieben und angespannt. Ich durfte mich, um nicht in neue Ohnmacht zu verfallen, kaum mit dem Kopfe bewegen; ein gleiches bewirkte auch das Reden der Umstehenden, die mir zu helfen beigekommen; kurz ich glaubte schon mein Leben zu endigen, und ich wünschte es auch, um nur von der grossen Beängstigung, die ich erlitt, befreit zu sein, als mich auf einmal ein ausserordentliches Verlangen nach einem eiskühlen Wasser überfiel. Die Erquickung, die ich dadurch erhielt, war so gross, dass die üblen Zufälle merklich abnahmen, und je mehr ich von diesem mit Eis gekühlten Wasser trank, um so mehr Linderung verspürte ich; das Brechen hörte gänzlich auf; der Durchfall hielt nur noch wenige Stunden an und wurde in dieser Zeit schon schwächer, seltener und blieb endlich gar aus. Hierauf verfiel ich in einen Schlaf, der mir die Kräfte einigermassen ersetzte. Doch aber blieb mir von allen üblen Zufällen ein Schmerz im Bauche zurück, der so empfindlich war, dass ich weder denselben berühren, noch husten konnte; er war einer Zernagung der Gedärme sehr ähnlich und hielt 8 Tage an. Innerlich brauchte ich bloss das in Eis gekühlte Brunnenwasser, nach welchem ich grosses Verlangen trug, und äusserlich mit Wermuth gefüllte, in Wein gesottene Säcklein, die ich ohne Unterlass warm um den Magen geschlagen trug; vor Wein und Fleisch hatte ich einen Ekel, und der widrige Schwammgeschmack blieb mir viele Tage mit Grausen im Munde. Mein Weib wurde zu gleicher Zeit von Uebelkeiten überfallen, kam aber mit etlichmal Brechen und einigen mässigen Durchfällen noch ziemlich gut davon. Mit meinen Dienstboten lief es noch leidlich ab, nur dass einer mehr, der andre weniger sich erbrach. Dem Marktaufseher erging es viel übler, obschon er weit glücklicher war, als ich und viele Andere, die an eben demselben Tage von diesen Täublingen gekauft und gegessen hatten, und deren zween ihre gehabte Schwammlust mit dem Leben bezahlen mussten."

„Ich holte mir den 30. Brachmonat 1778 rothe Täublinge aus dem Simmeringer Wäldlein ohnweit Wien; sie standen nicht weit von einander; einige davon hatten kaum die Erde verlassen, die übrigen waren ungleich reif; die so in schattigten Orten standen, hatten einen schleimichten Hut, und einige davon waren von so blassrother Farbe, dass man sie vielmehr für weisse, als rothe hätte ansehen sollen; sie wurden erst, als sie einen Tag am offenen Fenster gehangen hatten, röthlicht und am Grunde gelblicht; der Stiel war an allen weiss, an einigen röthlicht gefärbt, nicht aber an allen von gleicher Länge und Dicke, denn an manchen hatte er kaum die Dicke eines Schwanenfederkiels;

Es wäre nicht unmöglich, wie ich schon bemerkte, dass gewisse Arten ausser dem scharfen Principe, ein anderes nicht

---

die Blätter waren an vielen weiss, an andern gelb; in der Feste des Fleisches fand ich auch einen grossen Unterschied, denn unter allen, die ich hatte, waren nur 5 schöne grosse, mit vielem, festem, weissem Fleische, welche einen süssen Geschmack und guten Geruch hatten, alle übrigen hatten mehr oder weniger lockeres Fleisch, und waren entweder ganz ohne Geschmack und Geruch, oder von solcher Schärfe, dass mir bei deren Versuch die Zunge schmerzlich brannte; auch wurde ich durch den scharfen Geruch derselben, weil der Versuch, welcher zwar bei offenem Fenster geschah, etwas lange dauerte, öfters zum heftigen Niesen gereizt, und es flossen mir dabei viele Thränen aus den Augen. Vier Tage danach versuchte ich abermals einen dieser Schwämme, welcher, ob er gleich beständig am offenen Fenster hing und schon ganz dürre war, dennoch von gleicher Schärfe als der Gifthahnenfuss war. Ich rieb nun damit die Fläche meiner Hände, hielt solche zum Gesicht und empfand dabei die nämlichen Umstände, die ich vor 4 Tagen erlitten hatte. Ich sod einen solchen halb dürren Schwamm in 5 Unzen Wasser eine halbe Stunde, kostete alsdann ein wenig von dem gesottenen Wasser, und spie es bald wieder aus. Es war am Geschmack schleimicht und anfänglich süss, in Kurzem aber empfand ich ein scharfes Brennen im Munde, und der Schmerz hielt beinahe eine halbe Stunde an. Den Tag darauf kauete ich abermals ein Stücklein von dem gesottenen schleimichten Schwamme, aus dem ich vorher alles Wasser ausgedrückt hatte, und schluckte es hinab. Das Brennen im Munde fing eher an als am vorigen Tage, welches vermuthlich das Kauen des Schwammes verursachte; nach einer Viertelst. ohngefähr empfand ich einen dumpfen Schmerz im Bauche, der immer heftiger wurde, beinahe eine halbe Stunde anhielt, dann aber wieder aufhörte. Die Begierde, mit diesem Schwamme ein Mehreres zu versuchen, brachte es dahin, dass ich den Tag darauf ein ganzes Quintel von dem Wasser, worin der Schwamm gesotten hatte, und das ziemlich schleimicht war, trank. In weniger als einer halben Stunde verspürte ich schon ein schmerzhaftes Drücken in dem Magen, worauf ein öfteres Aufstossen, wiederholte Neigung zum Brechen und anhaltende Schwäche der Augen erfolgte. Ich trank sogleich ein grosses Glas voll frischen Brunnenwassers, wodurch sich die Zufälle verminderten, und nach und nach gar aufhörten. Die von dem kalten Wasser so geschwind erhaltene Hülfe reizte mich zu folgendem, zwar kühnem, doch nützlichem Unternehmen, ungeachtet der noch in frischem Gedächtniss tragenden gefährlichen Zufälle, welche mir dieser schädliche Blätterschwamm vor vielen Jahren verursacht hatte. Ich verschluckte frühe, nach vorgenommenem Milchkaffee, fast ½ Quintlein von dem gekochten, ausgedrückten und in Stücke zerbissenen Schwamme, hielt aber zur Vorsorge eine Kanne frischen Wassers in Bereitschaft. Kaum waren einige Minuten vorbei, so liessen sich schon die Vorboten der mir drohenden Gefahr spüren. Ein ziemlich stark brennender Schmerz in der Gegend des Magens war der erste böse Anfall; auf diesen folgte eine heftige Empfindung, die dem schmerzlichen Drücken eines im Magen sich bewegenden stumpfen Körpers gleichkam und das Eingeweide bald da, bald dort auseinander zu dehnen schien, und dadurch Uebelkeit mit grossem Ekel, starkes Aufstossen und Schwäche der Augen verursachte. Diese drohenden Stürme schreckten mich dermassen, dass ich die Gefahr nicht weiter

bekanntes schädliches enthielten, jedoch findet diese Hypothese in keiner positiven Thatsache ihre Begründung. Bulliard

kommen liess; ich trank eilends ein halbes Maass frisches Wasser, nach dessen Genuss es, ausser einem Durchfall, zu keinen schlimmen Folgen kam, als dass mir für die Zukunft die Lust verging, mit den rothen Täublingen auf solche Art zu scherzen, doch widerstand ich in etwas meinem Vorsatze, und versuchte noch einmal, ob an dem lang gesottenen, giftigen, vom Wasser gut ausgepressten, rothen Täublinge dennoch eine Schärfe übrig bleibe, die sich in vielen anderen Schwämmen durch das Kochen, Dünsten oder Braten gänzlich verliert, und sie zur unschädlichen, guten Speise macht, oder ob die giftige Eigenschaft in andern unbekannten Theilen, die sich durch das Kochen nicht verlieren, wie ich an dem Tollkraut erfahren habe, verborgen liege. Ich liess daher einige Tage darauf einen scharfen, dürren Täubling, der einen roth und gelb gefleckten Hut, und zehn Tage schon in freier Luft gehangen hatte, eine ganze Stunde lang in Wasser sieden, zerkauete alsdann einen vorher gut ausgedrückten Theil davon und empfand, dass seine Schärfe zwar gemindert, aber doch noch beissend genug war. Ich schloss daher, dass, wenn ein durch zehn Tage in freier Luft gehangener, getrockneter, eine ganze Stunde gesottener, und von allem Wasser rein ausgepresster Täubling noch so scharf ist, dass er die Zunge so heftig beisse, er im Magen ein Gleiches bewirke, und wenn er von Personen, die schwache und reizbare Magen haben, in Menge genossen wird, üble Folgen nach sich ziehe."

Auf diese Vergiftungsgeschichten beziehen sich sämmtliche spätere Autoren und die aufgestellten Krankheitsbilder z. B. bei Gmelin, Buchner, Phöbus, auch das weiter unten von Boudier gegebene, basiren darauf (bei Orfila fehlt der Pilz).

Mir ist ausserdem noch der Fall bekannt, welchen Devergie auf diesen Pilz bezieht (Méd. légale T. III. p. 666), wobei er bemerkt, dass Rayer im Hosp. St. Antoine mehr als ein Dutzend ähnlicher Fälle in Folge von Vergiftung mit Pilzen aus dem Vincenner Holze behandelt habe. Es ist übrigens dafür, dass wirklich in diesem Falle der Speiteufel die Ursache der Intoxication war, der Beweis kaum genügend dadurch erbracht, dass im Vincenner Gehölze keine anderen giftige Pilze wüchsen. Die mir von der Rayer'schen Abtheilung bekannten Intoxicationen mit Pilzen aus dem Vincenner Holze, beschrieben von Tournier (Journ. hebdomad. de méd. T. II. p. 420—434. 1829. Frank's Magaz. IV. p. 541), wobei angegeben worden ist, dass ganz weisse Pilze gesammelt waren, zeichnen sich aus durch frühzeitiges Erscheinen der localen Symptome (Erbrechen insbesondere), ein Constrictionsgefühl im Halse — das somit nicht für den Ag. muscarius characteristisch ist —, Pupillendilatation, Prästernalangst und vollständiges Fehlen von Delirien; ein Fall verlief tödtlich und scheinen bei der Section intensiver entzündete Stellen im Magen und in den Gedärmen sich gefunden zu haben. Die Krankengeschichte bei Devergie lautet:

„Am 21. Juni 10 Uhr Morgens wurde der 39jährige Schuster Garner in das Hospital de la Charité und zwar in einen der Säle Devergie's gebracht. Einer seiner Begleiter erzählte uns, dass derselbe am Sonntag Pilze als Mittagsmahl gehabt hätte, doch erinnerte er sich nicht, in welcher Wirthschaft Garner die Speise verzehrte, nach welcher er Schwere und Schmerzen im Epigastrium empfand. Bei seiner Rückkehr vermehrte ein häuslicher Streit sein Unwohlsein, worauf er sich mehrere

allein sagt in Betreff des Agaricus necator, er sei sehr scharf und werde in der Champagne, besonders bei Bar-sur-

---

Male Nachts erbrach. Am Montag erfolgten noch einige Erbrechungen, auch stellte sich Diarrhoe ein. Dienstag, den 21. Juni wurde der Kranke ins Hospital gebracht; ich weiss nicht, welche Medicamente vor seinem Eintritt angewendet waren. Status praesens: Allgemeine Abgeschlagenheit, Kälte des Körpers, leichte bläuliche Färbung der Haut; Radialpuls nicht zu fühlen; Decubitus am Rücken; Kopf nach rechts gewendet, auf der Wange liegend; Augenlider geschlossen; Pupillen im normalen Zustande; Antworten langsam, klagend; weisse, feuchte Zunge; grosse Schmerzen im Epigastrium, starker Durst, langsame, ruhige, vollkommen regelmässige Respiration. (Verordnung: Lindenblüthenthee, Aethermixtur, 2 Senfteige, Cataplasmen auf das Epigastrium. — Milch — Warme Getränke. —) Zustand des Kranken während seines Aufenthalts im Hospital: der Durst ist sehr stark; 3 Töpfe Tisane sind in $^3/_4$ St. getrunken; keine Convulsionen, kein Erbrechen; häufige und reichliche, flüssige Ausleerungen von orangegelber Farbe. Tod um 4 Uhr Nachmittags.

Leichenbefund. — Sehr ausgesprochene Leichenstarre (Muskeln sehr entwickelt), die Arme auf der Brust liegend, was anzeigt, dass das Individuum nicht an Convulsionen gestorben ist. Bläuliche Färbung der ganzen Hinterfläche (Leichenflecke), violette Färbung des unteren und vorderen Theiles der Schenkel, was die Vermuthung aufkommen lässt, dass der Tod primär oder secundär durch Asphyxie bewirkt wurde. Keine Flecken an den Zehen und Lippen, der Mund, sowie der Pharynx blass, Oesophagus seiner Länge nach weiss und zwar bemerklicher als dies gewöhnlich der Fall ist. Ecchymose einen Zoll lang, sechs Linien breit um die Cardia herum. Magen und Eingeweide von aussen blass, mit Ausnahme der Dünndarmtheile, die in der Beckenhöhle liegen. Auf der innern Oberfläche der Magenschleimhaut eine dicke Lage von weissem Schleim; ein livider rother Fleck von 3 Zoll Durchmesser, besonders am Coecum und in der Vorderfläche des Magens; ziemlich deutliche Gefässramification in der Nähe des Pylorus; die übrige Schleimhaut blass und von normaler Consistenz; im Magen eine Pinte trüber, einer Reisabkochung ähnlichen Flüssigkeit, aber grün bis fahl gelb werdend; die ganze Darmschleimhaut bleich und in ihren beiden oberen Drittheilen mit einer weissen Masse überzogen; ebenso die innere Haut des Dickdarms. Im Darmkanal viel Flüssigkeit, ähnlich wie im Magen, nirgends eine Spur von fester Materie. Die Valvulae conniventes treten sehr hervor, die Leber ist vollkommen gesund; die Gallenblase von schwärzlich-grüner Galle ausgedehnt, Milz und Nieren normal, Blase stark contrahirt, so dass sie nicht durchscheint, keinen Urin enthaltend. — Larynx und Luftröhre vollständig gesund, Lungen hyperämisch, weich, sonst gesund. Die rechte Herzhälfte und die Venenstämme von Blute angefüllt, Blut geronnen; die Fibrincoagula gelatinös, weissgelb. Gefässe der Dura mater hyperämisch; die Arachnoidea wenig injicirt, Hirnsubstanz in ihrer ganzen Ausdehnung, jedoch weniger ausgesprochen im kleinen Gehirn und in der Varolsbrücke, sehr blutreich. Etwas Flüssigkeit im 4ten Ventrikel.

Als vor einigen Jahren ein Vergiftungsfall durch Pilze im Walde von Vincennes vorkam, begab sich Chevallier dorthin. Er liess sich die Theile des Waldes zeigen, wo die Pilze am häufigsten waren, sammelte eine gewisse Anzahl und unterwarf sie der Untersuchung von

Aube sehr gefürchtet, wo man ihn „mortou" nenne, an der Stelle seiner Schärfe trete durch das Kochen eine solche adstringirende Wirkung ein, dass es nur einer kleinen Menge davon bedürfe, um die traurigsten Zufälle hervorzurufen [1]). Der Saft der verschiedenen Lactarii enthält, wie wir gesehen haben, verschiedene Harze, es ist auch nicht unmöglich, dass einige der letzteren gefährlicher als andere sind, oder dass vielleicht ein eiweisshaltigerer Saft die Cohäsion der Molecüle durch das Kochen verhindert. Da es unbestreitbar ist, dass Vergiftungsfälle durch Pilze aus diesen beiden Gruppen hervorgerufen werden, so liesse sich dies vielleicht durch die Einwirkung des harzigen Stoffes erklären.

Ad. Brongniart, welcher die Existenz von 4 Arten constatirte, von denen eine giftig war; diese ist Agaricus pectinaceus nach Bulliard, oder emeticus nach Persoon. Durch Krapf in Wien gemachte und durch Persoon mitgetheilte Versuche beweisen die Gefährlichkeit dieses Pilzes."

Schliesslich müssen wir noch der Selbstversuche Vittadini's mit Ag. emeticus Erwähnung thun, welche derselbe unternahm, nachdem er rohe und gekochte Pilze zu 6—12 Unzen resultatlos an Hunde verfuttert hatte. Die Pilze, vortrefflich gekocht, hatten ihren scharfen bittern Geschmack nicht ganz verloren und waren recht nnschmackhaft. Es stellte sich danach indessen nur ein „leichtes Gefühl von Unbehagen im Magen ein." (H.)

[1]) Agaricus necator Bull. entspricht nicht dem gleichnamigen Persoon's, sondern dem Ag. torminosus dieses Autors, dem bei uns recht häufigen und als Birkenreizker, Birkenrietsche, Giftrietsche u. s. w. bezeichneten Pilze (wie dies auch von Französischen Autoren neuerdings J. de Seynes richtig angiebt). Fries will in dem meurtrier der Franzosen den mit sehr scharfer Milch begabten Agaricus rufus erkennen, von dem Lenz mehrfach sah, dass er ohne Schaden verzehrt wurde, und der nach Marquard in Oesterreich von den Landleuten gegessen wird. Ag. rufus Scop. hat einen trocknen, kahlen, röthlich braunen Hut, in dessen Mitte eine $1/2$ bis 2" hohe Erhöhung sich findet, das Fleisch ist mattweiss, die Lamellen ziemlich dicht, von verschiedener Länge, eine weisse Milch enthaltend; der Stamm ist 1—2" hoch, $1/4$—$1/3$" dick, hellröthlichbraun, unten weiss filzig, solid. Ag. necator Pers., nach Weinmann essbar, steht dem Ag. controversus und torminosus sehr nahe; er hat einen derb fleischigen, flach scheibenförmigen, umbrafarbenen Hut ohne Zonen, der am Rande anfangs gelbflockig ist, einen kaum 1" hohen Stiel von gleicher Farbe, dünne weissliche Lamellen; der Milchsaft ist weiss und wird an der Luft grau. Der Ag. torminosus, um den es sich hier handelt, ein echter Pepperling, ist in der Natur kaum mit Agaricus necator zu verwechseln; er hat einen 2 3" breiten, genabelten, dann eingedrückten, schliesslich trichterförmigen Hut, von blassockergelber oder röthlich brauner Farbe und mit mehr oder weniger deutlichen Zonen, der, in der Mitte kahl, gegen den Rand filzig und am eingebogenen Rande weissbärtig wird;

Eine auf den ersten Blick überraschende Thatsache ist der rasche Eintritt der Symptome. Hat man die Pilze roh gegessen, so stellt sich im Munde, in der Kehle, besonders auf der Zunge ein brennendes Gefühl, ähnlich wie es der Pfeffer hervorruft, ein; dasselbe verschwindet bald, entweder von selbst oder durch Gurgeln mit kaltem Wasser oder etwas Oel. Man pflegt allerdings diese Pilze nicht roh zu speisen, sondern lässt sie beinah immer längere oder kürzere Zeit kochen. Ist dies im genügenden Masse geschehen, so ist die Schärfe kaum bemerklich, sie haben dann nur einen kräftigen Ge-

---

der Stiel ist 2" hoch, blasser als der Hut, die Lamellen sind ästig, dünn, weisslich oder weissgelblich, der Milchsaft unveränderlich weiss. Was die Stellung des Pilzes in der Toxikologie anlangt, so fehlt es an triftigen Beweisen für seine Giftigkeit (in gut gekochtem Zustande wenigstens); ich habe oben einen Fall, den Gmelin und Vicat anführt, auf Ag. muscarius zurückzuführen versucht, und ein zweiter, von Samberger (Med. Ztg. des Vereins f. Heilk. in Preussen. 1837. No. 25) mitgetheilter, wo es ebenfalls nicht erwiesen ist, ob der Birkenreizker im Spiele war, scheint nach der Symptomatologie gleichfalls zu der Fliegenpilzvergiftung zu gehören. Zunächst hat ihn Gleditsch verdächtigt, nach welchem er starke Diarrhöen und Grimmen erregen soll; später dann besonders der im Text genannte Bulliard, aber nicht nach eigenen Erfahrungen, sondern nach Angaben der Landleute, welche allerdings in einzelnen Gegenden noch heute eine auffallende Angst vor dem Pilze besitzen, besonders in Frankreich. So erzählt J. de Seynes, dass der dem Pilze ähnlich sehende, höchst wohlschmeckende Ag. deliciosus von einem Spanier auf den Markt von Montpellier gebracht worden sei; „mais l'aspect de cet Agaric éloigne tous les chalands et attire sur son industrie les reproches aussi énergiques que peu mérités des dames de la halle." Es ist das übrigens keineswegs in ganz Frankreich so; wenigstens wird Ag. deliciosus in Marseille auf dem Markte feilgeboten. In Böhmen wird Ag. torminosus nach Krombholz ebenfalls gemieden. Roh bewirkt er bei Thieren Erbrechen, Durchfall, Zittern und mehrere Stunden anhaltende Schwäche. Dem gegenüber stehen nun eine Reihe Thatsachen, dass der Pilz in gekochtem Zustande ohne Schaden gegessen worden ist; Fries z. B. sagt, dass dies in Schweden häufig in Folge von Verwechslung mit dem Agaricus deliciosus stattfinde. Die Unschädlichkeit gebratener Birkenreizker constatirten ferner Ascherson, Krombholz und Letellier, letztere beide durch Selbstversuche. Uebrigens schmeckt der Pilz auch zubereitet sehr schlecht.

In Bezug auf den im Vorstehenden erwähnten Ag. deliciosus, dessen Wohlgeschmack von allen Seiten anerkannt wird, haben wir schon S. 23 aufmerksam gemacht, dass er sehr leicht zu erkennen ist. Das Hauptkriterium ist das Grünwerden verletzter Stellen der meist mehr ins Rothgelbe fallenden Lamellen, die safranfarbige, später in Grün sich verändernde Milch und das schöne rothe Fleisch um den Rand. Der Hut ist blass ziegel- oder orangefarbig, mit vielen abwechselnd helleren oder dunkleren Kreisen. (H.)

schmack; sind sie hingegen nur schwach gekocht, so ist der brennende Geschmack vorhanden, und die Pilze können so Zufälle herbeiführen.

Im Magen verweilen sie einige Zeit, ohne besondere Erscheinungen zu bewirken, aber eine halbe Stunde später erregen sie ein Gefühl von Hitze, darauf Schmerzen, Ekel und Erbrechen, das Epigastrium schmerzt bei Berührung, oftmals in hohem Grade. Es stellt sich mehr oder weniger heftige Kolik, Angst, Kälte der Extremitäten ein, der Puls wird klein, voll, hart, der Bauch ist trommelartig gespannt; bisweilen kommt es zu Delirien, zu mehr oder weniger tiefem Coma, Sehnen hüpfen und sehr heftigen Trismus. Das Gesicht wird entstellt, der Intensität der Erscheinungen entsprechend, die ungeachtet ihrer scheinbaren Gefährlichkeit bei weitem nicht so bedenklich sind wie die durch Amaniten hervorgebrachten. Ich kenne keinen tödtlich varlaufenden Vergiftungsfall durch diese Arten; künstliches oder spontanes Erbrechen entfernt fast immer gleich anfangs beinah die Gesammtmenge des Giftes; es bleibt nur die Bekämpfung der Entzündung der Verdauungswege durch Emollientia, Antiphlogistica und bei hartnäckiger Verstopfung die Anwendung abführender Clystiere übrig. Die Reconvalescenz dauert immer weniger lange Zeit und einige Tage genügen zur vollständigen Genesung [1].

Ich stellte verschiedene Versuche mit dem mit Brod vermengten eingetrockneten oder frischen Saft der Lact. controversus und plumbeus bei Mäusen an, allein sie starben niemals davon. Die Thiere frassen ihn mit Widerwillen und waren danach augenscheinlich krank, gingen indess nicht daran zu Grunde. Ich machte die Section bei mehreren, die ich in dem Augenblicke tödtete, wo sie am meisten zu leiden schienen und fand den Magen leicht und gleichförmig entzündet,

[1]) Betrachten wir die oben genannten Erscheinungen und vergleichen sie mit den in Note 2 zu S. 131 niedergelegten Krankengeschichten: so ist nur das rasche Eintreten und das Vorwalten der gastrischen Symptome für die Russula-Vergiftung einigermaassen characteristisch. Betrachten wir jene Krankengeschichten als ausreichend, so bleibt aber auch kein Zweifel, dass Todesfälle durch diese Art Pilze hervorgerufen werden können, wenn auch allerdings die Prognose eine günstigere ist als bei den giftigen Amaniten. (H.)

aber ohne solche Flecken wie sie die Amanitae hervorbringen[1]).

Die drei Gruppen Amanitae, Russulae und Lactarii sind nicht die einzigen, welche giftige Pilze enthalten[2]). Nicht

---

[1]) Phöbus und nach ihm Harzer behaupten freilich, dass Versuche an Thieren uns nicht eben in unsrer Kenntniss über die Russula weiter gebracht haben; indess ergeben die von ihnen citirten Versuche Hertwig's doch so viel, dass eben sehr viele früher als Species aufgefasste Varietäten des Agaricus (Russula) integer (so Ag. alutaceus Fr., Ag. furcatus Fr., Ag. cyanoxanthus, Ag. sanguineus) im Wesentichen in derselben Weise, und zwar vorzugsweise gastrisch wirken.

[2]) Auch unter den Amanitae, Lactarii und Russulae finden sich noch einige Pilze, welche giftige Eigenschaften besitzen, und noch viel mehr, welche verdächtigt worden sind. Wenn auch über diese chemische Studien nicht vorliegen, so mag es doch dem Leser erwünscht sein, wenigstens summarisch das über dieselben bis jetzt Bekannte zu erfahren.

a) Amanitae.

Ausser der Amanita phalloides und A. muscaria muss mit Sicherheit als giftig bezeichnet werden A. pantherina Secr. (Ag. pantherinus DC., Ag. maculatus Schaeff., Amanita umbrina Pers., Ag. herpeticus L., Hypophyllum maculatum Paul.), der pantherfleckige Hüllenpilz, Krötenschwamm, Amanite oder Oronge dartreuse bei Orfila, die Golmelle oder Golmotte fausse der Franzosen. Dass der Pilz in Frankreich für giftig gilt, wie das schon früher Lenz angab, beweist die Angabe von J. de Seynes, dass der Pilz bisweilen ohne Warzen sei, und dann, besonders wenn die Marginalstreifen des Hutes sehr ausgesprochen sind, mit der braunen Varietät eines in Südfrankreich viel gegessenen Pilzes, der Amanita vaginata Fr. (Am. nivalis Grev., Hypophyllum niveum Paulet), der dort Coucoumèle, Grisette, Coucoumèle grise et jaune, auch als Coucoumelo, Irandja bezeichnet wird, leicht zu verwechseln sei. Auf diese Verwechslung beziehen sich wohl die Verdächtigungen des letztgenannten Pilzes, der übrigens roh einen sehr unangenehmen Geschmack besitzt. Krombholz vergiftete theils durch Decocte des Pilzes, theils durch den Pilz in Substanz Meerschweinchen und Tauben, bei denen sich vorzugsweise Nervensymptome gezeigt haben sollen, während Kothausleerungen fehlten und nur bei einer Taube Erbrechen eintrat. Dies würde den Pilz dem Fliegenschwamme näher rücken, dem er botanisch am nächsten steht. Er hat einen 4—6" breiten, dunkelbraunen oder gelblichen, im Alter bleichen Hut, auf welchem kleine, fast concentrische, weissliche, anfangs mehlige, weisse Warzen sich befinden und auf dessen Streifung am Rande wir bereits oben hindeuteten; das Fleisch ist weiss, der Stiel ist 4—6" hoch, weiss, am Grunde knollig und mit einer dickhäutigen, 1" hohen und breiten, weisslichen, später braunen, dicht anliegenden Wulst versehen; die Lamellen sind weiss, bauchig. Besonders nahe steht ihr die Varietät des Fliegenpilzes mit ziemlich braunem Hute; die viel grösseren Sporen bei letzterer sind schon von Phöbus als bestes Kriterium angegeben. Sprechen nun diese Momente für eine der Action des Fliegenpilzes analoge Wirkung, so liefert auch eine Vergiftungsgeschichte von Biagio Ramello (Ann. de Thérap. méd.

et chirurg. Juni. 1844. Canstatt's Jahresbericht f. 1844. Bd. V. p. 243), bei welcher eine genaue Bestimmung des Pilzes stattfand, den Beweis, dass der Pilz der Amanita muscaria wenigstens einigermassen ähnlich, jedoch mehr irritirend wirkt. Ich lasse, da mir das Original unzugänglich ist, den Fall, wie er von Scherer in Canstatt's Jahresbericht mitgetheilt ist, folgen.

Delarré Maria sammelte am 27. Sept. in der Gegend von Foeji Schwämme, unter andern auch 5 schön ausgebildete, die unter alten Kastanienbäumen auf einem niedrigen, feuchten Boden wuchsen, und die sie bei der Vergleichung mit andern umher gepflückten (Boletus edulis, der in jener Gegend wirklich in ausserordentlicher Menge wuchert) für gut befand. Nach Hause gekommen, reinigte und buk sie dieselben nach dem dortigen Gebrauch mit Olivenöl. Mit Pfeffer und Salz gewürzt, gab es ein Gericht für sie und ihre Familie, und es ist dies die tägliche Nahrung der armen Leute jener Gegenden vom Aufang des Herbstes bis zum Ende des Frühlings. — Die Mutter, 37 Jahre alt, von sanguinischem Temperamente, robuster Constitution, ass mässig davon. Ihre Schwiegertochter (Gabriella), 25 Jahre alt, robust, durch eine Hirnkrankheit geschwächt, ass übermässig. Ihr Sohn Giuseppe, ein lebhafter, sehr gesunder Junge von 13 Jahren nahm nur 3 Bissen davon zu sich. Die Tochter Carolina von 9 Jahren ass nicht viel; eine zweite Tochter Catterina, 11 Jahre alt, hatte nur das im Tiegel gebliebene Oel genommen. Ihr jüngstes Kind, ein Mächen von 2 Jahren, verschluckte mehrere Bissen. — Die Kinder waren mager, doch alle sehr gesund. Sie tranken sämmtlich Wasser nach dem Essen.

Gegen 4 oder 5 Uhr Nachmittags fühlten sie insgesammt Kolikschmerzen und Ekel. Von Schwämmen nichts ahnend, hielten sie das Uebel für unbedeutend, tranken Fleischbrühe, Oel und andere Mittel, deren man sich gewöhnlich bei Kolik bedient. Sie bekamen Stühle. Mit der Nacht wuchs indess die Aufregung und Ermüdung. Am andern Morgen (es war ein Donnerstag) waren sie krank und niedergeschlagen; sie hatten sogenannten Kaiserthee und Wasser im Uebermass getrunken. In der Nacht vom Donnerstag auf den Freitag erbrach Gabriella Weniges. Am Freitag befand sie sich schlecht, erholte sich aber nach und nach ohne ärztliche Hülfe. Giuseppe erbrach 6mal und genas ebenfalls Die 3 anderen waren nicht so glücklich, sie erlagen, ungeachtet sie mehrmals mukös-blutige Massen mit Stücken von Schwämmen erbrochen hatten, bei Diarrhoe, Kolikschmerzen, aufgetriebenem Unterleib, blassem Gesichte, Fieberlosigkeit, schäumendem Munde, folgendem Trismus, Convulsionen, Krämpfen in den oberen und unteren Extremitäten, Stupor und allgemeiner Kälte. Sie starben in der Nacht des Samstags; zuerst Catterina (2 St. nach Mitternacht); dann Carolina (um 6 Uhr Morgens bei vollem Bewusstsein bis zum letzten Augenblick); die kleine Angela musste bis zum nächsten Morgen, dem 1. Oct., leiden. Die arme Mutter wurde mit Hülfe ihrer starken Constitution gerettet, nachdem sie grausame Leiden ausgestanden hatte; zuerst Kolikschmerzen, dann Brechreiz, Angst und brennende Hitze in der Gegend des Herzens, allgemeine Erschlaffung, Schwere im Kopf, verschleierter Blick. Dieser Zustand hatte sich am Samstag gesteigert, wo sie zum erstenmale von einem Arzte besucht wurde. Fieberlosigkeit, blasse und glatte Zunge, wenig vom normalen Zustand abweichend, weicher, schmerzfreier Unterleib, ausdruckslose Physiognomie, mässiger Durst, allgemeine Kälte, kleiner, häufiger Puls. Obgleich sie schon mehrere Male Erbrechen und Stühle gehabt hatte, gab man ihr Ipecacuanha, um ersteres zu verstärken. Gegend Abend Delirium, Convulsionen. Sonntag Morgens Stupor, convulsivische Bewegungen des ganzen Körpers, Trismus, erweiterte Pupille, injicirte Conjunctiva, geringe Sensibilität, sehr gesunkener Puls, kalte Haut und mit kaltem Schweisse bedeckte Glieder. War sie durch Schreien aus ihrem schlafsüchtigen Zustande erweckt, was nicht leicht gelang, so antwortete sie vernünftig. Alle diese Symptome verschwanden, und das Ende schien nicht mehr fern zu sein, als man Ammoniak und Aether die ganze Nacht fortwährend anwendete. Am Morgen war sie etwas besser; weniger Coma, leichtere und schnellere Antworten. Die Kranke klagt über Kopfschmerzen, die Sprache ist fast normal, Durst fehlt, der Unterleib ist ganz frei. Man fährt fort mit dem stimulirenden Trank und verstärkt ihn. Am Mittwoch fühlt sie sich geheilt; der Appetit war fast plötzlich wiedergekehrt. Während des ganzen Verlaufs zeigt sich keine Spur von Fieber. Am Donnerstag trat allgemeiner Icterus, doch ohne Schmerz oder Irritation weder in der Leber noch in den Unterleibswegen ein, welcher Zustand sich von selbst nach und nach verlor.

Leichenbefund der 3 Töchter: Die Leichen von Catterina und Carolina zeigten schon 3 Stunden nach dem Tode in den oberen und unteren Extremitäten Steifheit, die Finger waren gekrümmt, der Unterkiefer an den Oberkiefer fest angezogen, die Augen geöffnet, bleifarbne Flecken auf den Armen, Schenkeln und der Brust. Keine Gase im Unterleib. Im Magen sind noch Stücke von Schwämmen sichtbar. Bei Catterina ist der Magen ungefähr um ein Dritttheil zusammengezogen und blass. Bei Carolina ist er ganz weiss, mehr wohl als in normalem Zustande. Nur ein einziger livider Flecken zeigt sich am Grunde; die übrigen Darmtheile verbreiteten einen so fötiden Geruch, dass man die Besichtigung zu schliessen für rathsam fand. Die Leiche der kleinen Angela, 50 St. nach dem Tode geöffnet, zeigte äusserlich Ecchymosen von der Grösse eines Thalers, die mehr oder weniger regelmässig, und über den Hals von vorne und beiden Seiten, in den Achselhöhlen, auf der inneren Oberfläche der Arme und Schenkel und über die äussern Seiten der grossen Lippen verbreitet waren. Der Unterleib war platt, keine Steifheit mehr bemerklich. — Oeffnung des Schädels; starker Zusammenhang der Nähte, alle Gefässe der Membranen sind mit schwarzem Blute überfüllt, die Hirnsubstanz selbst erscheint bei jedem Schnitte mit schwarzem Blute punctirt, gegen die Ventrikel hin, welche wenig Serum enthalten, verlieren sich die Puncte; der Plexus choroïdeus ist etwas injicirt. Die gestreiften Körper und alle übrigen Theile befinden sich im natürlichen Zustande. Die ganze Hirnmasse übrigens, besonders gegen die Peripherie hin, ist weicher und an der unteren und hinteren Seite des vorderen Lappens im Umfange eines Thalers fast ganz zerfliesslich. — Alle Organe der Brust sind gesund; die linken Cavitäten des Herzens sind leer; die rechten mit Blut gefüllt. Das rechte Herzohr enthält geronnenes Blut von der Gestalt eines kleinen gelblichen Eies, ziemlich compact und durchscheinend, Aehnliche Concretionen finden sich in der Vena cava, wie bei Phlebitis, mit dem Unterschiede, dass die Wände weich und glatt und ohne Spuren von Eiter, Röthe und Ramification sind. — Abdomen: Leber u. Milz sind im Volumen vermehrt, mit einem schwärzlichen Blute überfüllt. Magen und Darmkanal sind nicht erweitert, noch an ihren Oberflächen injicirt. Der Magen ist zusammengeschnürt und bildet auf der mukösen Oberfläche so zu sagen mehrere Falten; indess keine Hyperämie oder sonstige Alteration, noch Färbung in's Schwärzliche. Er ist mit weisslicher, dicker, nicht sehr übelriechender Flüssigkeit gefüllt. Die Därme sind blass und nur das

Ileum gegen sein Ende hin im Raum von 4 Fingern geröthet und enthält eine gelbliche, breiartige Masse. Die anderen Theile sind normal.

Von sonstigen Amaniten lässt sich in keiner Weise mit Bestimmtheit behaupten, dass sie giftig wirkten, obschon sie fast sämmtlich verdächtigt sind. Es gehören dahin:

1) Amanita rubescens Pers. (Ag. guttulatus, pustulatus und myodes Schaeff. Am. verrucosa Lam.). Die Verdächtigungen Bulliard's und einiger Französischen Autoren beruhen wahrscheinlich auf Verwechslung mit dem vorigen. Krombholz will an Hunden nach 3 bis 5 Unzen auf Ergriffensein des sensiblen und irritablen Systems hindeutende Symptome auftreten gesehen haben. Die Mehrzahl der Schriftsteller hegt keinen Zweifel an der Essbarkeit, und ich bin fest überzeugt, dass dieser, bei uns als Perlenpilz bezeichnete Schwamm die Golmelle oder Golmette vraie darstellt, die in Lothringen nach Cordier viel gegessen wird. Vittadini, den man als Verdächtiger des Pilzes gewöhnlich angibt, sagt von ihm: non altrimenti del Cesareo delicato e sano. Badham, Currey und Cooke rühmen ihn sehr als zur Fabrication von gutem Ketchup geeignet; nach Ersterm ist kein Pilz von Mäusen, Schnecken und Insecten so gesucht wie dieser. Botanische Kennzeichen des Pilzes bilden ein meist schmutziggraubräunlicher Hut mit vielen weisslichen, abwischbaren, weissen Warzen, dessen Fleisch beim Bruch blassröthlich anläuft, ein herabhängender Ring, röthliche Schuppen an dem unten knollig verdeckten Stiele, sehr breite, schneeweisse, hinten verschmälerte Lamellen und das Fehlen der Scheide.

2) Amanita aspera Pers. (Ag. Mariae Klotsch; der Agaricus asper verschiedener Autoren bezieht sich auf A. rubescens), ein nach Krombholz's Versuchen unschmackhafter, aber ungiftiger Pilz, ist dem vorigen in manchen Beziehungen ähnlich und hat einen 2—3" breiten anfangs convexen, oben bräunlichen und mit graubraunen Warzen und weisslichen, schuppenförmigen Klümpchen besetzten Hut, weissliche, abgerundete, freie Lamellen und einen Ring an dem hohlen, unten schuppigen und verdickten, 2—4" hohen Stiele; das Fleisch ist nahe der Oberhaut braun.

3) Amanita ampla Pers. (Ag. excelsus Fries.). Phöbus bezieht auf diesen Pilz die Oronge visqueuse dartreuse von Orfila (Hypophyllum maculatum Paulet), doch dürfte es richtiger sein, diese mit A. pantherina zu identificiren. Krombholz fand den Pilz bei den Meerschweinchen und einer Nachteule ungiftig; er selbst bekam nach 7 Quentchen in Butter gebraten eine kriebelnde Empfindung im Unterleibe, bis in den Schlund sich fortsetzend und 8 Stunden anhaltend. Weitere Gründe zur Verdächtigung liegen nicht vor. Vittadini giebt den Pilz als essbar aus. Hayne nennt ihn wohlschmeckend. Rabenhorst bezeichnet ihn als wohlschmeckend, aber schädlich; Berkeley als „supposed to be poisonous".

4) Amanita procera Pers. (Ag. solitarius Bull. Ag. albellus Scop.). Mit dieser Amanita procera, die mir übrigens aus eigner Anschauung nicht bekannt ist und welche bei uns überhaupt selten zu scheint, ist nicht der vortrefflich schmeckende Parasolpilz, Agaricus procerus Scop. zu verwechseln, wie dies in Büchern bisweilen geschieht; letzterer gehört zu der als Lepiota bezeichneten Unterabtheilung der Agarici, die sich durch Abwesenheit einer Hülle und das Vorhandensein eines Ringes characterisiren, und ist vielleicht der wohlschmeckendste Pilz, der bei uns vorkommt Die synonyme Amanita wird übrigens ebenfalls von den verschiedensten Autoren als

essbar bezeichnet, so von Bulliard, Vittadini, Cordier, Letellier, Pollini. Lenz führt Paulet als Gewährsmann für die Giftigkeit an; doch weiss ich nicht, welchen Pilz von Paulet dieser Autor im Auge hat. Auch sollen in dem der Symptomatologie nach zur Fliegenpilzvergiftung gehörenden Falle von Peddie die Pilze als A. procera von Greville bestimmt sein; doch ist hier die Bezeichnung rubescens als Attribut der Species angegeben, die nicht recht passen will.

5) Amanita ovoidea Bull. und Ag. coccola Fries, ebenfalls Amaniten, die besonders in Italien und Südfrankreich wachsen, führt delle Chiaje zusammen mit Amanita leiocephala als „micidiales" an. Es ist dies zweifelsohne ein Irrthum, wenigstens für die beiden ersten, die um Montpellier (als champignon blanc, coucoumèle oder boulé) gegessen werden (J. de Seynes).

Die von Flandin als giftige Amaniten angeführten A. virgata und A pusilla sind weder Amaniten, noch mit Bestimmtheit als giftig zu bezeichnen; beides sind Volvarien.

b. Lactarii.

Ausser dem Agaricus (Lactarius) torminosus, necator, piperatus, rufus, acris und controversus figuriren in den Büchern als verdächtig: 1) Ag. scrobiculatus Scop., der sog. Erdschieber, welcher alten Exemplaren von A. torminosus einigermaassen ähnlich sieht, sich aber durch den sehr schmierigen, gelben Hut ohne Ringe, den blassgelben, hohlen, mit dunklen Gruben besetzten Stiel, weisse Lamellen und Uebergang der weissen Farbe in's Schwefelgelbe leicht diagnosticiren lässt. Bestimmte Erfahrungen über diesen Pilz, den Letellier für essbar erklärt, liegen nicht vor; nur bemerkt Lenz, er werde von allen Schwammessern gemieden. 2) Ag. insulsus Fr. Hut fleischig, genabelt, später trichterförmig, klebrig, gelblich, mit undeutlichen dunkleren Ringen und nacktem Rande; Stamm aufangs solide, später hohl, derbe, bleich, öfters grubig; Lamellen dichtstehend bleich, gabelspaltig; Milch weiss, öfters wasserfarben, scharf. Staude bezeichnet diesen, wie die meisten Pfefferlinge, in Wäldern vorkommenden Pilz, der oft eine beträchtliche Grösse erreicht, als schädlich. 3) Ag. blennius Fr. Hut fleischig, in der Mitte vertieft, klebrig, oft concentrisch getüpfelt, graugrünspanfarben, mit glatten, leicht filzigem Rande; Stiel anfangs solide, später hohl, von derselben Farbe; Lamellen dichtstehend, weiss, beim Bruche aschgrau werdend; Milch weiss. Figurirt bei Gmelin als schädlich; Büchner fand rohe Stücke schädlich. Nach Lenz wird er, wie der vorige, von den Schwammessern gemieden. 4) Ag. uvidus Fr. mit schmutzig-blassrothgrauem Hute und weisser, an der Luft sich lila färbenden Milch, wird von Staude als „ungeniessbar" bezeichnet. 5) A. pyrogalus Fr. Hut fleischig, flach und mit undeutlichen Zonen, glatt, bläulich grau, trocken, bei feuchtem Wetter feucht; Stiel anfangs solid, später hohl; Lamellen dünn, ziemlich weit von einander entfernt, gelblich, Milch reichlich vorhanden, weiss, schliesslich gelb, äusserst scharf. Die Französischen Toxikologen nach Orfila führen ihn sämmtlich als giftig auf; auch Fries. Letellier erklärt ihn für unschädlich, Lenz als schlecht schmeckend. Was Orfila in der Med. lég. als solchen abbildet, ist, wie Phöbus richtig hervorhebt, Ag. torminosus. 6) Ag. vellereus Fr., Wollschwamm, Kothschieber. Dieser ist, wie der Pfefferschwamm, weiss; der Hut compact, genabelt convex, filzig, ohne Ringe, mit umgebogenem Rande; der Stiel solid, ebenfalls filzig; Lamellen weit von einander entfernt, schmutzig weiss, Milch weiss, sehr scharf. Dieser Pilz steht dem Ag. piperatus sehr nahe, unterscheidet sich durch den Filz an Hut und Stiel und die grösseren Lamellen; auch fehlt der beim Pfefferschwamm besonders beim Reiben hervortretende aromatische an Apfelsinen erinnernde Geruch. Der Pilz wird überall als verdächtig bezeichnet, so dass z. B. Badham von dem Genusse des Pfefferschwamms abräth, weil die „Eigenschaften des Kothschiebers nicht hinlänglich bekannt seien." Dass irgendwie sowol vom rohen als vom gekochten Pilze Unbequemlichkeiten entstanden seien, ist nicht bekannt. 7) Ag. theiogalus Fr. Hut fleischig, convex, klebrig, glatt, blassrothbraungelb; Stiel solid, glatt, von der Farbe des Hutes; Lamellen dünn, gedrängt, gelblich, Milch weiss, später schwefelgelb (daher der Name theiogalus), scharf. Geruch aromatisch. Für die Angaben von Bayle-Barelle, Persoon, Cordier, Roques, Rabenhorst und Staude, dass dieser Pilz giftig sei, fehlen die Beweise. 8) A. chrysorrheus Fries, mit blassgelbem Hut mit Ringen und weisser, in Goldgelb übergehender Milch, von Rabenhorst ohne weitere Gründe verdächtigt. 9) Ag. zonarius Krombh. (Die Bezeichnung Ag. zonarius Bolt. bezieht sich entweder auf A. theiogalus oder A. chrysorrheus). Von diesem Schwamme sah Krombholz eine Frau ein Stück mit Butter gebraten ohne Folgen essen, dagegen bei einem andern Individuum 3 Loth ebenfalls mit Butter gebraten einen pfefferartigen ekelhaften Geschmack, ein $^3/_4$ Stunden lang dauerndes Brennen auf der Zunge, im Rachen und Schlunde, 5 Stunden später Uebelkeit und Brechneigung. 10) Ag. flexuosus Pers. Von Gmelin als sehr giftig bezeichnet. 11) Ag. fuliginosus Fr. Hut fleischig, weich, eingedrückt, ganz trocken, ohne Zonen, anfangs russbraun bepudert, später graulohfarben; Stiel spongiös, wie der Hut gefärbt; Lamellen eng stehend, lohfarben; die scharfe weisse Milch und noch deutlicher das Fleisch werden an der Luft safrangelb. Nach Bayle-Barelle verdächtig, nach Gmelin giftig. Krombholz fand ihn gebraten und gekocht unschädlich, aber übelschmeckend. Geruch und Geschmack des rohen Pilzes sind sehr unangenehm, letzterer, von Krombholz als metallisch angegeben, erinnert mehr an ungelöschten Kalk. Wahrscheinlich gehört zu diesem Pilze der Agaricus azonites Bull., der in den Französischen Toxikologien unter den giftigen Milchern steht; ausserdem A. plinthogalus Otto. 12) Ag. subdulcis Bull. Dieser Pilz, zu dem Lenz auch den allerdings nahe verwandten Ag. mitissimus Fr. zieht, characterisirt sich durch seinen dünnen, fleischigen, trockenen, glatten, zonenlosen, zimmtbraunen Hut, der anfangs in der Mitte erhöht, später in der Mitte vertieft ist, ferner durch einen dünnen, anfangs wie bereift aussehenden und soliden, später röthlichen und hohlen Stiel, röthlich weisse Lamellen, hat einen Milchsaft ohne Schärfe und ist trotz der Verdächtigungen von Krapf und Ellrodt, die sich übrigens vielleicht auf den bereits in Anm. 1) zu Seite 137 behandelten Ag. rufus beziehen, essbar, wie dies schon Hayne und insbesondere Lenz nach vielen eignen Erfahrungen hervorheben. Eine Varietät des Pilzes (oder eine eigne Art?) als Ag, camphoratus Fr. bezeichnet, riecht wie Tonkabohnen. 13) Ag. vietus Fr. Nach Krombholz schädlich. 14) Ag. blennius Fr., nach Gmelin giftig, nach Krombholz schädlich. 15) Ag. tithymalinus Scop. (Ag. ichoratus Batsch). Phöbus zieht zu dieser Species den von Bayle-Barelle verdächtigten Pilz, dem Letzterer die Bulliardsche Bezeichnung Ag. dycmogalus beilegt.

Gewiss sind die Widersprüche in allen diesen Angaben auf die von Boudier S. 131 angegebenen Verhältnisse zurückzuführen.

c. Russulae.

Da wir zu Agaricus (Russula) integer L. die Mehrzahl der Species, welche die Schriftsteller aus dieser Art gemacht haben, vereinigten (auch die Russula alutacea, pectinata u. s. w.), so haben wir hier nur noch zu erwähnen:

Agaricus (R.) foetens Pers., (Ag. piperatus Bull), Schmierling. Dieser in Wäldern vom Frühjahr bis zum Herbst gemeine Pilz hat einen bis über 4 Zoll breiten steifen Hut von gelber Farbe, der in der Jugend rundlich, doch öfters schon oben gewölbt, später mehr ausgebreitet, im Alter oft ziemlich flach und in der Mitte vertieft ist; der Rand ist breit, häutig, höckrig und gefurcht; die Oberfläche ist mit einem dicken und klebrigen Schleime überzogen; der Stiel wird selbst bis zu 5" hoch, bis über 1" bei ausgewachsenen Exemplaren dick, anfangs solide, später hohl (viel von Schnecken angefressen), schmutzig weiss, nach unten blassochergelb oder bräunlich gestricht, uneben; Fleisch weiss, Lamellen sehr ungleich und gegabelt, aderig mit einander anastomosirend, weisslich, nicht dicht. Der unangenehme Geruch des Pilzes, der ihm seinen botanischen Beinamen gegeben hat, wird von Lenz in Abrede gestellt; ich kann die Angabe von de Seynes bestätigen, dass er häufig im Frühjahre ganz geruchlos ist, während er im Herbst besonders in älteren Exemplaren den characteristischen Geruch zeigt. Der pfefferartige Geschmack kann bei solchen Exemplaren gering sein. Wahrscheinlich sind Geruch und Geschmack dasjenige Moment, worauf sich die Giftigkeitserklärung von Seiten Cordier's und Roques' gründet. Diesen Autoren gegenüber steht Krapf, der ihn als unschmackhaft, ekelhaft, aber nicht als giftig bezeichnet. Krombholz fand Abkochungen des Pilzes giftig. Es wird auf diesen Pilz der folgende Fall von schwerer Intoxication zurückgeführt, der in der Schönleinschen Klinik zur Beobachtung kam und welchen Alphons Barrelet in seiner Dissertation (De venenatione per fungos nonnullos Berol. 1849) mittheilt:

C. Stammer, Schreiner, 43 Jahre alt, kräftig und gesund, ass am 14. August 1848 Mittags eine nicht unbedeutende Menge gebratener, den Pfefferlingen (Agaricus Russula foetens Pers. Ag. piperatus L.) ähnlicher Schwämme. Als erste Vergiftungserscheinung traten um 2 Uhr Nachmittags ein: Uebelkeit, Leibschmerzen, Vomituritionen, wobei von den genossenen Pilzen ein ziemlicher Theil entfernt wurde. Als die Symptome heftiger wurden, nahm er eine Kochsalzlösung, trotz derer übrigens sich Stupor, Convulsionen und Kälte der Extremitäten einstellten. In diesem Zustande wurde er 8½ Uhr Abends in die Charité gebracht und auf die Schönlein'sche Abtheilung gelegt. Status praesens: Puls klein, contrahirt, 84; Extremitäten kühl, Gesicht livid, Bulbi prominent, Pupillen erweitert, Iris unbeweglich, Glieder steif, bisweilen spastische Contractionen der Muskeln, fortwährendes Zittern derselben, Trismus, Zähneknirschen; beim Aufrichten des Kranken gingen per os Pilzreste ab, die übrigens eine genaue Bestimmung der Species nicht möglich machten. Der Urin floss von selbst ohne Wissen des Kranken ab. (Verordnung: Zinc. sulfur. (℈i) ℥ij; alle Viertelstunde 2 Esslöffel). Hierauf traten Vomituritionen, aber kein Erbrechen ein. Dann wurde dem Kranken eine Tasse starker Kaffee mit grosser Mühe beigebracht, worauf nach einiger Zeit gelbe flüssige Massen erbrochen wurden. Senfteige an die Waden und in den Nacken. Hierauf hob sich der Puls, wurde voller und frequenter (100), auch wurden die Extremitäten etwas wärmer (Verordnung Tanninlösung (ʒβ) ℔j, viertelstündl. 1 Tasse; 15 Blutegel an die Stirn; kalte Ueberschläge auf den Kopf). Der Kranke zeigte Schmerzhaftigkeit im Nacken in Folge des Senfteiges, auch bei Druck an den Waden, die Senfteige an den Waden blieben wirkungslos; die Muskelkrämpfe dauerten fort, bisweilen zeigten sich heftige allgemeine klonische Krämpfe, selbst Opisthotonos, heftige Bewegungen der Extremitäten; nach Extension der meist im rechten Winkel flectirten Vorderarme starke Krämpfe der Arm- und Schultermuskeln, ebenso bei Druck auf die Waden in den Gastrocnemii. Caffee und Tanninlösung wird von Zeit zu Zeit gereicht. 2 Uhr Morgens. Extremitäten wärmer, Pat. liegt meist ruhig, bisweilen flectirt und extendirt er ganz plötzlich den linken Vorderarm oder hebt beide nach oben; Frictionen, um das Blut vom Kopfe abzuleiten, bedingen heftige Schmerzen, der Kranke schreit, knirscht mit den Zähnen, scheint wüthend. Pupille normal. Essigclystiere; danach mehrere flüssige, schwarzgrüne, sehr stinkende Stühle. Bei Darreichung der Medicamente wird der Kranke unruhig und schreit heftig. 15. August Morgens 7 Uhr. Extremitäten wieder kühler, grosse Apathie, Pupillen sehr erweitert, Waden sehr empfindlich; Puls 100, mässig voll (Verordnung: kalte Umschläge auf den Kopf; Liq. Ammon. caustici als Riechmittel, 14 Schröpfköpfe an die Wirbelsäule, kalte Begiessungen, Essigclystiere, Tanninlösung (gr. IV. auf ℔j, $^1/_4$ stündl. 1 Tasse; Milch und Kaffee). Nachmittags ist der Stupor geringer, und die Medicamente werden mit Leichtigkeit geschluckt. (Verordnung: 20 Blutegel hinter die Ohren; stündlich 20 Tropfen Spir. aether., Essigclystier). Mehrere flüssige grüne, übelriechende Stühle; viele Ructus, Muskelkrämpfe unbedeutend, bisweilen Zittern, Pupillen weniger erweitert, Puls 84. 16. August. Empfindlichkeit des Kranken bei Druck auf die Waden, der Tags zuvor heftiges Schreien hervorrief, vermindert; Magengrube und Bauch noch empfindlich, Pupillen normal, Iris sehr beweglich und irritabel; mehrere grüne, ohne Wissen des Patienten abgehende Stühle; Krampf bei Extension der Vorderarme minder heftig. Puls klein, schwach, 80; Respiration tief, langsam und frei, Maxilla stark an den Oberkiefer gepresst, bisweilen Gesichtskrampf, Haut warm, Gesicht roth. Beim Aufrichten des Kranken schreit und tobt er, wird aber bald schwach und blass. Verordnung: kalte Begiessungen, Milch und Kaffee abwechselnd, kalte Umschläge auf den Kopf, Einreibungen mit Senfspiritus an die Waden. 9 Uhr Vormittags öffnet Pat. den Mund leicht; Zunge rein, feucht, Pat. bei Bewusstsein, etwas Auswurf, Füsse, Hände und der ganze Körper warm. $9^1/_2$ Uhr Vormittags schreit Pat. und leistet Widerstand, krümmt sich, wirft sich zu Boden; flüssiger, grüner, fötider Stuhl, in dem sich Pilzreste mikroskopisch erkennen lassen. Puls 88. (Verordnung: Magnes. sulfurica als Laxans). $11^1/_2$ Uhr mehrmals Erbrechen grüner, übelriechender Massen, Stühle von derselben Beschaffenheit; Pat. kommt mehr zur Besinnung, spricht viel mit deutlicher Stimme, Puls 80. Nach der kalten Begiessung wird er traurig, klagt über seine Schwäche; Waden sehr empfindlich, er ist vollständig blind, hört dagegen gut, hat jedoch Gehörshallucinationen, bisweilen Spasmen und Zittern der rechten Körperhälfte; allgemeine Schmerzen; dann erkennt er wieder Gegenstände, freut sich und fällt in den alten Zustand. 17. August. Pat. war in der Nacht sehr unruhig, schrie oft laut, sprach viel von seiner Familie und seinem Hause, klagte über seine Schwäche; mehrmals Stuhlgang ohne Wissen des Kranken und von früherer Beschaffenheit. Vormittags

allein kommen diese noch in andern Abtheilungen des Genus Agaricus, sondern auch in anderen Gattungen vor, besonders enthält das Genus Boletus verschiedene, zu den gefährlichen

---

9 Uhr. Zustand, wie in der Nacht; Puls 102; Hörorgan normal; Sehvermögen besser, so dass Pat. mit Mühe eine Uhr erkennt; Gemüthsstimmung abwechselnd; Muskelkrämpfe in beiden Gliedmassen abwechselnd, heftige Schmerzen in Gliedern und Knochen, Todesangst und Dyspnoe. Bewusstsein noch nicht vollständig wiedergekehrt, so dass er trotz vielfacher Belehrung, dass er in der Charité sei, dorthin gebracht zu werden fordert. Pupillen etwas erweitert, Iris beweglich. Nach der kalten Begiessung ist er und spricht vernünftiger, nur sieht er kleine Thiere, die ihn ängstlich machen; partielle Schweisse. 5 Uhr Nachmittags: Puls 108, Zustand ziemlich gleich, Pat. kann grosse Schrift lesen. Bisweilen Hallucinationen; Thiere kriechen ihm über den Körper, er hört und sieht Menschen um ihn herum, mit denen er laut spricht; dann tritt Gliederzittern, grosse Angst, Jactation, beschleunigte Respiration, Palpitationen, Angstschweiss ein; Hautfarbe normal. Kein Stuhl, Urin von normaler Farbe, ohne Sediment. 18. August. Nacht ruhiger, Pat. sieht die kleinen Thiere nicht mehr, hat aber andre Hallucinationen; Puls 104, Urin trüb, stark sauer, Pupillen etwas erweitert. In Folge der Hallucinationen wechselt grosse Angst mit Traurigkeit. (Verordnung: kalte Umschläge, Begiessung). Nach der Begiessung mehr Ruhe, von $3\frac{1}{2}$ Uhr stärkere Hallucinationen und Unruhe, Respiration beschleunigt, Puls 132, Zunge rein, grosser Durst. (Verordnung: Morph. acetici gr. $\frac{1}{4}$ Sacch. gr. X. 2 Dosen in Intervallen von 4 Stunden. 6 Uhr Nachmittags spricht Pat. fortwährend in Zorn. 19. August. Beständiges Deliriren in der Nacht; Puls 90, kein Zittern, Pupillen contrahirt, Zunge feucht, fast rein, Schweisse, Epigastrium bei Druck empfindlich. Pat. wehklagt über seinen Unverstand. (Dieselbe Verordnung). $4\frac{1}{2}$ Uhr Nachmittags. $\frac{7}{12}$ Gran Morph. führten $1\frac{1}{4}$ Stunden Schlaf hervor, worauf Pat. ein wenig ruhiger ist; Schwäche gross, Hallucinationen dauern fort. (Verordnung bleibt). 20 August 8 Uhr Vormittags: Pat. war in der Nacht nicht unruhig; starker Schweiss, 3 flüssige faeculente Stühle; nach $\frac{1}{3}$ Gran Morph. schlief er $\frac{3}{4}$ Stunden, worauf er besser zu sich kommt, weiss, wo er ist, und seinen Wärter anruft, wenn ihm Etwas fehlt. Pupillen normal. Puls 80. Von da ab Besserung; Pat. ist sich seiner Hallucinationen bewusst, glaubt z. B. er habe vor 3 Tagen ein Kind umgebracht und solle geköpft werden. Diese Hallucination dauert auch noch am 21. fort, wo an der innern Fläche des linken Ellenbogens ein handgrosses Pseudoerysipel mit heftigen Schmerzen sich bildete. Am 25 August. Eröffnung des Abscesses, Funkensehen; heftige Leibschmerzen. 26. August. Pat. kann feinste Schrift lesen, doch ist das Sehvermögen noch nicht vollständig wieder wie früher. 27. August. Zahllose bohnen- oder wallnussgrosse Furunkel auf dem ganzen Körper, besonders an der Scapula und im Kreuz, böse Träume. Die Furunculose und die übrigen Erscheinungen schwanden allmählig, so dass Pat. Mitte September die Charité verlassen konnte."

Es erinnert diese Krankengeschichte lebhaft an die Intoxicationen mit dem Fliegenpilze und die Hallucinationen an die Belladonnavergiftung. (H.)

gezählte Arten, und zwar sind dies hauptsächlich diejenigen, welche beim Zerbrechen blau oder grün werden. [1])

---

[1]) Wir geben hier eine Zusammenstellung des bis jetzt über die Giftigkeit der ausser den oben genannten Pilzen aus der Abtheilung der Amaniten, Pfefferlinge und Russulae als toxisch bezeichneten Angehörigen der Gattungen Agaricus, Boletus u s. w.

A., Agaricus.

a., Tribus Lepiota. Allgemeine Hülle mit der Haut des Hutes verwachsen; Hut fleischig; Stiel hohl, am Grunde verdickt; Lamellen gar nicht mit dem Stiele verwachsen, nicht herablaufend, nicht ausgebuchtet; Ring beweglich oder unbeweglich.

Zu den Lepioten mit unbeweglichem Ringe gehören Ag. clypeolarius Bull. und Ag. Vittadini Moretti. Der erstere gilt einzelnen Französischen Autoren für giftig. Nach Paulet erregt er bei Hunden Erbrechen; auch glaubt dieser Schriftsteller, dass in Poitou vorgekommene Vergiftungsfälle mit sog. écluselles (écluseau ist ein Volksname für den ähnlichen Parasolpilz) auf diesen Pilz, der als columelle d'eau bezeichnet wird, zurückzuführen seien. Galtier glaubt irrig, dass die beim Fliegenschwamme angeführten Fälle von Peddie auf eine Verwechslung des Parasolpilzes, wahrscheinlich mit der in Rede stehenden Art, beruheten; die Bestimmung Greville's bezieht sich, wie oben angegeben, nicht auf Lepiota, sondern auf Amanita procera Pers. Letellier giebt an, er habe den Agaricus clypeolarius ohne Schaden gegessen; dasselbe berichtet Roques von sich, und auch Krombholz rechnet ihn zu den essbaren. Was von Ag. clypeolarius gilt, gilt auch wohl für Ag. cristatus Bolt., der von Ascherson, jedoch nicht in Folge eigner Untersuchungen, — wie Phöbus bemerkt, in Folge von Verwechslung mit Ag. clypeolarius — als giftig aufgezählt wird. Ich muss nun aufrichtig bekennen, dass ein specifischer Unterschied zwischen beiden mir nicht vorhanden zu sein scheint; in grösseren Exemplaren des Ag. cristatus stehen die Lamellen ziemlich dicht und solche grössere Exemplare übertreffen, trotzdem Fries u. A. den Pilz als ganz klein bezeichnen, oft an Grösse den Ag. clypeolarius. Der schlechte Geruch des ersteren kann doch unmöglich als Kriterium für die Species angesehen werden, worauf auch Ascherson aufmerksam macht. Vielleicht sind es Varietäten in Folge des Standortes (A. clypeolarius mehr in den Wäldern, A. cristatus auf freien Plätzen, Feldern u. s. w.).

Ag. Vittadini, eine Lepiote mit grossem Ringe und bauchigen Lamellen, ist von Vittadini zuerst des sehr unangenehmen Geruches und Geschmackes wegen verdächtigt. Krombholz bekam nach 4 Loth des zubereiteten Pilzes ½ Stunde Kratzen im Halse, vorübergehend fliegende Hitze und Schwindel, 3 Loth blieben bei einer Frau wirkungslos; roh blieb der Pilz bei Kaninchen, Meerschweinchen und einem Lanius ebenfalls wirkungslos, erregte dagegen mit Milch abgekocht bei einer jungen Katze etwas Narkose, Erbrechen und Durchfall.

b. Tribus Armillaria Fries. Schleier dauerhaft, ringförmig; Hut fleischig, gewölbt, später ausgebreitet, stumpf, mit glatter, selten schuppiger Oberhaut; Stiel dick, in der Jugend nicht hohl; Lamellen breit, ungleich, hinten etwas spitz, ausgeschweift oder herablaufend, weiss oder blass.

Aus dieser Tribus ist nur Ag. melleus Vahl (Ag. polymyces Pers. Ag. annularius Bull.), Hallimasch, Heckenschamm, Stockschwamm, verdächtigt, und zwar zuerst von Paulet, der ihn als Tête de Méduse bezeichnet, nach ihm die meisten Französischen Toxikologen (Roques, Orfila, Galtier). Paulet will auf den Genuss des Pilzes einen Hund in 12 Stunden zu Grunde gehn gesehen haben, die Section zeigte den Oesophagus mit weisser, schleimiger Materie überzogen, den Magen und die Gedärme, deren Wandungen verdickt waren, eine braune Flüssigkeit enthaltend. Hertwig's wiederholte Versuche an Hunden und einem Schafe liessen keine toxischen Eigenschaften des Pilzes erkennen. Nun ist der Geschmack des Hallimasch zwar herbe und styptisch, und es verliert sich dies selbst nicht ganz beim gekochten Pilze, so dass z. B. Badham ihn deshalb als zum Genusse nicht qualificirt; aber nichts destoweniger wird er vielfach gegessen, wie dies zunächst von Oesterreich Hayne und Trattinik angeben, später von Böhmen Krombholz, von Coburg Staude. Auch in Frankreich hat Letellier durch eignen Versuch constatirt, dass grosse Mengen des Pilzes zubereitet in keiner Weise schaden, und neuerdings berichtet de Seynes, dass es auch in Frankreich Gegenden giebt, wo man den als pivoulade (bei Nismes, Montpellier) und souquarel (Perpignan, Cévennes) bezeichneten Pilz massenhaft consumirt. In den Cevennen dient er mit Russula alutacea Monate lang im Herbst als Basis der Nahrung der Bauern und insbesondre der Holzhauer. Auch in Italien verspeist man ihn (Vittadini). Was Tulasne (Selecta fungorum carpologia, T. I. p. 40), erzählt. (Ab illis etiam Agaricis, qui instar Agarici mellei Vahl. ut plurimum nonnisi senescentes graveolent, caute cavendum: recordamur enim huncce (Italis tamen edulem, docente Vittadinio) multos abhinc annos in angusto cubiculo nostro imprudenter noctu conclusum, tum odore putido tum soporiferis exhalationibus aërem adeo vitiasse, ut in asphyxiae discrimen nobis visi fuerimus) kann natürlicher Weise nicht als Beweis für giftige Wirkung des Pilzes beim Genusse angeführt werden. Die Annahme von Galtier (Toxikolog. II. p. 585), die Angaben über die Essbarkeit des Pilzes beruhen auf Verwechslung mit Ag. mutabilis Schaeff. (Ag. caudicinus Pers.), der bei uns gleichfalls als „Stockschwamm" bezeichnet wird, ist nach den obigen Mittheilungen irrig. Nicht uninteressant ist die ganz richtige Angabe von Harzer, dass die an den Wurzelstöcken herausgewachsenen Exemplare viel herber als die an der Erde gewachsenen schmecken.

c. Tribus Hygrophorus Fries. Schleier sehr flüchtig, schleimig, Hut fleischig, oft sehr dünn, gewölbt, später verflacht; Fleischsubstanz mit der des Stieles verbunden und die Mittelschicht der Lamellen bildend. Lamellen schmal, faltenförmig, doch nicht milchend; Sporen kugelrund.

Aus dieser Abtheilung will Paulet den Ag. eburneus Bull. bei einem Hunde emetocathartisch wirken gesehen haben. Letellier und Lenz assen den Pilz ohne Schaden und gibt Letzterer an, dass er nach Zantedeschi in Brixen eine beliebte Speise darstelle. Es ist der Agaricus jozzolus Scop., der seinen Namen von der Bezeichnung eines in Italien viel gegessenen Italienischen Pilzes jozzolo herleitet. Obschon Phöbus nachwies, dass es nicht gestattet sei, den jozzolo mit Agaricus eburneus zu identificiren, weil die dafür citirte Stelle von Decandolle sich auf Ag. ericetosus Bull. bezieht, der dem Ag. pratensis Pers., welcher übrigens unter der Bezeichnung A. ficoides Bull. bei Flandin als giftig gilt, entspricht (oder dem Ag. virgineus?), ist dies neuerdings doch wieder von Harzer und de Seynes geschehen. Die kleinen drüsigen Körnchen, mit denen der Stamm besäet ist, characterisiren den Ag. eburneus und lassen ihn leicht von Ag. virgineus unterscheiden. Cooke nennt sie alle essbar.

d. Tribus Tricholoma Fries. Schleier undeutlich oder als Flocken oder Fäden dem Hutrande anhängend; Hut fleischig, glockig, später ausgebreitet, mit anfangs eingebogenem Rande; Lamellen ungleich, saftlos, an den hinteren Enden stumpf, halbherablaufend. Sporen oval.

Cordier bezeichnet Ag. albus Sch. (Ag. leucocephalus Bull.) giftig, Letellier unschädlich; an der Verdächtigung ist wohl der bittere Geschmack schuld. Von Galtier wird aufgeführt als considéré comme vénéneux Ag. sulfureus, ein Pilz, an dem sich deutlich zeigt, wie subjectiv Geruchswahrnehmungen sind; der Pilz gehört zu den starkduftenden, aber wie riecht er? Nach de Seynes wie Narcissus poëticus, nach Planchon wie Syringen, nach Decandolle wie faulender Hanf, nach Delile wie Tagetes erecta, nach Fries, Phöbus und Lenz wie Philadelphus coronarius (Jasmin), nach Berkeley wie Kohlentheer oder wie Hemerocallis flava!

e. Tribus Clitocybe Fr. Hülle und Ring fehlend, Stiel elastisch, aussen fester und faseriger; Lamellen hinten spitzig verdünnt, angewachsen oder herablaufend.

Hieher gehört der S. 12 mit der Verdächtigung Cordier's erwähnte Ag. nebularis Batsch (Ag. pileolarius Bull.). Ueber diesen Pilz geben von deutschen Forschern Staude und Rabenhorst ohne Weiteres an, er sei essbar. Dasselbe erklärt Berkeley; Cooke erzählt, dass er nach dem übereinstimmenden Urtheile der Versucher angenehm schmecke und leicht verdaulich sei; ganz enthusiastisch spricht sich bei Badham (p. 109) Prof. Sanguinetti in Rom über den Pilz aus, der mit dem Kaiserpilz und Ag. prunulus rivalisiren könne, wegen der Unbekanntschaft der Meisten mit den delikaten Eigenschaften desselben aber wenig auf den Markt komme. Er fehlt in manchen Gegenden.

f. Tribus Collybia. Stiel elastisch, auswendig knorpelartig. Hutrand anfangs eingerollt. Lamellen nicht herablaufend. Hierher gehört Ag. dryophilus Bull. (Ag. leucocrocus Pers. Ag. melleus Schaeff.), von welchem Badham behauptet, dass ein Gentleman seiner Bekanntschaft ihn mit Ag. oreades Bolt. (Musseron) verwechselt habe und nach dem Genusse sehr krank geworden sei. Zur Vermeidung der Verwechslung mit dem Ag. oreades macht Badham auf den brüchigen Hut und den hohlen Stiel aufmerksam, der Ag. dryophilus zukommt. Vielleicht sind auf diesen Pilz die Verdächtigungen des Nagelschwammes (Ag. esculentus) zu beziehen, der trotz seines etwas bittern Geschmackes in Kärnthen nach Trattinik viel gegessen wird, von welchem aber Zantedeschi versichert, er verursache oft schlimme Zufälle.

g. Tribus Pleuropus. Hut mehr oder weniger häutig oder fleischig; Stiel excentrisch, lateral oder fehlend.

Hier ist zu erwähnen: Ag. stypticus Bull. (Ag. semipetiolatus Schaeff. Rhipidium stypticum Wallr.). Dieser den ganzen Winter hindurch auf abgehauenen Baumstämmen u. s. w. vorkommende, lederartige Pilz, von weniger styptischem, als scharfem Geschmacke, der sich auch an getrockneten Pilzen hält, so dass ich ihn an einem im Jahre 1854 gesammelten Exemplare wahrnehme, ist zum Essen schon seiner Consistenz halber nicht geeignet und deshalb kaum von Interesse für die Pilzvergiftung. Paulet hat ihn Hunden gegeben, die danach Durchfall und Leibschmerzen bekamen. Nach Letellier soll starkes Kochen die

Schärfe fast aufheben und ein wässriges Extract des Pilzes ebenfalls giftig sein.

Flandin führt noch als giftig an: Ag. ulmarius Pers., einen an Ulmen, aber auch an Pappeln und Buchen vorkommenden Pilz von nicht unangenehmen Geschmacke. Perocon nennt denselben essbar; Vittadini „fungo mangiativo sommamente ricercato e di ottima qualita“.

Derselbe Toxikologe hat auch Ag. tesselatus Pers., einen auf wilden Apfelbäumen vorkommenden Angehörigen dieser Gruppe, ohne jedoch Beweise für die Giftigkeit anzuführen.

Hierher gehört auch eine südfranzösische Art Ag. geogenius DC., ebenfalls von Paulet nach einem Experimente an einem Hunde verdächtigt; dieser Pilz wird indess nach J. de Seynes unter dem Namen Bérigoule in der Umgegend von Aigues-mortes an Stelle des überall bei Montpellier gegessenen Ag. Eryngii, der auch den angeführten Namen führt, sonst auch Oreille oder champignon des garrigues heisst, eingesammelt und ohne Schaden verzehrt.

Endlich müssen wir noch den Ag. olearius, die Oreille de l'olivier genannt, erwähnen, jenen im Dunkeln leuchtenden Pilz, der in Italien als Orecchielle malefiche sehr gefürchtet wird, übrigens nicht allein auf Oliven, sondern auch auf Quercus Ilex wächst. Er gehört wohl nicht eigentlich zu dieser Tribus, da er röthliche Sporen hat, ist aber dem vorhergenannten im Habitus äusserst ähnlich. Die Giftigkeit des Pilzes scheint unbestritten. Micheli schickte ihn seinem Zeichner, der ihn mit seiner Mutter verspeiste und 2 Stunden später wie diese heftige Leibschmerzen bekam. Nach Léveillé soll in Smyrna eine Vergiftung von 3 Personen durch diesen Pilz vorgekommen sein (Galtier). delle Chiaje führt ihn unter den Giftpilzen auf.

Von Agaricus-Arten mit gefärbten Sporen (Chromospori) kommen die folgenden Species in Betracht:

a. Tribus Volvaria Fries. Der junge Pilz in der Jugend von einem Schleier eingehüllt, der später als zerschlitzt zerrissene Wulst am Stiele zurückbleibt. Lamellen frei, erst weiss, dann fleischroth. Sporen gelbroth.

Ag. volvaceus Bull. (Amanita virgata Pers. Agaricus latus var. 2. With.) und Ag. pusillus Fr. (Ag. volvaceus minor Bull.) sind von Roques verdächtigt, erstere wegen einer Analyse von Braconnot, der darin einen flüchtigen, scharfen Stoff erhalten haben will, letztere wegen ihrer Verwandtschaft mit ersterer. Es gehört zu ersterer auch wohl Ag. gloiocephalus DC. von welcher Species Letellier angibt, sie enthalte dasselbe toxische Princip wie die Amaniten (Letellier's Amanitin) und wirke auf Rückenmark und den Sympathicus (Ann. des sc. nat. 1835. t. 3. p. 96). Es wäre sehr interessant, dies zu verificiren, da die Tribus Volvaria unter den Chromospori gewissermassen die Tribus Amanita der Leucospori repräsentirt. Andrerseits erinnern dieselben durch das Zerfliessen, an die Coprini. Der Geschmack von Ag. gloiocephalus erinnert nach J. de Seynes an Rüben mit pfefferartigem Beigeschmack. Ag. speciosus Fries, von Fries als verdächtig erklärt, ist wohl nur Varietät des vorigen.

b. Tribus Cortinarius. Lamellen häutig persistent. Hülle spinnenwebartig, Sporen zimmtbraun.

Aus der Unterabtheilung Dermocybe (mit dünnem, trocknen, anfangs mit dicht anliegenden Seidenschüppchen versehenen, später kahlen Hute und nicht knollig verdicktem Stiel) ist Ag. raphanoides Pers. von Krombholz für schädlich erklärt, wie Phöbus vermuthet, des schlechten Geschmackes wegen. Ag. (Dermocybe) cinnamomeus Fr. wird von Schwammessern gemieden (Lenz). A. sanguineus Jacq. wird von Pollini verdächtigt, Phöbus stellt zu dieser Tribus auch den von Bayle-Barelle, Roques u. A. des schlechten Geschmackes wegen verdächtigten Ag. urens Bull.; es scheint dies indess der Marasmius urens Fr. zu sein, über dessen toxische Eigenschaften Nichts feststeht. Galtier sagt davon: il passe pour très vénéneux.

Zur Unterabtheilung Inoloma (Hut fleischig, trocken, anfangs seidenschuppig, Stiel knollig) gehört der Bläuling, Ag. violaceus L., von welchem Lenz bemerkt, er solle zuweilen schädlich sein. Hayne (p. 40) gibt an, dass er um Wien vom Landvolke eingesammelt werde. Ag. violaceo-cinereus Pers., von Pollini verdächtigt, jedoch mit dem Zusatze, dass es Leute gebe, die ihn essen, ist nach Hayne ebenfalls essbar; desgleichen Ag. amethysteus Schäff., der vielleicht nur eine Farbenvarietät von Ag. violaceus ist. Hayne und Galtier behaupten, es gebe keine giftige Cortinarien.

c. Tribus Pratella. Sporen purpurbraun.

Zu der Unterabtheilung Psalliota, die sich durch einen dauerhaften Ring charakterisirt, gehört der Champignon, über dessen Verdächtigungen wir uns bereits S. 34 ausgesprochen haben.

Zu der Unterabtheilung Hypholoma, bei welcher der Schleier nicht als Ring, sondern als Manschette am Rande sitzen bleibt, gehört der Bitterschwamm, Ag. lateritius Schaeff., ein Pilz, der durch seine Synonymik den Botanikern viel zu schaffen macht. Es ist dies der Ag. sublateritius Fr., Ag. fascicularis Fr., Ag. pulverulentus Bull., Ag. amarus Bull., Ag. carneolus Batsch., Ag. lucidus Otto u. s. w. u. s. w. Die meisten Autoren unterscheiden eine hellere Form als Ag. fascicularis (sog. Schwefelkopf, Tête de soufre nach Paulet) und eine dunklere als Ag. lateritius (Tête de feu olivâtre nach Paulet). Mit der ersteren Varietät hat Paulet an Thieren experimentirt, die anfangs danach nicht zu leiden schienen, einige Stunden später trat Durst, Appetitmangel, Schwäche, so dass sie sich auf den Beinen nicht halten konnten, bei einigen Erbrechen und Erholung ein. Von dieser Varietät behauptet Galtier, sie werde nie von Würmern und Schnecken gefressen, während die andere, die zwar bitter schmecke, aber nicht so unangenehm rieche, von diesen Thieren gesucht werde. Die letztere hat Letellier ohne Schaden verzehrt. Welche Varietät Hertwig zu seinen resultatlosen Versuchen an Hunden verwendet hat, ist nicht ersichtlich. Es wird auf diese Art eine Vergiftung bezogen, welche Guérin (Journ. univers. des sc. med. T. LIX, 1. p. 16, 1830) mittheilt, und welche in manchen Beziehungen von andern Pilzintoxicationen abweicht. Es erkrankte von einer Tischgesellschaft, die Eierschwämme (Cantharellus) verzehrten, nur einer, der in seinem Antheile einen Pilz fand, welcher ihn zu der Exclamation veranlasste: Das ist ein Champignon von abscheulichem Geschmacke! Nach $4^1/_2$ Stunden bekam er heftige Schmerzen in den Eingeweiden, einen Zustand von Schwäche und Stupor, eine Stunde darauf (12 Uhr Nachts) Ohnmachten, die sich bis zum folgenden Morgen 5mal wiederholten und von Krämpfen der Glieder gefolgt waren; 2 Stunden später 4 Stunden lang anhaltendes Erbrechen, anfangs schwer, später leichter; beständige und mit starkem Tenesmus verbundene Stuhlausleerungen, die schliesslich blutig wurden. Die Herstellung erfolgte unter Anwendung von Emollientien in wenigen Tagen. Es ist nicht unmöglich, dass der abscheulich schmeckende Pilz ein Schwefelkopf war, da dieser auch beim Kochen seinen unangenehmen bittren Geschmack behält; doch ist dies auch das einzige Moment, worauf sich die Annahme einer Intoxication durch diesen Pilz gründet.

Auf Ag. semiglobatus Batsch. (Ag. virosus Sow., Ag. callosus Fries, Ag. varius Bolt.) wird eine ohne Todesfall verlaufene Intoxication von Brande bezogen (London med. and physical journ. III, 41), wonach bei einem Vater und 4 Kindern bald vorübergehender Wahnsinn, Schwindel, Betäubung, Kälte eingetreten sein sollen. Es ist aber in hohem Grade zweifelhaft, ob die zur Mahlzeit dienende Species wirklich von Sowerby untersucht wurde, der die vorgenannte Species bestimmte.

d. Tribus Coprinus. Lamellen anfangs weiss, bald violett, dann schwarz werdend und mit dem Hute in eine tintenartige Flüssigkeit zerfliessend. Sporen glatt, eiförmig, am Grunde kurzgestielt, anfangs weiss, später schwärzlich.

Gegen die sog. Mistpilze besteht ein ungerechtfertigtes Vorurtheil, über das ich mich bereits S. 12 äusserte. Von neueren Toxikologen hat sie noch Galtier ihrer äusseren Kennzeichen wegen als verdächtig; Flandin nur Ag. narcoticus Batsch., jedoch wohl nur wegen des starken unangenehmen Geruches, der bei längerer Beschäftigung mit dem Pilze Kopfschmerzen verursachen kann, wie dies schon Batsch hervorhob. Andere, wie Ag. atramentarius Bull. und Ag. comatus Müll. haben ihre gerechte Würdigung bei Cooke und Badham gefunden, wie sich schon früher Hayne, Paulet, Lenz und Letellier für sie ausgesprochen. Letellier ass sogar den Ag. comatus in zerfliesendem Zustande.

e. Tribus Derminus. Sporen rostbraun.

Aus der Unterabtheilung Flammula (mit fleischigem Stiel und angewachsenen oder herablaufenden Lamellen) verdächtigt Krombholz Agaricus picreus Pers. und Ag. Liquiritiae Pers., wie Phöbus vermuthet, ihres Geschmackes wegen. Zur Unterabtheilung Galera (Stiel knorpelig; Hut mehr oder minder glockenförmig) gehört Ag. temulentus Fries (Ag. lateritius Battarra), den Dierbach als giftigen Pilz aufführt. Zur Unterabtheilung Pholiota (Stiel mit einem Ringe) gehört der von Puihn verdächtigte, nach Blausäure riechende Ag. radicosus Bull. sowie der Ag. aurivellus Batsch, der nach Büchner's Versuchen Ekel und Erbrechen erregt.

Wirkliche Beweise scheinen vorzuliegen für die Giftigkeit von Ag. rimosus Bull. (Ag. lacer Schaeff.), einem Pilz aus der Tribus Hebeloma, der sich durch fleischigen, dünnen, glockigen, gelben oder braunen, seidenfaserigen, 1 bis 2 Zoll breiten, mit Längsritzen versehenen Hut auszeichnet; die Lamellen sind nicht an den Stamm gewachsen, weiss, später braun; der Stamm ist solid, dünn, am untern Ende knollig. Auf diesen Schwamm ist von Balbi die Vergiftung einer Familie in Turin zurückgeführt, und neuerdings hat Staude in Koburg an drei Leuten, die von dem Schwamm genossen, sehr schwere Erkrankung beobachtet, wie denn auch ein Hund, der von demselben Gerichte gegessen hatte, starb. Auch Krombholz überzeugte sich bei Meerschweinchen von der Giftigkeit dieses Pilzes.

Nahestehend sind diesem Pilze Ag. fastibilis Pers. und Ag. crustuliniformis Bull., welche vielleicht nur eine Species bilden. Hier ist der Hut blassgelb, weisslich oder braun, derb, schmierig, kahl, der Stiel solid, später hohl, etwas knollig, schmutzig weiss, mehr oder weniger fasrig schuppig, Lamellen dünn, anfangs schmutzig weiss, später zimmtfarben; Rand gekerbt, tropfig gefleckt. Bei Ag. fastibilis soll der Stiel anfangs einen Schleier haben, der Stamm nicht hohl sein. Die Verdächtigungen dieses Pilzes durch Bayle-Barelle, Mérat und Fries, denen Letellier entgegentrat, werden gerechtfertigt durch die Erkrankungsfälle, welche Staude in Koburg bei 2 Patienten nach dem Genusse dieses übrigens sehr widerwärtigen Pilzes beobachtet hat.

Dem Ag. fastibilis nahestehend sind auch Ag. involutus Batsch. (Ag. contiguus Bull.; der Ag. involutus Pers. ist offenbar mit Ag. fastibilis identisch) und Ag. cyathiformis Schaeff., vielleicht eine Varietät des Ag. involutus. Beide sind durch Bayle-Barelle verdächtigt, ersterer von Letellier und Weinmann für essbar erklärt; letzteren nennt Schaeffer den giftigen Tannenpfifferling, wobei er ihn mit Micheli's „fungus aureus infundibuli forma. Pevera malefica dorata" identificirt. Phöbus weist auf die Aehnlichkeit hin und vermuthet, dass der Pilz manchmal für Ag. necator angesehen sei.

B. Cantharellus, Faltenpilz, Krugpilz.

Ueber Cantharellus cibarius und aurantiacus vgl. meine Bemerkungen auf S. 34.

C. Boletus Opatowsky. Fruchtlager Röhren bildend, trennbar, nicht mit der Substanz des Hutes verwachsen; Röhren an der inneren Fläche mit dem Hymenium ausgekleidet.

a. Ochrospori. Röhrchen gelb oder rostfarben. Sporen rostfarben.

Boletus luteus L. (B. annulatus Pers. B. circinans Roques), ein Röhrenpilz mit dickem, gewölbtem, jung und bei Regenwetter schleimigem Hute von schmutzigbrauner oder gelber Farbe, sehr schön gelblichweissem, zartem Fleische, das beim Bruche die Farbe nicht ändert und gelben Röhrchen und einem weissbraunen Ringe an dem 1—2" hohen weissen oder gelben Stamme, ist von Puihn, Ellrodt und Paulet nach angeblicher Beobachtung an Thieren verdächtigt; Gmelin führt auf ihn eine von Zeviani beobachtete ruhrartige Erkrankung von 6 Personen durch den sog. porcino, worunter wahrscheinlich B. luridus zu verstehen ist, zurück. Für die Essbarkeit des Pilzes sprechen sich sämmtliche deutsche Autoren aus; nach Krombholz wird er in Prag sogar zu Millionen verzehrt. Vgl. übrigens noch Boudier's Beobachtung weiter unten. Von neueren Toxikologen führt ihn nur Flandin auf.

Staude hat einen Boletus squamiger mit anfangs gewölbtem, polstrigen, später verflochtenem, 2—3" breiten, schleimig-schmierigen, schmutzig-ledergelben, mit ziemlich regelmässig kreisförmig stehenden, in der Mitte kleineren, nach dem Rande zu grösseren und gedrängteren sackigen Schuppen besetzten Hute, schmutzig grünlichen, weiteren Röhrchen, weisslich gelbem schuppigen Stiel und weisslichem, später dunkelbraunen Ringe unterschieden, den die Landleute bei Coburg für schädlich halten sollen, während sie den B. luteus einsammeln.

B. piperatus Bull., ein ebenfalls bräunlich gelber Röhrenpilz mit rostbraunen Lamellen, dessen Fleisch beim Bruche die Farbe nicht wechselt, von scharfem pfefferartigen Geschmacke, wird von Flandin und Galtier als giftig aufgeführt. Ein wallnussgrosses Stück, roh genossen, rief bei Roques schmerzhafte Empfindung im Epigastrium hervor; Phöbus ass kleinere Stückchen oft ohne Nachtheil.

B. glutinosus Krombh., eine safranähnlich riechende Prager Species, ist des Geruches wegen von Krombholz verdächtigt.

B. lividus Bull. Phöbus theilt eine mündliche Mittheilung von

Klotsch, wonach Katzen und Enten, die zufällig von diesem Pilze gefressen hatten, daran gestorben wären. Es scheint dies der B. chrysenteron von Decandolle zu sein.

B. subtomentosus L. (B. chrysenteron Bull. B. crassipes Schaeff.), die sog. Ziegenlippe, mit trockenem, grau, graubraun, braun oder grünlich braun gefärbtem, mit ganz kurzem Filze bedeckten Hute, blassgelbem, unter der Oberhaut nicht rothem, oft beim Bruche bläulich anlaufendem Fleische, gelben, sehr weiten, polygonalen Röhrchen, gelblichem oder zum Theil rothen, rauhen, Stiele, gilt Französischen Schriftstellern seit Roques, der die später unten zu erwähnenden Vergiftungsfälle Paulet's auf diese Art bezieht, für giftig, ist aber nach Lenz, Letellier, Krombholz essbar, so dass er sogar in Prag zu Markte gebracht wird, nach Trattinik in älteren Exemplaren schädlich. Berkeley betrachtet B. subtomentosus L. und B. chrysenteron Bull. für 2 distincte Species. Vgl. auch die Note zu S. 93.

B. calopus Pers. und B. pachypus Fr., beide mit netzadrigem, anfangs knolligem Stiel, an den Stamm gewachsenen, eckigen Tubuli, deren Mündung gelb ist, und mit blau anlaufendem Fleische, werden von Schwammessern besser gemieden, zumal der letztere einen bittern Geschmack und einen unangenehmen Geruch hat Verschiedene Autoren erklären sie jedoch für essbar, so Harzer den B. calopus, der unter dem Namen Buchenpilz gesammelt werde, Mayer (B. pachypus) und Bellardi (wenn dessen Bol. fré hieher gehört, wie Phöbus annimmt, was aber nicht mit Bestimmtheit zu sagen ist; vielmehr gehört er wahrscheinlicher zu B. luridus) den B. pachypus. Büchner fand vom B. pachypus, dass schon kleine Stücken Erbrechen erregen können.

B. regius Krombh. wird von Micheli als pinuzzo malifico aufgeführt, dagegen nach Krombholz in Böhmen viel gegessen.

Der eigentliche Giftpilz aus dieser Gattung ist B. luridus Schaeff. (Bol. nigrescens Pall., B. rubeolarius Bull. B. mutabilis Schulte), in Deutschland als Hexenpilz, Feuerpilz, Donnerpilz, Schweinepilz, Blutpilz, in Frankreich meist als faux ceps bezeichnet (oignon de loup nach Paulet), mit verschiedenen Varietäten in Bezug auf die Farbe des Stieles und Hutes und Grösse und Gestalt des Stieles. Als wesentlicher Character ist die rothe Farbe der Röhrenmündungen zu betrachten. Eine der Varietäten ist als besonders giftig bezeichnet und namentlich dadurch bekannt geworden, dass sie verschiedene Deutsche Naturforscher in schwere Erkrankung gestürzt hat; es ist dies diejenige Abart, welche Lenz als besondere Art unter dem Namen Boletus Satanas, Satanspilz, aufgestellt hat; bei dieser ist der Hut polsterförmig, glatt, leicht klebrig, lohbraun, später fast weiss, der Stiel dunckelroth, das obere Ende und bei jugendlichen auch das untere bisweilen bleichgelb, oder erst roth-, später weisslich gegittert, kahl, solid; die Röhrchen sind blassgelb, ihre Mündung aber dunkelziegelroth. Lenz hat übrigens auch Satanspilze mit ungegittertem Stamme beobachtet. Hievon unterscheidet sich der eigentliche B. luridus durch seinen filzig anzufühlenden, schmutzig braunen Hut, den kurzen und dicken, oft kugelrunden Stiel und die im Alter grünlichen Lamellen mit anfangs rother, später orangefarbner Mündung. Da es in keiner Weise erwiesen ist, dass alle hieher gehörigen Vergiftungen durch den B. Satanas veranlasst sind, so erscheint es unangemessen, diesen allein als Giftpilz aufzuführen, wenn es auch richtig ist, dass in einzelnen Gegenden Deutschlands Bol. luridus gegessen wird. So bringt man ihn in Wien unter dem Namen Schuster, in Prag unter dem Namen Kowar (Schmied) zu Markte (Krombholz) und auch in Brünn und Olmütz verkauft man ihn (Marquard). Ebenso kommt er in Italien häufig zu Markte (delle Chiaje). Zu Berkeley's Notiz, er sei sehr giftig, bemerkt Badham, dass dies weiterer Bestätigung bedürfe. Lenz gibt an, dass Kühe den eigentlichen B. luridus ohne Schaden in grossen Massen fressen und dass er ihn selbst gebraten in voller Portion ohne Nachtheil gegessen habe. Bei allen Varietäten von B. luridus läuft übrigens das Fleisch und die Lamellen beim Bruche blau an. — Auf die Giftigkeit dieses Boletus scheinen die Alten schon aufmerksam zu machen, indem sie die Suilli als cibus dubius bezeichnen (vgl. S. 6). Der Fall von Zeviani (vgl. S. 155) gehört währscheinlich hieher. Später theilt Paulet mit, dass in einem Vergiftungsfalle, der die Familie Chabert betraf, unter den verschiedenen, im Holze von Pantin und in der Gegend von Saint Gervais gesammelten Pilzarten, sich Boleten befanden. Bei den Kranken, die verschiedenen Alters und Geschlechts waren, zeigten sich theils Fieber, von Brennen, Hitze, Durst, Frost, convulsivischem Zittern begleitet, theils wie u. a. bei Chabert, welcher sehr viel davon genossen hatte, eine fortwährende lethargische Schläfrigkeit. Verschiedene hatten Delirium, Kriebeln in den Beinen, eine brennende Haut, konnten sich nicht aufrecht halten, bei einigen war der Unterleib sehr gespannt und schmerzhaft; es erfolgten blutige Stühle. Beinah bei Allen offenbarten sich Magenkrämpfe, Dyspnoe, häufige Ohnmachten, kalte Schweisse, Brechneigung, Erbrechen, Beklemmung, eine Art apathischer Sorglosigkeit, beinah Alle hatten eine trockene, in Zwischenräumen brennende Haut und unerträgliche Beängstigungen. Ein Individuum litt an Dysurin und Schmerz an der Ruthe, bei einem anderen war die Haut mit scorbutischen Flecken bedeckt.

Paulet macht darauf aufmerksam, dass die Verschiedenheit der Symptome nicht allein dem Alter und Geschlecht, so wie der Quantität zuzuschreiben ist, sondern auch den Arten, welche gegessen wurden, da man verschiedene Species nachgewiesen hat. Er glaubt, dass diejenigen, bei denen sich Fieber, Magenkrampf, brennender Durst, Hitze der Haut zeigten, hauptsächlich Boleten und die, welche an kalten Schweissen, Ohnmacht, Schläfrigkeit litten, vorzüglich Amanita bulbosa zu sich genommen hatten. Uebrigens kann man in Betreff dieses nur Muthmassungen aufstellen.

Derselbe Schriftsteller schreibt einer ihm mitgetheilten Erzählung zufolge eine Vergiftung von 4 Kindern durch Pilze im Jahre 1764 einer Boletenart, pineau rouge oder petit pain de loup genannt, zu. 3 davon starben. Sie hatten 2 Std. nach dem Genusse einen Durchfall von schwärzlicher Materie ohne Bauchgrimmen, sehr starke Schmerzen in den Eingeweiden, Magenkrampf mit Zusammenziehen der Kehle, Dyspnoe und Kinnbackenkrampf, so dass es viele Mühe kostete, ihnen einige Tropfen Bouillon einzuflössen. Dieser Zustand verschlimmerte sich, der Unterleib wurde gespannt, schmerzhaft, sie entleerten weder nach oben noch unten und erlagen am folgenden Tage in einem Uebermasse von Raserei, Delirium und Krämpfen. Das 4te Kind hatte häufige Brechneigung, gab nach und nach das, was es genossen, wieder von sich; es zeigten sich bei ihm lebhafte Schmerzen im Magen und den Eingeweiden mit einem Gefühle von Zerreissung, starke Dyspnoe, krampfhaftes Zusammenziehen des Schlundes und zwei Tage anhaltende Bewusstlosigkeit. Das Einflössen einer mit Brechweinstein versetzten Bouillon führte Erbrechen der Pilze herbei, und das Kind wurde wieder hergestellt.

Ein weiterer hieher gehöriger Vergiftungsfall wird von Roques berichtet. Ein junger Pariser Chirurg ass Boletus edulis und B. luridus, auf dem Roste gebraten, mit Oel, Pfeffer und Salz zurechtgemacht. Einige Stunden nach der Mahlzeit bekam er heftige Hitze in Schlund und Epigastrium, Erbrechen und heftige Unterleibsschmerzen; der Puls war fieberhaft, die Haut brennend heiss. Er trank viel Zuckerwasser und erbrach halbverdaute Pilze.

Bei delle Chiaje (Tossicologia p. 143. 145) finden sich zwei Fälle dieser Vergiftung, von denen der eine den im Nov. 1830 verstorbenen Preussischen Gesandten Graf Pourtalès, der ebenfalls eine Mischung von Boletus edulis und B. luridus genossen hatte, die auf dem Markte zu Monteoliveto verkauft werden, betrifft. Am dritten Tage der Vergiftung sah delle Chiaje bei dem Kranken den Ausbruch einer Urticaria tuberosa, der rasch der Tod folgte. Die Section unterblieb. Die Dienerschaft, welche ebenfalls von den Pilzen gegessen hatte, erkrankte leichter. Der zweite betrifft eine Leinweberin, die gebackne Pilze (B. luridus) genossen hatte und nach 2 Stunden heftige Schmerzen im Epigastrium, immensen Durst und Kopfweh bekam. Am folgenden Tag fand sie der Arzt (Vella) mit entsetzlichen Leibschmerzen, kleinem unregelmässigen Pulse, kalten Schweissen und verfallenen Gesichtszügen (Aderlass, Ipecahuanha, laues Bad). Am folgenden Tage violette Färbung der Nase und Lippen, Meteorismus, höchst fötide Stühle (Ricinusöl, Blutegel ad epigastrium, Aether). Am 4. Tage Subsultus temdinum, Delirien, Tod. Die Section ergab Gangrän (?) der Innenfläche des Magens mit Zerstörung der Mucosa an einzelnen Orten, Entzündung des Dünndarms Hyperämie der Leber, starke Füllung der Gallenblase und flüssige Beschaffenheit des dunklen Blutes. Auch ein dritter Fall aus seiner Praxis wird von delle Chiaje, jedoch ohne nähere Details, angeführt.

Von den deutschen Beobachtungen geben wir zunächst die von Lenz, der ja der schädlichsten Varietät den Namen Satanspilz gab, welche er selbst (die Schwämme p. 76) beschrieben hat.

Lenz, der von einer Schwammexcursion am 12. Sept. 1830 9 Satanspilze mit nach Hause gebracht hatte, will zunächst durch die Ausdünstung derselben unwohl geworden sein, welche Erscheinung sich jedesmal wiederholt haben soll, so oft er die Pilze im verschlossenen Zimmer bei sich hatte. Am folgenden Tage 10 Uhr kostete er ein Stückchen von einem frischen Satanspilze, und verglich dessen Geschmack mit dem des ihm von allen Schwämmen am nächsten verwandten Bol. pachypus. Er verschluckte nichts, sondern spuckte das Stückchen, das er ein wenig gekaut hatte, wieder aus. Halb 12 Uhr fuhr es ihm plötzlich durch alle Glieder, als ob ihn der Schlag rührte, ein Gefühl, das er noch nie gehabt hatte. Er erschrak, erholte sich aber nach mehreren Minuten. Er glaubte, dieser Vorfall wäre eine Folge starker Erkältung bei der gestrigen Schwammjagd, und achtete wenig darauf; dem Schwamme die Schuld beizumessen, fiel ihm um so weniger ein, da er schon früher mehrfach eben so vom Fliegenschwamme gekostet, und keine üble Wirkung verspürt hatte. Nachmittags halb 5 Uhr nahm er die Beschreibung des Satanspilzes auf und kostete dabei wieder ein Stückchen, dessen Geschmack und Geruch er ebenfalls gut fand. 7 Uhr fühlte er plötzlich eine grosse Mattigkeit, und musste sich erbrechen. Im Magen hatte er zufällig keine andre Speise als in Milch gekochten Reis; diese brach er nun, ohne Schwammgeschmack, oder sonst einen bedeutenden

Nebengeschmack dabei zu bemerken, aus. Gleich darauf fühlte er sich wieder ziemlich wohl, musste sich aber doch von 8 Uhr nochmals erbrechen. Jetzt war die im Magen befindliche Speise ausgeleert, und nun wiederholte sich das Erbrechen bis 10 Uhr wohl 20mal, und jedesmal kam nur eine äusserst bittere Flüssigkeit hervor. Der Drang zum Erbrechen kam immer sehr plötzlich, aber in der Zwischenzeit war immer nur wenig Uebelkeit, auch kein Schmerz vorhanden. Endlich, bei dem letzten Erbrechen, etwa 10 Uhr, zeigte sich ein geringer, mit der Bitterkeit vermischter Schwammgeschmack, nebst Blut. Darauf kehrte das Erbrechen nicht wieder; er war bis 2 Uhr Nachts recht munter; dann aber wurde er so matt, dass er kaum stehen und gehen konnte; er fühlte keinen Schmerz, wenig Wirkung des Giftes auf die Gedärme, trank viel Oliven- und Leinöl, war am ganzen folgenden Tage noch kraftlos, am dritten aber wieder gesund. Während er an dem besagten Abend allein und sehr eifrig damit beschäftigt war, sich zu erbrechen, besuchte ihn 9 Uhr Carl Salzmann, der ihn auf der Excursion begleitet hatte und erzählte ihm, dass er 8 Uhr eine gute Portion des Satanspilzes gegessen hätte. Er hatte hierzu ein recht frisches, schönes Exemplar ausgesucht, das noch nicht im geringsten vom Ungeziefer beschädigt war, dann Oberhaut und Röhrchen entfernt, den Schwamm in Stücken geschnitten, diese dann sogleich, ohne sie erst in Wasser, Salzwasser oder Essig auszulaugen, mit Butter, Speck, Zwiebeln, Mehl und etwas Wasser gebraten, recht wohlschmeckend, ganz wie gute Schwämme, befunden und hinterher noch eine tüchtige Portion Kartoffeln mit Butter gegessen. Während er nun der Brecharbeit von Lenz zusah und derselbe ihm demonstrirte, dass die gestrige Erkältung daran Schuld wäre, wurde ihm selbst, etwa um 10 Uhr plötzlich übel, und er fing an Lenz' Beispiele zu folgen und sich eben so heftig, wohl 30mal, zu erbrechen. Anfangs schoben sie immer die Schuld noch nicht auf den Schwamm, sondern auf Ekel, der durch Lenz' Erbrechen hervorgebracht sein konnte, und auf die reichliche Abendmahlzeit; bald aber lief die Nachricht ein, dass eine Dame, welche von Salzmann's Schwammgericht genossen, auf gleiche Weise erkrankt wäre, und eben so eine Magd, welche ganz wenig davon genascht hatte. Nun war die Ursache des Unheils offenbar Lenz holte sogleich eine Flasche mit Olivenöl herbei, und sie tranken, indem sie sich damit trösteten, dass es dem kaiserlichen Leibarzt Krapf nicht besser gegangen sei, um die Wette davon. Bei Lenz hatte, wie gesagt, das Erbrechen um 10 Uhr schon aufgehört, aber bei Salzmann fing es jetzt erst recht an, doch in derselben Art, indem er nämlich weder grosse Uebelkeit, noch Schmerz dabei empfand; auch brach er ebenfalls, nachdem die im Magen befindlichen Speisen heraus waren. lauter bittere Flüssigkeit, die zuletzt mit Blut gemengt war, aus. Das Baumöl hemmte das Erbrechen nicht im geringsten; Lenz mischte es nun mit Pulver von Holzkohle, doch ohne dadurch eine Besserung zu bewirken; der Kranke verlor alle Kräfte, und schaffte ihn nun, mit Hülfe des zu ihrer Unterstützung herbeigeeilten Chirurgus Haun, in ein Bett. Hier fuhr der Patient fort, Oel und abwechselnd Milch zu trinken; Alles aber wurde wieder ausgebrochen, der Puls war kaum noch bemerkbar, die Glieder wurden kalt, der Leib war ganz eingefallen und schmerzte furchtbar; heftige, äusserst schmerzhafte Krämpfe zogen die Muskeln der Glieder und selbst des Gesichts zusammen; ein starkanhaltender Durchfall führte Blut und alle Schleimhaut der Gedärme ab; das Bewusstsein war noch nicht ganz verschwunden. Jetzt erschien 1 Uhr des Nachts der Dr. Richter aus Waltershausen, so wie am folgenden Morgen der Medicinalrath Kerst aus Gotha zu ihrer Hülfe. Das Oel- und Milchtrinken wurde fortgesetzt; um den Leib wurden Umschläge von warmem, abgekochtem Leinsamen gemacht, und viele Klystiere gegeben, welche zuerst aus Kamillenthee und Leinöl, dann aus Mandelöl und endlich aus dem Schleime abgekochten Leinsamens bestanden. Am Morgen lagen sie beide noch ganz ermattet da, und Salzmann litt noch sehr. So oft er Oel, Milch, Hafergrützschleim, oder Mandelmilch trank, brach er das Genossene wieder aus; doch schien ihm das Alles, die Mandelmilch ausgenommen, wohl zu bekommen. Er fing nun an, alle Stunden einen Esslöffel voll einer Emulsion zu nehmen, welche aus Mandelöl, Arabischem Gummi und Opium bestand, wodurch nach und nach die Neigung zum Erbrechen vermindert wurde, und um Mittag, nachdem er mit Hühnerbrühe gekochten und gerührten Reis genossen, ganz aufhörte. Er nahm nun Hafergrützschleim, Hühnerbrühe und ähnliche Getränke, zuweilen auch noch etwas von der Emulsion zu sich, und war am 15. Sept. so weit wieder hergestellt, dass er 3 Stunden ausser Bett bleiben konnte; den 16. Sept. hatte er guten Appetit und brachte den Tag ausser Bett zu; die Nacht hatte er sehr gut geschlafen; den 17. Sept. ging er schon wieder etwas aus dem Hause; den 18. Sept. Stunden lang spazieren; noch blieb einige Schwäche zurück; aber nach 2—3 Wochen war die Gesundheit ganz wieder hergestellt. — Die Dame, welche etwas von derselben Speise genossen hat, erlitt dieselben Zufälle, jedoch in geringerem Grade, ebenso die Magd, welche genascht hatte.

Ziemlich analog sind auch die Erscheinungen, wie sie Krombholz nach eignen Erfahrungen angibt:

„Die ersten Exemplare dieses Pilzes, die ich gewahrte, prangten in Gesellschaft des Königspilzes auf dem Prager Schwammmarkt unter den Fenstern meiner Wohnung. Die Schönheit ihrer Farbe machte, dass sie der Verkäufer am höchsten im Preise hielt und auch rücksichtlich ihres Wohlgeschmackes über den Herrenpilz erhob. Ohne Umstand versuchte ich ein kleines Stückchen vom Hute des rohen Pilzes, fand den Geschmack ähnlich dem des Königspilzes, und glaubte ihn für eben so geniessbar. Ich kaufte die gesammten Stücke und übergab sie dem mich begleitenden Zeichner Schier zur Abbildung. Eine Stunde später überfiel mich ein leichter Schwindel, Unwohlsein, Neigung zum Erbrechen. — Bald nachher besuchte ich den Zeichner in seiner Wohnung und fand ihn zu meinem Staunen im Bett mit heftigen Unterleibsschmerzen und Blutbrechen. Er hatte ebenfalls vom Schwamme gekostet. — Zu Haus angelangt sah ich auch meinen Schreiber mit Schwindel, Uebelkeit und Ohnmachtsgefühl kämpfend, nachdem er ebenfalls den rohen Schwamm versucht hatte. — Am schlimmsten aber erging es dem Prosector Bochdalek, welcher während meiner Abwesenheit die Schwämme bei mir gesehen und einen mitgenommen hatte. Er genoss des Mittags davon etwa 3 Loth mit Butter geröstet und fühlte sich bis Abends 7 Uhr wohl, ausser einem leichten Grimmen im Unterleibe, welches er von anderen Ursachen ableitete. Er nahm nun des Abends 3 Stückchen vom rohen Schwamme und gewährte bald darauf ein sehr unangenehmes Brennen und Kratzen im Schlundkopfe. Eine Stunde später erfolgte schwere Erkrankung, Brustbeklemmung, Schwindel, Schwäche der Augen und des Gehörs, immer wiederkehrendes Erbrechen, unbeschreiblicher Magenkrampf, eiskalter dicker Schweiss. Von Mitternacht an war das Ausgebrochene stark mit Blut gemischt, es traten von heftigem Grimmen begleitete, mit Blut gemischte Durchfälle ein. Gegen Morgen verfiel der Kranke in einen erquickenden Schlaf, und erholte sich späterhin nur langsam. Aehnliche Zufälle erlitt der Studiosus der Chirurgie W. H., welcher gleichzeitig ein Stückchen von demselben Schwamme roh genossen."

Endlich müssen wir noch die Erkrankung von Phöbus mittheilen, die er selbst in seinem Pilzwerke (p. 82) berichtet:

„Herr Eichler und ich hatten schon einmal meine Varietät e. des B. luridus roh ohne Nachtheil gekostet, jeder ein haselnussgrosses Stück, und zwar von einem ausgewachsenen Exemplar, aus der Mitte des Fleisches, etwa auf der Grenze zwischen Hut und Stiel. Einige Tage später, am 16. Sept. 1836, Nachmittags 4 Uhr, wiederholten wir (zu Nordhausen) den Versuch an einem jungen, doch schon 3" oder darüber hohen, sehr frischen Exemplar, dem wir vom oberen Theil des Hutes etwas abschnitten und es ohne alle Zubereitung verzehrten. Herr Eichler ass etwa wieder ein haselnussgrosses Stück, ich aber — in der Hoffnung, mich davon zu überzeugen, dass man die Gefährlichkeit des Pilzes übertrieben habe — ein 6 bis 8mal so grosses. (Der Roques'sche Fall war mir damals noch nicht bekannt, die Lenz'schen nicht genau gegenwärtig, so dass ich geneigt war, die böse Wirkung in den letzteren zum Theil von Nebeneinflüssen abzuleiten; die Krombholz'schen waren nicht publicirt; dagegen schwebten mir die Angaben einiger Schriftsteller von der Unschädlichkeit des B. luridus vor.)

Bald darauf genossen wir jeder eine Kleinigkeit Butterbrod und Liqueur, und machten dann eine botanische Excursion. Um 7 Uhr kam ich, nachdem ich mich von Herrn Eichler getrennt, nach Ilfeld. Ich dachte kaum noch an das Experiment, als ich nahe vor dem Orte Uebelkeit und Stuhldrang empfand; die ich jedoch noch unterdrücken konnte. Angelangt musste ich alsbald laxiren und brechen; das Ausgeleerte hatte nichts Charakteristisches. Das Erbrechen hielt an und wurde allmälig immer anstrengender und krampfhafter; ich verordnete mir Brausepulver in häufigen kleinen Gaben, ein aromatisches Magenpflaster und eine Tasse Thee (den Thee nicht bloss als Palliativum, sondern auch als eigentliches, bei der unbekannten Natur des Giftstoffes freilich unzuverlässiges, Antitoxicum); später bekam ich einen eigenen Appetit zu Schwefeläther, roch daran und nahm auch 2 Tropfen davon mit Wasser ein (es war als ob mir ein Instinct sagte, ich solle nicht mehr nehmen, obwohl ich sonst kein Freund von so kleinen Dosen bin). Anfangs hielt ich die ganze Sache noch für sehr unbedeutend, aber mein Zustand verschlimmerte sich, unter wiederholten Ausleerungen nach oben und unten, rasch, meine Kräfte schwanden auffallend, und ich gab deshalb schon um 8½ Uhr den Aufforderungen nach, einen andern Arzt rufen zu lassen. Zwei treffliche Praktiker, der Landphysicus Hr. Dr. Blumenthal und der Stiftschirurgus Hr. Varges, fanden mich in einer ausgebildeten Cholera, welcher auch häufige klonische Krämpfe der Extremitäten, ein sehr kleiner, später kaum noch zu fühlender, Puls und starke allgemeine Kälte nicht fehlten, — und stellten ihre Prognose sehr dubiös. Auch mir kam bald das Gefühl, als ginge es zum Tode; ich glaubte mit grosser Bestimmtheit, ich würde die Nacht nicht überleben, und liess bald nach dem Arzte eine Gerichtsperson zu mir erbitten, welcher ich mit grosser Anstrengung meinen letzten Willen dictirte (diesem sah ich, als ich ihn einige Tage später durchmusterte, den durch grosse Schwäche bedingten Mangel an Ueberlegung in vielen Puncten an). Sobald dies Geschäft beendigt war, fühlte ich mich sehr beruhigt, sah mit Gelassenheit dem Tode entgegen und äusserte gegen die Umstehenden, das Sterben sei nicht schwer. Dr. Blumenthal hatte mir unterdess (wie er mir später erzählte) Brausepulver mit Opium, dann reine Tinct. Opii simpl., dargereicht und für stete Erwärmung des Körpers durch Flaschen, Kissen und dgl. gesorgt; später verordnete er mir noch Pulver aus Opium und Bismuth. nitr. praec., und wollte mich auch starken Kaffee trinken lassen, aber diese letzteren Mittel mochte ich, wohl weil ich nicht mehr recht bei Besinnung war, nicht nehmen, und forderte mir wiederholt Wasser von dem ich jedoch immer nur wenig trank, einmal auch noch Aether, und in einem Moment wiederkehrender Besinnung Senfteige, welche man mir an die Waden legte. Meine Unbesinnlichkeit, oft durch die von Krämpfen begleiteten Ausleerungen unterbrochen, ging endlich, als diese Ausleerungen nachliessen, gegen Mitternacht in Schlaf über. Der Schlaf war zuerst unruhig, durch Phantasien, Gliederkrämpfe und das aller Erwärmung ungeachtet fortdauernde Gefühl der Kälte gestört, wurde aber allmälig ruhiger. Etwa um 4 Uhr Morgens erwachte ich, zwar noch ganz zerschlagen, aber doch mit dem deutlichen Gefühl der Besserung und frei von allen lästigen Symptomen. Die Reconvalescenz ging merkwürdig rasch vor sich; schon am 18ten Vormittags konnte ich wieder ausgehen und Nachmittags eine mehr als 2 Stunden dauernde botanische Excursion machen. —

Herrn Eichler hatte die kleinere Portion nicht geschadet."

Es steht hiernach die Vergiftung mit B. luridus gewissermassen in der Mitte zwischen der Intoxication durch Russula emetica und Am. phalloides, ersterer sich vor Allem in der Symptomatologie nähernd, weshalb auch wohl hier die Annahme eines toxischen Harzes nicht unwahrscheinlich ist. B. erythropus Pers. scheint nur Varietät von B. luridus mit nicht reticulirtem Stiele (Stiel punctirt) Bestimmte Erfahrungen liegen über den Pilz nicht vor. Nach Marquard wird auch dieser in Olmütz zu Markt gebracht.

Leucospori. Sporen weiss.

Hieher gehört Boletus cyanescens (mit weissen, später gelben Röhrchen, dunkelgrauem Hute und stark blau anlaufendem weissem Fleische), der in Frankreich nach Galtier passe pour très vénéneux. Nichtsdestoweniger wird er Bosc zufolge in Piemont gegessen und ist nach Cordier und Letellier als ungiftig zu betrachten.

D. Polyporus L. Fruchtlager mit der Substanz des Hutes verwachsen, an dessen Unterfläche rundliche Löcher bildend, an deren Innenfläche die Sporen sich entwickeln.

Von Decandolle und Rabenhorst werden die stiellosen Löcherpilze für verdächtig erklärt; von Roques die mit lateralem Stiele versehenen P. caesius Fr. (Boletus coeruleus Schum., B. albidus Schaeff., B. flabelliformis Scop.) und Polyporus luridus Fr. Es reducirt sich die schädliche Wirkung hier sowol wie bei den übrigen verdächtigten Polyporen auf die Unverdaulichkeit der lederartig zähen Arten, von denen nichtsdestoweniger einige in bestimmten Gegenden Volksnahrungsmittel bilden (vgl. unsere Note zu S. 11). Von einzelnen Löcherpilzen hat man auch die Ausdünstung für giftig erklärt; so besonders die von Polyporus squammosus Huds. (Boletus juglandis Schaeff.), der Bulliard selbst einmal krank machte. In einzelnen Polyporen ist übrigens ein scharfes Harz vorhanden, das ihnen drastische Wirksamkeit verleiht, so besonders in

---

Polyporus officinalis Fr. (Boletus Laricis L. Bol. purgans Pers., dem schon den Alten, wie oben bemerkt (S. 7), bekannten Lärchenschwamm.

E. Hydnum. L. Fruchtlager stachelig; die Stacheln sind verschlossene Röhren, welche ausserhalb die Sporen tragen.

Hydnum repandum L., von Puihn und Gmelin wegen des scharfen und widrigen Nachgeschmackes des rohen Pilzes verdächtigt, der nach Letellier beim Braten einen etwas narkotischen Geruch von sich geben soll, nach Trattinik angeblich bisweilen schädlich, ist ein Jedermann zu empfehlender essbarer Schwamm, für den ich wegen der Unmöglichkeit, ihn bei einiger Aufmerksamkeit zu verwechseln, plädiren muss, und für dessen Essbarkeit ich meine eigne Erfahrung derjenigen von Roques, Persoon, Lenz, Badham, Vittadini u. s. w. hinzufügen kann. Er wird bei uns als Stoppelschwamm, in Frankreich als eurchon, rignoche und arresteron, in den Vogesen als barbe de vache und pied de mouton bezeichnet.

F. Clavaria. Fleischig, verästelt, oder einfach ohne Stiel von abgegrenzter Substanz. Sporen an der Oberfläche.

Hier hat man verschiedene Arten wegen ihrer Färbung verdächtigt; so Clavaria formosa Pers. (Cl. aurea Schaeff.) und Cl. amethystea Fr., welche beide, wie alle Clavarien, essbar sind. Für erstere verbürgt sich neuerdings Lenz, für letztere die Franzosen und Berkeley. Auch die als Nahrungsmittel warm zu empfehlende Clavaria coralloides L., die bei uns übrigens selten ist, hat Verdächtigung erlitten. In Rust's Mag. Bd. 55. H. 1. p. 155. 1840) erzählt Nolte, dass bei seiner Familie unmittelbar nach dem Genusse des frisch eingesammelten Pilzes Erbrechen und Diarrhoe entstanden seien; das Gericht soll einen besonderen, widerstehenden Dintengeschmack gehabt haben, der dem Pilze sonst nicht zukommt.

G. und H. Helvella und Morchella.

In Bezug auf die toxischen Verhältnisse dieser Gattungen vgl. S. 35 und S. 36.

Die übrigen Gattungen der Hymenomyceten und Gastromyceten sind wenig von Bedeutung. Aus dem Genus Peziza Dill. betrachtet Galtier Peziza nigra als verdächtig, jedoch mit der Bemerkung, dass 1816 die Russen davon gegessen hätten. Wahrscheinlich ist hier die Bulgaria inquinans verstanden. — Phallus impudicus L., dessen stinkende Ausdünstung beim Faulen allerdings höchst unangenehm ist und Kopfschmerzen verursachen kann, in einzelnen Gegenden als Aphrodisiacum verwendet, scheint sonst nicht eben giftig. Völlig indifferent ist er nicht, wenn nämlich die Angaben von J. von Kaleniczenko zu Charkow (L'Union méd. 34. 1865) richtig ist, wonach die damit in der Ukraine veranstaltete Cur gegen Gift (innerlich in Maceration) mit Brechneigung, vermehrter Speichelabsonderung, Leibschmerz und starkem, wässrigen, mit Empfindlichkeit des Abdomens verbundenen Stuhlgang, Trockenheit im Munde, Brennen im Schlunde, Schwindel und Diplopie verbunden ist. Einreibung des Pilzes in die Haut erzeugt nach demselben Autor einen scharlachähnlichen, mit kleinen Pusteln complicirten Ausschlag. — Clathrus cancellatus L., der durch seine eigenthümliche Form ausgezeichnete, seltene Gitterpilz, ebenfalls von abscheulicher Ausdünstung, so dass er in einem geschlossenen Zimmer Unbequemlichkeiten verursacht (Cooke), gilt für giftig. Es wird in den Büchern die Beobachtung von Aymen (Mém de la soc. de méd. à Paris pour l'année 1776) citirt, wonach

Es fehlte mir an Zeit, um meine Studien auf alle diese Abtheilungen auszudehnen, von denen eine einzige schon eine grosse Arbeit ist, wenn man eine vollendete Untersuchung liefern will und besonders, wenn man bedenkt, dass die Pilze so zu sagen wesentlich an die Einflüsse der Atmosphäre gebundene Gebilde sind, die sich nur während einiger Monate finden. Ich begnügte mich, wie wir gesehen haben, sie in den drei hauptsächlichsten Formen ihrer Wirkung zu studiren, nämlich solche Pilze, die man Stupefacientia nennen kann, von denen Amanita bulbosa der Typus ist (eigentliche Narcotica sind sie nicht); ferner solche, die mit dieser Wirkung[1] eine ausgeprägtere Schärfe vereinigen, wie der Fliegenschwamm, endlich diejenigen, welche nur einfach scharf sind, wie die Lactarii und die milchsafthaltigen Russulae. Die

---

ein junges Mädchen nach dem Verschlucken eines kleinen Stückes dieses Pilzes nach 2 Stunden unter Convulsionen, Meteorismus, Verlust der Sprache und 2 Tage lang anhaltendem Coma erkrankte und nach Rettung durch ein Emeticum und einhüllende Mittel noch mehrere Wochen unpässlich blieb. — Endlich sind noch noch die Gattungen Scleroderma und Elaphomyces zu erwähnen, und zwar deren Angehörige Scleroderma citrinum Pers. (Scl. vulgare Fr., Lycoperdon cervinum Bolt., L. aurantiacum Bull., Scleroderma cepoides Grey), Scleroderma verrucosum Pers. (Lycoperdon verrucosum Bull., L. spadiceum Nees) und Elaphomyces granulatus Fr. (E. officinalis Nees, Lycoperdon cervinum L., Scleroderma cervinum Pers., Ceraunium Wallr.), der sog. Hirschpilz oder Hirschbrunst, Boletus cervinus unserer Pharmacopöen. Der erstere und der letztere sind Verwechslungen des Trüffels; Lenz hat mit ersterem Versuche angestellt, welche darthun, dass er, ohne abgebrüht zu sein, scharf und schädlich wirkt und auch nach mehrmaligem Abkochen schlecht bekommt. Die in früheren Auflagen des Lenz'schen Buches befindliche Vermuthung von der Erkrankung eines Deutschen Fürsten in Carlsbad durch diese Pilze ist in der neuesten Auflage fortgelassen. Scleroderma verrucosum wird von Vaillant sogar gerade zu als mortel bezeichnet; doch fehlen dafür, wie überhaupt für die verdächtigten drei Arten, Beweise intensiverer Giftigkeit. Wenn aber gar Flandin nach Roques den Lycoperdon giganteum Pers. (L. Bovista L.) unter die Giftpilze zählt, so ist das ein Irrthum, da man in Italien, England und Deutschland die nutritiven Qualitäten dieses Pilzes (vescie buone da friggere in Toscana) erkannt hat, der freilich sehr rasch nach dem Sammeln zubereitet werden muss. Lenz, Vittadini, Cooke und Badham verbürgen die Essbarkeit. (H.)

[1]) Meine abweichende Ansicht in dieser Beziehung, wonach dem Fliegenpilz eine eigentlich narkotische, dagegen eine nicht so sehr ausgeprägte Schärfe zukommt, habe ich in Anm. 1) zu Seite 114 begründet. (H.)

übrigen Arten lassen sich diesen Abtheilungen unterordnen; man würde freilich noch einige andere aufstellen können, wie solche, welche eine ausgesprochene purgative Wirkung haben, von denen Polyporus laricis ein sprechendes Beispiel gibt.

§ IV. Vergiftung durch eine Mischung verschiedener toxischer Pilzarten.

Wir dürfen nicht mit Stillschweigen übergehen, dass man gar nicht selten auf Vergiftungen, die durch eine Mischung verschiedener Arten Schwämme hervorgerufen sind, stösst, woraus dann natürlicher Weise Symptome hervorgehen, die bald mehr der einen, bald mehr der anderen der früher besprochenen Abtheilungen angehören. So verhält es sich bei einer grossen Anzahl von Unglücksfällen, welche die Zeitungen uns Jahr aus Jahr ein bringen. Man kennt beinahe nie die Arten, durch welche sie herbeigeführt wurden und schliesst aus ihnen auf Wirkungsdifferenzen ein und derselben Species, während die Vergiftungen in Wirklichkeit durch verschiedene Arten bedingt sind. Dies ist ein der Wissenschaft sehr nachtheiliger Umstand und deshalb eben stellte ich mir die Aufgabe, die Hülfsmittel nachzuweisen, durch welche man beim Studium der in den Entleerungen sich häufig findenden Pilzreste zur Unterscheidung der einzelnen Arten gelangen kann.

Aus allem Vorhergehenden kann man sehen, dass die Wirkungen der giftigen Pilze verschieden sind, besonders wenn eine Mischung der Species stattfindet: bald zeigen sich Affectionen des Magens und Darmkanals mit den dieselben begleitenden Schmerzen, bald gesellt sich zu diesen Leiden Schwindel, Delirium, Prostration, Coma, endlich sind diese letzten Erscheinungen allein vorhanden oder verbunden mit leichten Anzeichen von Gastroenteritis.

Zeigen uns die Symptome schon beträchtliche Unterschiede, so thun dies die Leichenerscheinungen nicht weniger. Sie wurden vollständig durch die medicinische Gesellschaft zu Bordeaux (1809) in einem berühmten Berichte zusammengestellt: „Sehr grosse und zahlreiche violette Flecken auf den allgemeinen Decken; Unterleib stark aufgetrieben, Conjunctiva wie injicirt, Pupillen verengert, Magen und Eingeweide entzündet und mit gangränösen Flecken besäet, in einigen Theilen dieser Eingeweide Brand, so starke Contractionen des Magens und der Gedärme, dass die verdickten Membranen den Kanal fast ganz obliterirt hatten; in einem der Fälle Speiseröhre entzündet und brandig; in einem anderen Ileum von oben nach unten in der Ausdehnung von 9 Centimeter invaginirt, bei einem einzigen Individuum waren die Eingeweide mit Fäcalmassen gefüllt. In keinem Falle fand man Spuren von Pilzen, sie schienen vollständig verdaut oder entleert zu sein. Die Lungen waren leicht entzündet und von schwarzem Blute strotzend, dieselbe Hyperämie fand beinah in allen Blutadern der Baucheingeweide, in der Leber, Milz, in den Mesenterien statt. Entzündungs- und gangränöse Flecken zeigten sich auf den Hirnhäuten, in den Ventrikeln, auf den Pleuren, Lungen, Zwerchfell, Mesenterien, Blase, Uterus und sogar auf dem Fötus einer schwangeren Frau. Das Blut war bei letzterer sehr flüssig, bei anderen Individuen erschien es fast coagulirt, eine ausserordentliche Biegsamkeit war nicht constant." — Ferner lehrt uns Orfila (Toxicologie générale 5me édit. Paris, 1852, t. II, p. 677) dass in gewissen Fällen die Cerebralgefässe vom Blute strotzten, die Hirnsubstanz rothe Punkte zeigte und die Hirnhöhlen trübe und blutige Flüssigkeit enthielten. [1])

Dieses schreckliche Gemälde bildet das Ergebniss einer grossen Zahl von Vergiftungen durch verschiedene Pilzarten; ist die Intoxication durch eine einzige Species verursacht, findet man niemals so viele Veränderungen beisammen. [2]) Nichts

[1]) Im Wesentlichen werden die pathologischen Erscheinungen bei einer Vergiftung durch mehrere giftige Arten nicht von denen durch einzelne abweichen. Dass hier stärkere Gangrän in den Gedärmen eintreten solle, wie bei Intoxication durch Ag. phalloides etc., ist mir unwahrscheinlich und glaube ich auch hier, dass es sich um ein Cadaverphänomen handelt (vgl. unsre Bemerkungen zu dem Obductionsbefunde bei Ag. bulbosus S. 109). Invaginationen kommen ja häufig, besonders bei langem Todeskampfe, als accidentelles Phänomen vor und stehen in keiner Beziehung zur Pilzvergiftung. Von grossem Interesse ist, dass die Haupterscheinungen, welche Maschka hervorhebt, das dunkle Blut, Extravasate (hier natürlich gangränöse Flecken genannt) in allen möglichen Körpertheilen, endlich der mangelnde Rigor mortis (schon hier als nicht ganz constant bezeichnet) bereits in dem Rapport der medicinischen Gesellschaft in Bordeaux figuriren; abweichend sind nur die pupilles contractées. (H.)

[2]) Dies dürfte zu bezweifeln sein. (H.)

desto weniger müssen wir damit schliessen, dass man nichts Bestimmtes über diesen Gegenstand weiss, so lange man nicht die Symptome und die organischen Veränderungen, welche allein verschiedenen Gruppen und besser noch jeder einzelnen giftigen Pilzart eigenthümlich sind, kennt.

§ V. Behandlung.

Betrachten wir nun die Mittel zur Verhütung oder Milderung der durch die Pilze hervorgerufenen Vergiftungserscheinungen. In erster Reihe müssen wir die Brechmittel nennen. Werden sie gleich anfangs angewendet, wenn das Gift sich noch im Magen befindet, so haben sie häufig den besten Erfolg und bewirken mehr oder weniger rasch das Aufhören der Erscheinungen; zu spät gereicht sind sie unnütz [1]) und müssen, wenn schon einige Stunden nach dem Genusse des Giftes verflossen sind, durch Emetocathartica ersetzt werden, später durch Purgirmittel oder Clystiere von gleicher Wirkung. [2])

[1]) Wir müssen noch hervorheben, dass in einzelnen Fällen von Pilzvergiftung die Wirkung der Brechmittel vollständig ausbleibt; in solchen ist es dann oft noch möglich, durch die Application mechanisch das Brechen erregender Mittel, z. B. Kitzeln des Zäpfchens Vomitus und Entleerung von Pilzresten herbeizuführen. Fälle der Art, wo die Emetica fehlschlagen, kommen am häufigsten bei der Vergiftung durch Fliegenpilze vor. Vgl. unsre Note zu S. 114, woraus hervorgeht, dass bisweilen wahrhaft toxische Dosen des Brechweinsteins gereicht sind (26 Gran bei der Gräfin Conti; im Falle Samberger 24 Gr. Ipecacuanha und 10 Gr. Tart. stib. bei einem Kinde). Der Tartarus stibiatus, dem in einzelnen Fällen, besonders in England, Zincum sulfuricum substituirt ist, und gegen welchen sich, gewiss ganz mit Unrecht einzelne Italienische Autoren (vgl. Canstatt's Jahresbericht für 1844 Bd. V p. 245) aussprechen, weil er hyposthenisirend wirke und somit bei der an sich hyposthenetischen Pilzvergiftung die Erscheinungen des Collapsus steigern müsse, entspricht übrigens, wie mir scheint, in allen Stadien der Intoxication am besten der Indication, das Gift zu entfernen, da er eben auch auf den Darmcanal wirkt. Wie lange übrigens Theile von Pilzen im Magen bleiben können, und wie lange also rationell die Anwendung der Brechmittel incidirt sei, zeigt der nach Aymen (S. 164) erwähnte Fall von Pilzvergiftung, wo noch nach 52 Stunden Entleerung von Pilzresten durch Erbrechen stattfand. Die Magenpumpe scheint wegen der Zähigkeit der Pilzmassen kaum indicirt und beschränkt sich ihre Anwendung auf die Fälle, wo man Erbrechen durch Emetica und mechanische Mittel (Reizung des Schlundes, Drücken des Unterleibes) nicht erzielen kann. Peddie wandte die Magenpumpe in den S. 115 erwähnten Fällen mit Erfolg an. (H.)

[2]) Als Purgirmittel habe ich bereits früher Ricinusöl mit Zusatz einiger Tropfen Oleum Crotonis als das beste empfohlen. Letellier

Beinah immer gehen Pilzstücke mit den Entleerungen ab, die man, besonders wenn keine Ueberreste vorhanden sind, zum genaueren Studium aufbewahren muss, da die Untersuchung derselben uns zur Vorausbestimmung der nachfolgenden Erscheinungen, wenn sich diese noch nicht entwickelt haben, und zur richtigen Wahl der Gegenmittel leiten kann. Da die Zeit kostbar ist, so muss man, wenn keine Brechmittel zu Gebote stehen, das Erbrechen durch alle möglichen Mittel, wie Kitzeln des Schlundes, Salz u. s. w. hervorzurufen suchen. Nachdem man das Brechen durch reichliches Trinken befördert, würde es meiner Ansicht nach rathsam sein, eine sehr schwache Lösung von Jod-Jodkalium löffelweise von Zeit zu Zeit zu verabreichen. Ich muss dieser den Vorzug vor dem Tannin und der Galläpfelabkochung, die ebenfalls nicht ohne Nutzen angewendet werden können, geben, denn die genannte Lösung fällt das Gift der Amaniten, wie ich schon im dritten Capitel sagte, besser und dringt leichter in die Circulation ein. [1]) Man muss dann ein sympto-

---

und Speneux dringen gleichfalls neuerdings auf Cathartica oleosa, weil bei wässrigen die Gefahr einer Resorption des oder richtiger der in Wasser löslichen toxischen Principien zu besorgen sei. Als Clystier ein Tabaksinfus zu benutzen, ist nach der günstigen Wirkung, die im Falle der Fürstin Conti damit erzielt wurde, indem danach Entleerung von Pilzresten ἄνω καὶ κάτω auftrat, zu empfehlen. (H.)

[1]) Theoretisch sind die Gründe, welche Boudier für das Jod-Jodkalium aufführt, gewiss von Bedeutung. Ob man in praxi viel Nutzen davon ziehen wird, steht dahin. Bouchardat's frühere Experimente in dieser Hinsicht, mit seiner Aqua jodata angestellt (Jodi puri 0,2 Grm., Jodureti Kalii 2 Grm., Aq. depur. 1 ℔. M.D.S. Alle 2—5 Min. 1 Glas) sind nicht sehr ermuthigend. Letellier und Speneux haben in ihrer neuesten Arbeit über Pilzintoxication das Tannin in concentrirter Solution von Neuem vorgeschlagen.

Von andren Stoffen dürfte als Gegengift kaum noch die Rede sein können. In alten Zeiten galten bekanntlich Essig und Kochsalzlösung als Antidote, und von neueren Schriftstellern hat Devergie mit Bezugnahme auf die Gérard'schen Versuche den erstern und neben demselben den Citronensaft als Gegengift empfohlen. Längst indessen hat Paulet und später Orfila den Nachweis geliefert, welchen ja auch Gérard's Versuche ergeben, dass diese Substanzen zur Lösung des giftigen Princips beitragen und deshalb die entfernten Symptome der Pilzvergiftung durch Anwendung dieser Mittel intensiver und rascher hervorgerufen werden. Orfila glaubt indessen vom Essig etwas erwarten zu können, wenn bereits die Entfernung der Pilze stattgefunden hat. — Die Thierkohle im Vereine mit Olivenöl, von Druge oder Dryge (Phöbus hat die erstere, Hayne die letztere Lesart

matisches Verfahren einschlagen: die Entzündung durch emolliirende Getränke und in heftigen Fällen durch locale oder allgemeine, stets aber nicht übermässige Blutentziehungen zu mässigen, wenn die Extremitäten kalt werden, oder selbst vor Eintritt dieses immer constanten Symptoms, den Kreislauf durch alle möglichen Mittel zu heben, beim Hinzutritt von Schlummersucht oder Prostration die Kräfte des Kranken durch Thee oder Kaffee zu beleben suchen, wie solches bereits der auf diesem Gebiete sehr bewanderte Léveillé empfahl und wobei dann auch das in diesen Getränken enthaltene Tannin von Nutzen sein kann. Auch bei diesen letzteren Fällen ist es zweckmässig, die Entzündung des Magens und Darms zu überwachen und sie mit passenden Mitteln zu bekämpfen[1]). In jüngster Zeit ist der Aether empfohlen, wo-

---

für den mir unbekannten Autor) vorgeschlagen, ist meines Wissens nicht erprobt. Olivenöl für sich, Theriak, Butter und Milch sind schon von Paulet als Antidote beseitigt. Oel könnte vielleicht als emolliirendes Mittel symptomatisch von Nutzen sein, dann auch die Emetokatharsis unterstützen. (H.)

[1]) Die symptomatische Behandlung scheint nach den drei Formen der Pilzvergiftung, welche wir S. 164 statuirten, einzurichten zu sein. Die Anwendung strenger Antiphlogose wird nur sehr selten, und zwar bei wirklicher Gastroenteritis in Folge von Pilzvergiftung, in Frage kommen. Selbst locale Blutentziehungen dürften kaum häufig am Platze sein, obschon sie ja, namentlich in früherer Zeit, vielfach gebraucht sind. Als kaum zu entbehren und fast in allen Fällen von Pilzvergiftung am Orte muss das Opium bezeichnet werden, sei es, um dem Erbrechen entgegenzuwirken, wo solches als toxisches Phänomen zu lange anhält, sei es um als Anodynum gegen die Gastralgie und Enteralgie zu wirken, sei es endlich um die nervösen Erscheinungen zu beseitigen. Ich möchte hier besonders die Aufmerksamkeit darauf richten, ob nicht grade bei der narkotischen Form das Opium vorzugsweise und eben so gut indicirt sei, wie bei der Tollkirschen-, Stechapfel- und Bilsenkrautvergiftung, da ja die Intoxication mit Am. muscaria ganz denselben Character wie die genannten, trägt. Hier dürfte somit ein gewisser Antagonismus existiren. Die subcutane Injection möchte in den meisten Fällen vorzuziehen sein, wo man dann am bessten Morphiumsalze anwendet. Ich verspreche mir davon auch namentlich günstigen Effect gegen die Wadenkrämpfe bei der Intoxication mit A. bulbosa und zwar nach Analogie mit den Erfahrungen, die im Göttinger Krankenhause bei Cholera nostras und in Berlin bei der asiatischen Cholera neuerdings gemacht sind. Was die Darreichung des Caffee's anlangt, die besonders in späteren Stadien der narkotischen Form sich wirksam erweisen dürfte, so mache ich darauf aufmerksam, dass die Anwendung desselben in Clystierform von zwei neueren Beobachtern, Humbert (vgl. Canstatts Jahresbericht für 1863 Bd. V. p. 106) und O. Connor (Lancet, 13. 1862) sehr gerühmt wird. Im Stadium des Collapsus bei In-

nach die Kranken grosse Erleichterung verspüren sollen; man muss ihn nach Anwendung der Evacuantien wiederholt unter der Form einer Aethermixtur und nach meiner Ansicht in so grosser Menge geben, dass die excitirende Wirkung deutlich hervortritt. Handelt es sich nur darum, einige nervöse Zufälle zu bekämpfen, so genügen wenige Tropfen [1]). Auch Ammoniak ist empfohlen, dasselbe ist jedoch in der ersten Vergiftungsperiode als gefährlich erkannt und darf erst in einer späteren angewendet werden, wo es gute Dienste zu leisten scheint [2]).

Alle diese Mittel sind bestimmt keine sicheren Antidote zur Verhütung oder Beseitigung der Zufälle; solche lassen sich erst finden, wenn die wirksamen Principien der Pilze sämmtlich isolirt, sorgfältig bestimmt und hinsichtlich ihrer Reactionen untersucht sind. Vorläufig muss man sich mit den von mir angegebenen Mitteln begnügen und sich ihrer insgesammt oder einzeln, je nach den Umständen und der Natur der Vergiftung, bedienen. Ist man so glücklich gewesen, damit die bedenklichsten Erscheinungen beseitigt zu haben, so sind die Kranken doch noch nicht geheilt und bedürfen, der

---

toxication mit Amanita bulbosa empfehlen sich dann die Excitantien, unter denen wir ausser den in den folgenden Noten noch näher zu berührenden (Aether und Ammoniak) noch die Spirituosa (Wein, Rum, Arrac, Cognac), Zimmttinctur, Oleum Terebinthinae, Camphor hervorheben wollen. Auch hier ist die Form des Clystiers (für Wein) in einzelnen Fällen vorzuziehen. Hautreize haben sich sehr häufig als völlig unnütz erwiesen; am bessten passen noch Frictionen, kalte Begiessungen u. s. w. bei der narkotischen Form. Exutorien sind meines Erachtens hier nur eine Quälerei. (H.)

[1]) Der Aether ist besonders nach einer Beobachtung von Dr. Dufour durch Französische Toxikologen empfohlen. Devergie will ihn sogar zu einem chemischen Antidote stempeln. Was Orfila zu seiner Empfehlung anführt, er habe mit Fliegenschwamm vergiftete Hunde, nach Entleerung der Pilze, durch Darreichung von Aether oder gewässerten Aether gerettet, will nicht viel heissen. (H.)

[2]) Das Ammoniak ist von Marabelli bereits im vorigen Jahrhundert, und zwar in der Weise empfohlen, dass zunächst 12 Tropfen Liq. Ammonii caustici in wenigem Wasser dargereicht werden und ein Röllchen Papier damit angefeuchtet in die Nase gesteckt wird; und dass, wenn dies nicht hilft, noch 4—5 Tropfen ohne Wasser eingegeben werden, wonach Erbrechen und Stuhlgang erfolgen soll. Schon Paulet hat sich gegen dies Mittel ausgesprochen, in dem man natürlich kein eigentliches Antidot erblicken darf. (H.)

Intensität der Zufälle entsprechend, mehrere Tage, ja Monate bis zur vollständigen Wiederherstellung[1]).

Das, was wir eben sagten, betrifft nur die ihrer Grösse wegen als Speise benutzten Pilze, doch sind dies nicht die einzigen, welche Vergiftungen herbeiführen können. Ich will blos das Mutterkorn erwähnen, dieses durch seine Wirkung wohl bekannte Sclerotium, über welches man so viel geschrieben hat, aus dem sich eine schöne Sphaerie (Cordiceps purpurea Tulasne) entwickelt[2]).

Es ist dies indess meiner Ansicht nach nicht der einzige Pilz, welcher abortive Eigenschaften besitzt, denn Professor Bouchardat (Repertoire de pharmacie, mai 1861) giebt nach den Annales de médecine vétérinaire belges an, dass 11 Kühe innerhalb acht Tagen in einem Stalle abortirten, nachdem sie Mais gefressen hatten, welcher mit Ustilago maydis behaftet war. Die Zufälle hörten in dem Stalle auf, als das Futter verändert wurde. Auch bei zwei trächtigen Hündinnen, bei welchen der Gewährsmann jener Beobachtung, Hasselbach, Versuche mit dem getrockneten Cryptogam anstellte, trat sehr rasch Abortus ein[3]). Diese Facta erinnern mich an

---

[1]) Was die Nachkrankheiten betrifft, so sind schon in alten Zeiten zur Verhütung weiterer Zufälle die Diuretica empfohlen, um das Gift fortzuschaffen. Bei dem Fliegenpilze ist ja die Elimination durch den Urin durch die Kamtschadalischen Beobachtungen erwiesen. Im Uebrigen sind, wenn solche Gesundheitsstörungen durch Pilzvergiftung restiren, dieselben nach den Regeln der Kunst zu behandeln. (H.)

[2]) Bezüglich der giftigen Wirkung des Mutterkorns, deren ausführlichere Auseinandersetzung hier zu weit führen würde, erlaube ich mir, auf mein Handbuch der Toxikologie p. 357 und den dazu gehörigen Supplementband p. 57 zu verweisen. (H.)

[3]) Ich habe schon früher die Vermuthung ausgesprochen, dass es sich in diesem Falle um eine dem Mutterkorn analoge Bildung, um das sog. Sclerotium Maydis Dub., gehandelt hat. Wir wissen von diesem, dass es in andrer Weise dem Secale cornutum ähnlich wirkt, indem es zu chronischer Vergiftung Anlass werden kann. So beobachtete Roulin 1828 bei Maulthieren Abfall von Hufen und Haaren durch dasselbe, Erscheinungen, welche an den Ergotismus gangraenosus erinnern. Aehnliche Erscheinungen bei Kühen sah Randall 1842, wahrscheinlich in Folge des Mutterkorns von Poa pratensis. Auch von Mutterkorn der Oryza sativa wird Analoges aus Ostindien gemeldet. Dass Mutterkorn von Bromus secalinus die sog. Kriebelkrankheit bedingen kann, ist ein Factum, das durch Th. Heusinger und Rörig verbürgt wird. Das Mutterkorn des Weizens ist neuerdings von Mont-

ein von mir 1861 gemachtes Experiment, dem ich jedoch nicht dieselbe Wichtigkeit beilege, obschon es zur Stütze dienen kann. Ich wollte nämlich untersuchen, ob Boletus luteus, Lin. (Boletus annularius Bull.) giftig sei oder nicht und fütterte deshalb eine Maus mit dem Extracte dieses Pilzes; den folgenden Tag hatte sie 3 unförmliche Junge geworfen, die rasch zu Grunde gingen, die Mutter lebte bei diesem Extracte 10 Tage lang, ohne dass sie davon belästigt schien, worauf ich sie tödtete [1]).

§ VI. Vergiftung durch gewisse niedere Pilze.

Aus den niedrigsten Pilzgattungen können gewisse allerdings wenig genau gekannte Arten, die sich jedoch der Beobachtung der Gelehrten nicht weniger empfehlen, Veranlassung zu verschiedenen Affectionen geben. Ich will hier nur von der Wirkung gewisser Species der Mucedineen (Schimmelpilze) und Uredineen (Brandpilze) auf den Organismus reden.

Es kann sich um zwei Reihen Thatsachen handeln; entweder wirkt der Pilz auf den Kreislauf und das Nervensystem kurze Zeit nach seinem Eindringen oder seiner Resorption, und in diesem Falle kommt ein wirkliches Gift in Frage, oder seine Einwirkung ist eine indirecte, indem er die Gewebe zerstört und durch sein Fortwuchern auf der Oberfläche oder im

---

pellier aus zunächst durch Carbonneaux-Leperdriel als wehentreibendes Substitut des Secale cornutum empfohlen und in gleicher Weise, sogar doppelt so stark soll ein Mutterkorn von Ampelodesmus tenax L. aus Algier wirken. Dagegen weiss man von keiner Uredo-Art etwas Aehnliches. Uredo sitophila, der sog. Schmierbrand ist in Folge verschiedener Verdächtigungen der Gegenstand von Experimenten von Seiten Parmentier's geworden, welche ein ganz negatives Resultat ergaben. Nichtdestoweniger behauptet z. B. noch Lenz, dass das Getreide dadurch schädliche Eigenschaften bekomme. Uebrigens redet auch Falke in seinem thierärztlichen Berichte (Schmidt's Jahrbücher CXVIII, 233. 1863) von epileptiformen Krämpfen durch Spreu von brandigem Weizen, und im Zür. Med. Ber. für 1862. p. 120 wird ein Fall sog. Vergiftung durch Uredo segetum beschrieben, wo nach dreistündigem Einathmen des Staubes brandiger Kornähren Schwindel, Mattigkeit und 10 Wochen lang Engbrüstigkeit, begleitet von Expectoration blauschwarzer Masse folgte. Sprechen diese letztern Beobachtungen auch vielleicht für die Giftigkeit der sog. Brandpilze, so ergeben sie doch keinerlei Analogie mit dem Mutterkorn. (H.)

[1]) Ueber Boletus luteus vgl. meine Note auf S. 155. (H.)

Innern unserer Organe zu einer ganzen Reihe mehr oder weniger bedenklicher Zufälle Anlass giebt.

Es scheint gegenwärtig ausser allem Zweifel zu sein, dass Cryptogamen sich auf Thieren und selbst auf lebenden Menschen entwickeln und dort Veränderungen bedingen können, die zum grössten Theile dem Gebiete der Toxikologie nicht angehören, obschon die Existenz eines Theiles der von den Autoren als pflanzliche Parasiten des thierischen Körpers bezeichneten Gebilde ihrer Natur nach noch streitig ist. Ueber diese vergleiche man die Arbeiten von Bazin (Leçons sur les affections cutanées parasitaires. Paris, 1858), Gruby (Observationes microscopicae ad morphologiam pathologicam. Vindolonae, 1840) und besonders die von Lebert (Traité d'anatomie pathologique. Paris 1860) und Ch. Robin (Histoire naturelle des végétaux parasites qui croissent sur l'homme et sur les animaux vivants. Paris, 1853). Die schönen Experimente von Pasteur fallen bei diesen Beobachtungen noch sehr ins Gewicht, indem sie mit grösster Bestimmtheit die Wirkung der niedrigen Wesen des Thier- und Pflanzenreichs auf die Desorganisation der Stoffe, auf welchen sie vegetiren, nachweisen[1]). Gewiss bin ich weit davon entfernt, die einfachst organisirten Pilze als wahrscheinliche Ursache gewisser Krankheiten anzusehen; nur glaube ich, dass das ernstliche Studium der unteren Klassen in beiden organischen Naturreichen gegenwärtig sehr nützlich und selbst nothwendig ist und dass der Arzt, der mit der Kenntniss derselben ihr chemisches Studium und Uebung im Mikroskopiren verbindet, die Wissenschaft in der Erforschung der bestimmenden Ursachen gewisser epidemischer und ansteckender Krankheiten, deren Erklärung der Medicin bis auf den heutigen Tag unmöglich ist, bedeutend aufzuklären vermag.

Als Beispiele von niederen Pilzen, welche Zufälle, die in das Gebiet der Toxikologie fallen, verursachten oder verursacht haben sollen, nenne ich die folgenden: Einen Vergiftungs-

[1]) Besonders zu nennen sein dürften hier noch die Schriften von Hallier in Jena (die pflanzlichen Parasiten des menschlichen Körpers, Leipzig, 1865. und Gährungserscheinungen. Untersuchung über Gährung, Fäulniss und Verwesung. Leipzig, 1867). (H.)

fall durch Sporen von Aspergillus glaucus, mitgetheilt von Mühlenbeck in Mühlhausen, citirt von Mougeot und später von Léveillé (Dictionnaire d'histoire naturelle, de d'Orbigny, article Mycologie). Zwei Fassbinder, die eine im Innern mit Schimmel bedeckte Tonne ausgebürstet hatten, bekamen Kopfweh, Erbrechen und Schwindel, welche Erscheinungen nach einem Aderlass und leichter Limonade verschwanden.

Weiter berichtet Michel in der Revue scientifique (1845) über die Erkrankung von Arbeitern, welche sich mit dem Abschneiden von Schilf beschäftigten, auf welchem sich ein parasitischer Pilz befand, den der Autor für eine dem Mutterkorn verwandte Art ansieht, während ihn Léveillé nach den wenigen Angaben des Autors für Ustilago hypodites hält, ein Pilz, welcher bekanntlich die Stoppeln dieser Gramineen zerstört. Wenn die zerstäubenden Spuren sich auf alle Theile des Körpers verbreiten und auch eingeathmet werden, verursachen sie Kopfweh, Anschwellung des Kopfes oder des Gesichtes, von Bläschenbildung begleitet; werden sie verschluckt, so gehen daraus alle Erscheinungen einer acuten Gastroenteritis hervor. Beinah stets beobachtet man eine Reizung der Genitalien mit Satyriasis oder Nymphomanie. Die Entzündung der Haut, auf welche Abschuppung folgt, verschwindet leicht nach lauwarmen Bädern, kühlenden Getränken und Oeleinreibungen.

Später hat Michel (Bulletin de thérapeutique) die Aufmerksamkeit der Gelehrten noch auf Zufälle gelenkt, welche sich 12—14 Stunden nach Umrühren von Schilfrohr (Arundo donax), das längere Zeit bei wechselnder Witterung der Luft ausgesetzt war, einstellten; hier scheint die Pilzspecies zu der Familie der Mucedineen zu gehören [1]).

[1]) Vielleicht ist es Gymnosporium arundinis Corda, welches die Affection veranlasst. In neuerer Zeit hat Maurin (Ann. d'hyg. 2e sér. XV, p. 198 1861) die letztere Affection als Dermatose des vanniers oder cannissiers beschrieben, und den Pilz als schwarzen Staub und mikroskopisch als gestielter sporentragender Schimmelpilz erscheinend bezeichnet. Nach dem Wegnehmen alter Schilfrohrbekleidungen von Plafonds in der Provence entsteht nach Maurin bei den Arbeitern Kopfschmerz, lebhafter Durst, später pruriginöse Röthe mit Anschwellung der Nasenflügel, Augenlider, des Halses, Scrotums u. s. w., Bläschen und Pustelbildung, besonders am Scrotum. Das Leiden

Diesen beiden Beobachtungen reihe ich eine andere aus neuerer Zeit an, die Salisbury von Newarck (Ohio, Gazette hebdomadaire, t. IX, p. 739) veröffentlichte. Dieser Arzt wurde von einem Manne consultirt, der mehrere Tage hindurch mit schimmeligem Stroh zu thun hatte und in Folge davon ziemlich lange dem sich daraus entwickelnden feinen Staube ausgesetzt war. Einige Tage nach dieser Beschäftigung wurde derselbe von dem Geschmacke und Geruche des Schimmels fortwährend belästigt; in der darauf folgenden Nacht trat Halsweh ein, das am nächsten Morgen noch viel heftiger wurde. Dazu gesellten sich Frostschauer, Kopf- und Rückenschmerzen und Abgeschlagenheit. Der Kranke musste sich zu Bett legen. Auf den Frost folgte Fieberhitze, ein unerträgliches Kopfweh mit leichten Delirien, Druck in der Brust, starke catarrhalische Entzündung im Schlunde und Entwickelung eines maserähnlichen Ausschlages im Gesicht und am Halse. Am dritten Tage machte sich Besserung geltend und von da an bis zum 9ten Tage, wo der Kranke aufstehen konnte, nahm dieselbe fortwährend zu.

In der Zeit, wo sich dieses ereignete, zeigten sich eine grosse Anzahl von Masernfällen in einer Heeresabtheilung in der Nähe von Newark; die Truppen schliefen auf Stroh. Obgleich die Untersuchung keine Ursache dieser Krankheit ermittelte, so glaubt doch Salisbury, gestützt auf diese und einige andere Thatsachen, die Frage aufwerfen zu können, ob nicht die Schimmelpilze eine Rolle bei der Erzeugung dieser Krankheit spielen.

Später noch hat Kennedy (Dublin quarterly journal of

---

dauert gegen 12 Wochen und manchmal werden auch die Schleimhäute afficirt, wo es dann zu heftigen Schnupfen, Epistaxis, Angina, auch zu Balanoposthitis kommt. Gibt man Acht, das Schilfrohr anzufeuchten, so dass die Verstäubung nicht erfolgen kann, so kommt es zu keiner Erkrankung. — In neuester Zeit hat auch Guiche (Mém. de méd. de milit. 1864 p. 389) vier Beobachtungen mitgetheilt, wo verstäubte schwarze Massen von altem Schilfrohr Entzündung der Haut mit Bildung eines eigenthümlichen Exanthems, Schwellung der Augenlider und Chemosis, Präcordialangst, Anschwellung des Scrotum und geschlechtliche Excitation in höherem und geringerem Grade oder mehrere Tage dauernd hervorriefen. Auch Enten erkrankten durch den Schimmelpilz, was auch schon Michel hervorhob. (H.)

med. sciences, 1863) einen ähnlichen Fall citirt, wo schimmeliges Leinsamenmehl einem Kinde in die Augen geworfen, ähnliche Zufälle bedingte; obschon dieses Factum weniger Bedeutung als das eben angeführte zu haben scheint, so führe ich es doch zur Stütze desselben an[1]).

Wir sahen oben bei den Beobachtungen von Michel, dass, wenn der Sporenstaub in den Magen und die Eingeweide gelangt, er alle Symptome der acuten Gastroenteritis hervorruft; mit dieser Wirkungsweise stimmen die beiden folgenden Beobachtungen überein.

Die erste wurde von Perrochet (Journ. des connaissances méd., 1854) an einem jungen Kinde gemacht, das mit Erysiphe divaricata bedeckte Johannisbeeren gegessen hatte und danach heftige Kolik, Frost, Kopfschmerzen, Angst und convulsivische Bewegungen, denen Prostration folgte, bekam;

---

[1]) Erscheinungen durch Verstäubung von Pilzsporen sind übrigens ausser den erwähnten noch mehrere in der Literatur vorhanden. Eine durch Uredo segetum veranlasste Erkrankung habe ich bereits oben (Note zu S. 172) mitgetheilt. Es gehört dahin wahrscheinlich eine Erzählung in Buchner's Repertorium, die sich auf eine Begebenheit im Obermainkreise bezieht, welche allerdings wohl etwas ausführlicher und genauer sein könnte, wonach ein Bauer mit seinem Sohne beim Fällen einer hohlen Eiche mit einem schwarzen Staube überschüttet wurde, so dass sie heftigen Husten bekamen, und dann sehr rasch und intensiv erkrankten (die heftigsten Entzündungszufälle, Hitze, Trockenheit des Mundes, Blutungen aus Nase und Mund u. s. w.); auch daran starben, und zwar der Vater am zweiten, der Sohn am sechsten Tage. Es wird hier als höchst wahrscheinliche — freilich nur ungenügend motivirte — Ursache des Erkrankens der Staub von Aethalium septicum Fries angegeben (Repertor. der Pharm. 2. Reihe 1837 S. 40). Von den Sporen der Boviste hat man seit jeher behauptet, dass sie schädlich, jedoch nur local irritirend und namentlich zu Augenentzündungen führend werden können, wogegen freilich Hertwig's Versuche sprechen. In Feuerschwammmanufacturen sollen durch den Staub von Schimmelsporen ebenfalls Haut und Schleimhautübel hervorgerufen werden, wie dies J. Tersáucki (Oesterr. Wchschr. 9. 1848. Schmidt's Jahrb. LXIV p. 29) berichtet. Eine Beziehung von Pilzen zu Hauteruptionen, wie sie aus den Beobachtungen hervorgeht, welche Michel, Salisbury und Kennedy mittheilen, dürfte besonders noch Wertheim's Angabe bekunden, dass Injection der Sporen von Penicillium glaucum in das Blut bei Thieren Psoriasisausschläge bedinge (Sitzungsber. d. Wien. Acad. Dec. 1863), wenn nicht dieselben Versuche, von Leplat und Gaillard (Gaz. des hóp. 100. Aug. 1864) angestellt, resultatlos geblieben wären. Richter (Schmidt's Jahrb. CXXXV. p. 97) will auch auf Pilzwirkung verschiedene Schweissfriesel zurückführen, sich besonders auf den Modergeruch bei denselben stützend. (H.)

diese Zufälle wurden übrigens durch ein antiphlogistisches und beruhigendes Verfahren leicht beseitigt.

Den zweiten Fall beobachtete ich im Juli 1860 selbst bei einer Bauernfamilie. Die Mutter und die beiden Kinder litten gleichzeitig an heftigen Schmerzen im Magen und den Eingeweiden, Erbrechen, Krämpfen, reichlichen weissen Stuhlentleerungen und Kälte der Extremitäten, kurz an allen Symptomen der Cholerine, nachdem sie Kirschen gegessen, die nach Aussage dieser Kranken vert de gris (Grünspan) hatten. Jeder wird sich dieses Regenjahrs erinnern, wo die von Wasser angeschwollenen Früchte sich meistens spalteten und in den Spalten mit einem grünlichen Schimmel bedeckten, welcher bei allen von mir untersuchten weder ein Penicillium noch ein Aspergillus, sondern vielmehr eine der zahlreichen Varietäten von Cladosporium herbarum war, jene gewöhnliche Mucedinee, deren grünliche Farbe dieser Veränderung den Namen vert-de-gris verschafft hatte. Diese Zufälle waren noch wenig bedenklich und hörten nach einer Opiummixtur, einigen Reibungen und Clystieren mit Laudanum auf. Dass die nämlichen Personen von denselben Zufällen nach dem Genusse der nämlichen Früchte befallen wurden, macht diese Beobachtung wichtig[1]).

---

[1]) Analoge Beobachtungen sollen auch mehrfach in Bezug auf den Genuss des die Traubenkrankheit verursachenden Pilzes, gewöhnlich Oidium Tuckeri genannt, in Frankreich und Italien gemacht sein, wie ich an Ort und Stelle von Aerzten hörte. Vielleicht sind hieher auch eine Anzahl von Intoxicationen durch verschimmelte Nahrungsmittel zu ziehen, von denen in den letzten Jahren eine grössere Reihe veröffentlicht ist. Beobachtungen bei Menschen, von Faber u. A. veröffentlicht, constatiren ganz analoge Symptome (Uebelkeit, Erbrechen, Schwindel, Somnolenz u. s. w. In einem Falle bei Pferden, den Falke nach Mitchell (Schmidt's Jahrb. CXVIII, 237 1863) mittheilt, konnte man experimentell die Giftigkeit des verschimmlten Hafers nachweisen. Auch manche der Vergiftungen durch verdorbene Nahrungsmittel, bei denen die Bildung von Schimmelpilzen nicht besonders hervorgehoben ist, können hieher gehören; indessen ist dabei stets zu beachten, dass auch in Folge der Schimmelbildung oder ohne deren Mitwirkung neue chemische Stoffe von giftigen Eigenschaften gebildet sein können. Die Wurstvergiftung wurde früher von einzelnen Autoren auf eine Sarcina zurückgeführt und in neuerer Zeit constatirte Hoppe-Seyler in einer giftigen Wurst Vibrionen. v. Hessling hat (Virch. Arch. XXXV. H. 4. p. 561) auf den möglichen Zusammenhang des sog. Milchpilzes mit der Käse- und Rahmeisvergiftung und mit dem Darmleiden aufgefütterter Kinder hingewiesen. Erwähnenswerth ist in dieser

In diesen verschiedenen Fällen kann man sich fragen, wie die schädliche Wirkung eintritt. Bei den ersten kommen als Ursache der Zufälle augenscheinlich nur die Sporen in Betracht; bei den beiden letzten möglicherweise der ganze Pilz, aber die Menge desselben ist so gering, dass man auch hier an die Wirkung der Sporen allein denken muss. Ich besprach schon die Schwierigkeit ihrer Veränderung; man kennt auch die Leichtigkeit, mit welcher sie keimen und die Kürze der Zeit, die dazu nöthig ist; drei Stunden nach Schmidt für gewisse Schimmel, 6—13 Stunden für die Uredineen nach Hoffmann, der sich damit eingehender beschäftigt hat.

Könnte es nun nicht sein, dass diese Sporen, wenn sie bei Personen, die ziemlich harte Arbeit verrichten und in Folge davon sich in einem Zustande mehr oder weniger starker Transpiration befinden, alle zum Keimen nothwendige Bedingungen, Wärme und Feuchtigkeit antreffen, theilweise zu keimen anfangen und durch die in der Constitution der Säfte und Gewebe des Körpers hervorgebrachten Veränderungen den Grund zu den sich kund gebenden Krankheitserscheinungen legten?

Wer die Winzigkeit des Myceliums gewisser Pilze kennt, die Art und Weise, wie es an der Oberfläche der Körper

---

Beziehung noch die von E. Strauss (Virch. Archiv. XXX. 1864) mitgetheilte Intoxication von 70 Menschen durch ganz frisches Bier, dem der Brauer noch am Tage vorher eine grosse Quantität Hefe zugesetzt hatte, wonach sich lebhaftes Fieber, Diarrhoe, Erbrechen, profuse Transpiration, starke Schweisse, in einzelnen Fällen Coma entwickelten, ohne dass die Zufälle indessen länger als 1 Tag anhielten. Ich möchte schliesslich noch an ein in politischen Zeitungen vielfach in den letzten Jahren erwähntes Gift, den Dry oder Drei der Zigeuner in England, erinnern, das vielleicht hieher gehört. Es soll dies ein Pulver sein, aus hohlen Bäumen genommen, das in den Magen gebracht zu eigenthümlichen, die Gesundheit beeinträchtigenden Massen auswachse. Da man nun in den neuesten Zeiten gefunden hat, dass ausserhalb des Körpers vegetirende Pilze sich an bestimmten Stellen des Körpers unter eigenthümlichen Formen entwickeln können, wie z. B. der Grindpilz nach den neuesten Untersuchungen Hoffmann's als eine Form von Mucor erscheint, und da der Name dry-rot dem bekannten Hausschwamm, Merulius lacrymans, zukommt: so liegt die Annahme einigermaassen nahe, dass es sich um Sporen dieses oder eines ähnlichen Pilzes handele, die sich — analog den in der Lunge gefundenen Pilzen — im Magen weiter entwickeln und ein Mycelium bilden. Indessen entbehren die auf den Dry bezüglichen Notizen bis jetzt ganz der wissenschaftlichen Basis. (H.)

fortkriecht und die Kraft, womit es sich in die organischen Zellen einschiebt, indem es sie umschliesst, wenn sie frei sind, und sie durchdringt, wenn sie in Vereinigung mit anderen sich befinden, kann an die Möglichkeit dieser Hypothesen glauben, die ich jedoch als exact nicht hinstellen will, so lange nicht in den erkrankten Theilen, in den Hautschuppen u. s. w. positiv das Vorhandensein der Pilzarten oder vielmehr des ersten Entwickelungsstadiums derselben nachgewiesen ist.

Diese Darstellung der Wirkung niedrigerer Pilze auf den Organismus scheint mir der Beachtung würdig; obgleich sie nicht ganz in mein Thema gehört, so beweist sie doch die Nützlichkeit eines gründlicheren Studiums der Mykologie in ihren Anwendungen auf die Medicin und besonders auf die Toxikologie.

Erklärung der Tafel I.

Fig. 1—7. Bau von Agaricus campestris.

Fig. 1. Zellgewebe des Hutes, aus gleichförmigen Fäden von länglichen Zellen gebildet.

Fig. 2. Zellgewebe des Stiels, aus Fäden von länglichen Zellen gebildet, die etwas schlanker als im Hut sind.

Fig. 3. Zellgewebe der Haut des Hutes, ganz aus schlanken abgetheilten Fäden gebildet.

Fig. 4. Hymenium und subhymeniales Gewebe. — a. Fäden des Parenchyms. — b. Die das subhymeniale Gewebe bildenden senkrechten, kurzen Zellfäden. — c. Sterile oder noch nicht fruchttragende Basidien. — d. Sterigmata. — e. Sporen.

Fig. 5. Reife Sporen.

Fig. 6. Gewebe des Hutes nach dem Kochen; die Zellen der Fäden sind welk und mit coagulirten Eiweisskörnchen angefüllt.

Fig. 7. Hymenium und subhymeniales Gewebe nach dem Kochen. — a. Fäden des Parenchyms. — b. Subhymeniales Gewebe, aus kurzen Zellfäden gebildet. — c. Sterile oder noch nicht fruchttragende Basidien. — d. Fruchttragende Basidien. — d'. Sterigmata. — e. Eine Spore.

Fig. 8—13. Bau der Amanita bulbosa var. citrina.

Fig. 8. Zellgewebe des Stiels; die beiden Arten von Zellen, aus denen er zusammengesetzt ist. — a, a. Schlanke Fäden. — b, b. Grosse cylindrische Zellen.

Fig. 9. Zellgewebe des Hutes. a, a. Schlanke Fäden. — b, b. Grosse cylindrische Zellen.

Fig. 10. Zellgewebe der Oberhaut. — a, a. Schlanke Fäden. b, b. Anschwellung einiger Enden dieser Fäden in der Nähe des Parenchyms, den grossen cylindrischen Zellen dieses Gewebes ähnlich.

Fig. 11. Hymenium und subhymeniales Gewebe. — a, a. Schlanke Fäden des Parenchyms. — b. Eine grosse cylindrische Zelle. — c. Kurze Zellen des subhymenialen Gewebes. — d, d. Sterile Basidien. — e, e. Fruchttragende Basidien. — f. Sterigmata. — g. Sporen.

Fig. 12. Gewebe des Hutes nach dem Kochen. — a, a. Grosse cylindrische, welke und mit coagulirten Eiweisskörnchen angefüllte Zellen. — b, b, b. Schlanke Fäden. — c, c. Sporen.

Fig. 13. Basidien nach dem Kochen. — a, a. Subhymeniales Gewebe. — b, b. Fruchttragende Basidien. — c, c. Sterigmata. d. Eine Spore.

Erklärung der Tafel II.

Fig. 1. Sporen von Amanita bulbosa, var. citrina. — a, a. Spitze (Hilus).

Fig. 2. Sporen von Amanita bulbosa, var. alba. — a, a. Spitze (Hilus).

Fig. 3. Sporen von Amanita muscaria. — a, a. Spitze (Hilus).

Fig. 4. Gewebe des Hutes der scharfen Russulae (Russula emetica Pers.). a, a, a. Dicke, abgerundete Zellen. — b, b, b. Schlanke Fäden. — c, c, c. Milchsafthaltige Gefässe mit kurzen Zweigen.

Fig. 5. Sporen von Russula emetica Pers.

Fig. 6. Hymenium und subhymeniales Gewebe von Lactarius vellereus (nach dem Kochen). a, a. Gewebe des Parenchyms. — b, b. Subhymeniales Gewebe. — c. c. milchsafthaltige Gefässe. — d. Durch Einwirkung des Kochens zu einem Tropfen vereinigter Saft. — e, e. Milchsafthaltige Gefässe, durch das eigentliche Hymenium hindurchtretend und Cystiden ähnlich. — f. Sterile Basidien. — g, g. Fruchttragende Basidien.

Fig. 7. Hymenium und subhymeniales Gewebe von Lactarius deliciosus. a, a. Milchsafthaltige Gefässe in das Hymenium eindringend.

Fig. 8. Milchsafthaltige Gefässe von Lactarius deliciosus. Die Verzweigungen a, a, a sieht man niemals verkürzt, sie scheinen sich vielmehr durch den ganzen Pilz hindurch zu ziehen. — b, b, b. Milchsafttropfen, durch die Einwirkung des Kochens zusammengeballt. — c, c, c. Fäden und abgerundete Zellen, durch die Einwirkung der Hitze welk geworden.

Fig. 9. Sporen von Lactarius deliciosus. — a (Hilus).

Fig. 10. Körnchen des Milchsaftes der scharfen Lactarii (Lactarius controversus), sehr fein und stets frei, wenn der Pilz nicht gekocht ist.

Fig. 11. Körnchen aus nicht scharfen Lactarii (Lactarius serifluus Dec.) stets dicker als die vorhergehenden, zu mehr oder weniger grossen Massen zusammengeballt und mit Oeltröpfchen a, a, a gemischt.

Boudier, die Pilze.

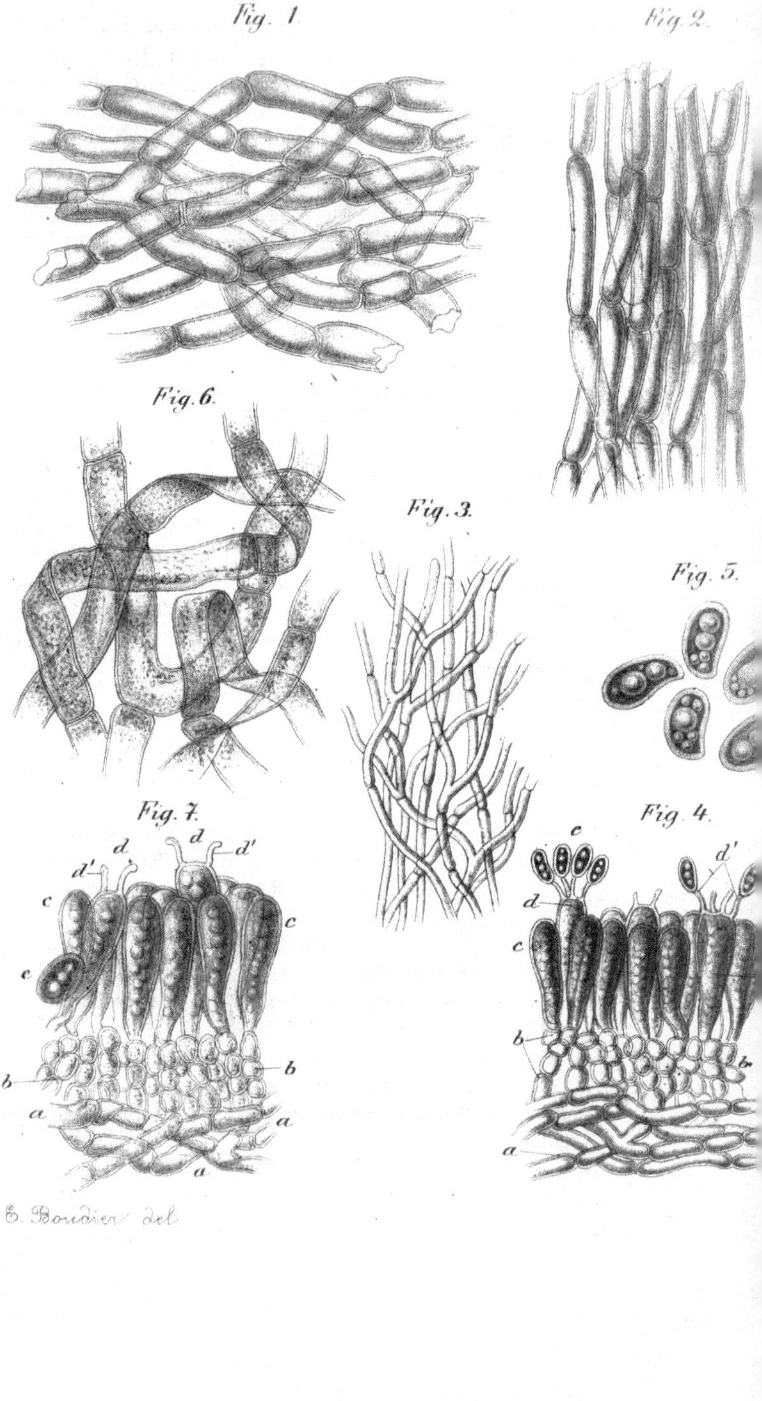

E. Boudier del

Taf. 1

Fig. 8.

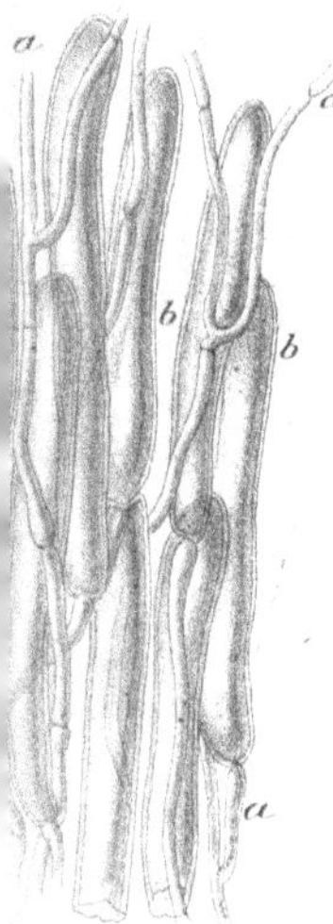

Fig. 9.

Fig. 10.

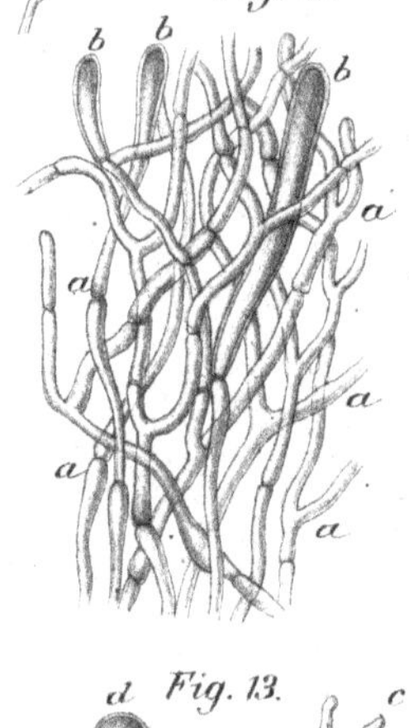

Fig. 11.

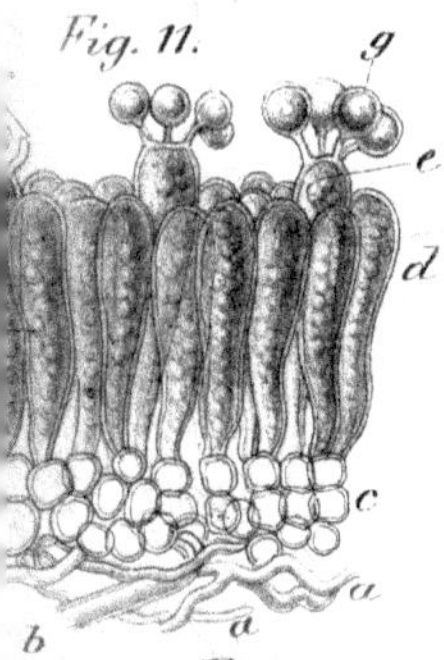

Fig. 12.

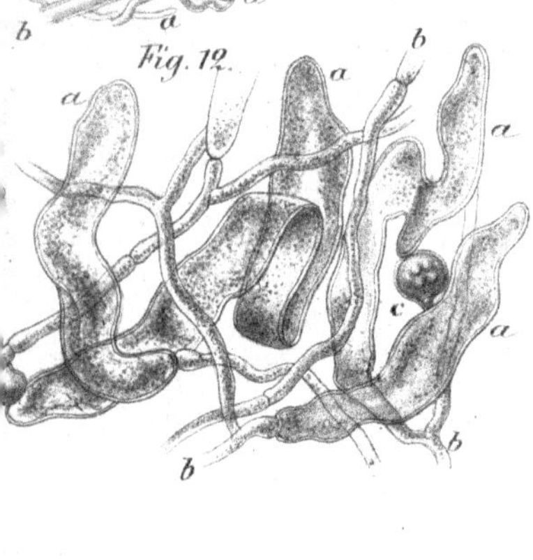

Fig. 13.

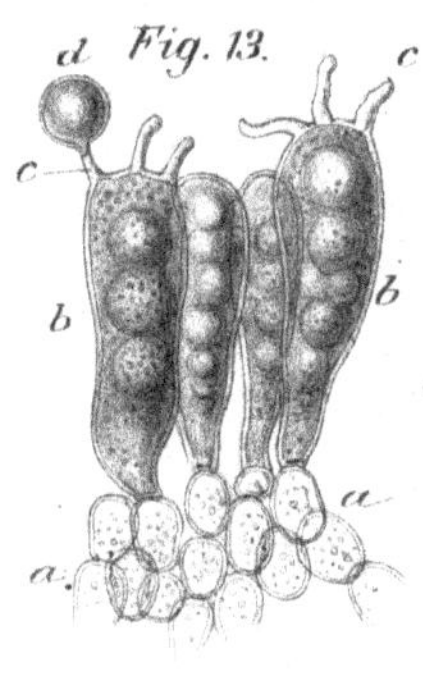

A. Schütze lith.

Boudier, die Pilze.

Fig. 1.

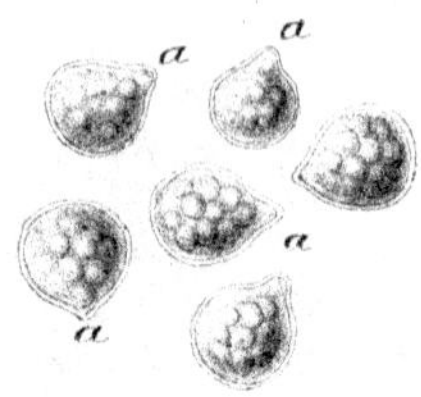

Fig. 3.

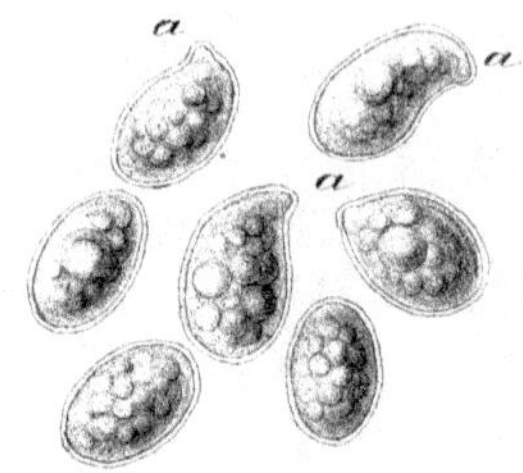

Fig. 4.

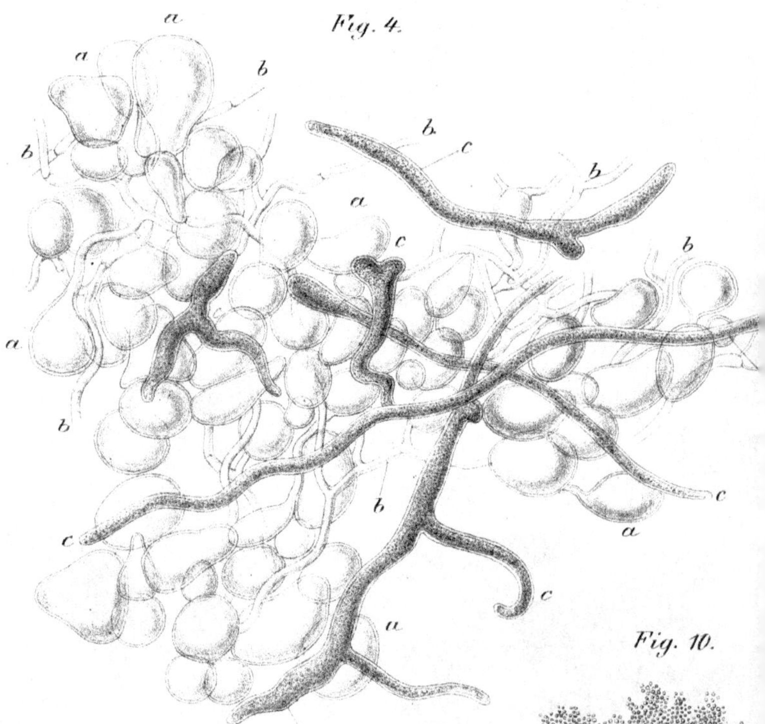

Fig. 10.

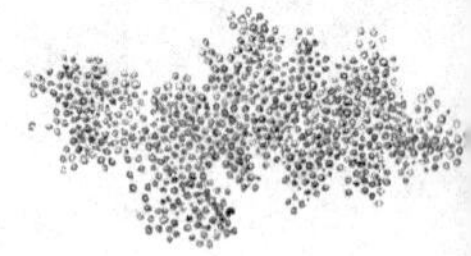

E Boudier del.

Taf. II.

Fig. 2.

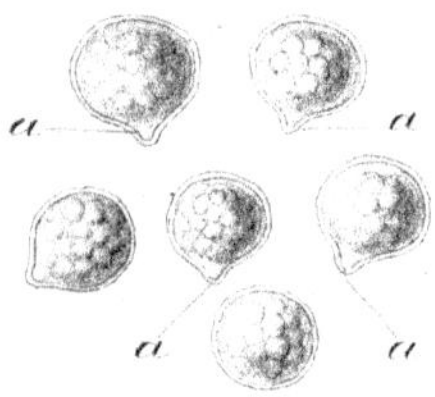

Fig. 3.

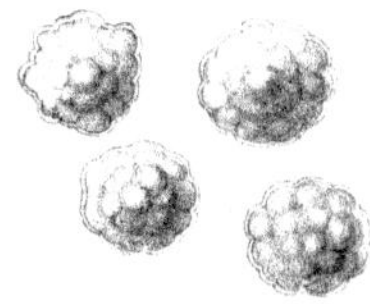

Fig. 7.

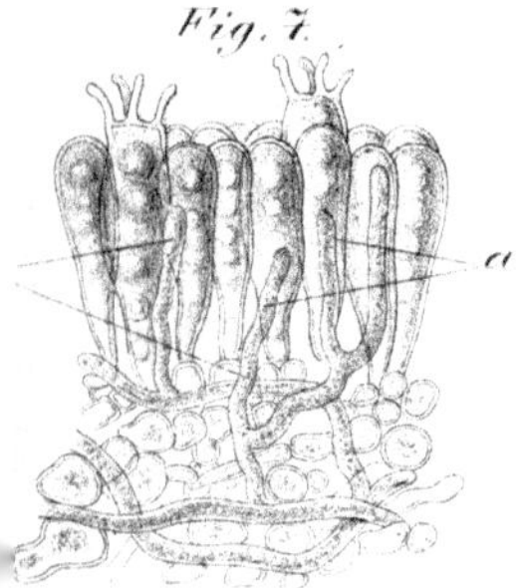

Fig. 6.

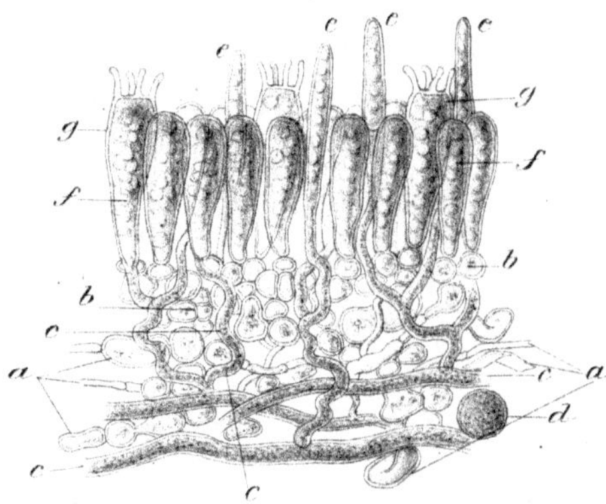

Fig. 9

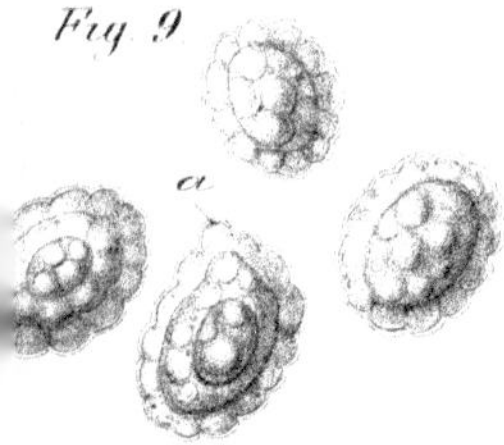

Fig. 8.

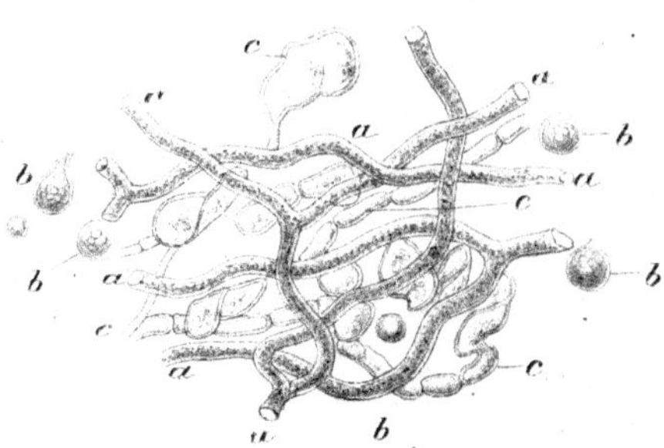

Fig. 11.

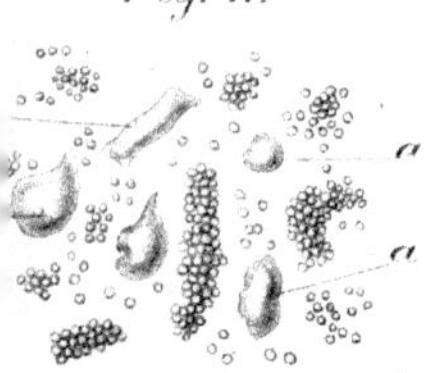

A. Schütze lith

FSC
www.fsc.org
MIX
Papier | Fördert gute Waldnutzung
FSC® C083411

Zeitfracht Medien GmbH
Ferdinand-Jühlke-Straße 7
99095 Erfurt, Deutschland
produktsicherheit@kolibri360.de